제과제빵 이론 습득과 기출문제 풀이를 한 권으로!

제과제빵 기능사 필기

오동환 · 정현복 · 이재진 · 조우철 공저

ß (주)백산출판사

책을 펴내며

우리나라 국민들의 식생활 패턴이 서구화되면서 빵과 과자, 디저트 문화는 자연스럽게 우리 일상 생활에 밀접하게 자리매김하게 되었다. 이러한 시대적 변화에 따라 제과제빵 산업도 급성장하였으며, 제과제빵 숙련 기술 인력을 필요로 하는 산업체가 점점 늘어나고 교육기관도 점차 증가하고 있는 추세이다.

베이커리 기술인들도 기술만 가지고 제품을 제조하는 단계는 한계에 다다르게 되었다. 즉, 제과제빵 기본원리와 식품, 영양학적인 측면과 식재료 관리능력 등 이론적인 지식을 갖추지 않으면 치열한 경쟁 구도에서 진정한 파티시에로 성장하기 어려운 구조로 바뀌었다.

이러한 측면에서 저자는 현장에서의 실무경험과 대학에서의 강의 경험을 근거로 제과제빵이론 교재를 만들게 되었다.

본 교재는 제과이론, 제빵이론, 제과제빵 기계 및 작업환경 관리, 재료과학, 영양학, 식품위생학을 다루었다. 제과제빵을 기본으로 수업 시 학생들이 제과제빵에 관하여 이해할 수 있도록 구성하였고, 향후 제과제빵기능사 및 기능장을 꿈꾸는 모든 분들이 보고 활용할 수 있도록 집필하였다.

아직 부족한 부분은 많지만 앞으로 보완하고 더욱 연구하여 제과제빵을 공부하는 학생들과 이 책으로 준비하시는 모든 분들에게 조금이나마 도움이 되길 바랍니다.

감사합니다.

저자 씀

CONTENTS

제과제빵 이론

제과 이론

제과류 정의

- 곡물가루로 만든 것에 주식 외로 먹는 기호식품이다.
- 특징으로는 화학적 팽창과 물리적 팽창에 의존한다. 주 사용재료는 박력분, 유지, 계란, 설탕이며 제과는 설탕 사용량이 많다.
- 빵과 과자의 차이점으로는 밀가루 종류, 팽창방법, 물성이 다르며, 설탕 및 계란 사용함량과 기능이 다르다.

1 제과 재료의 기능

- **밀가루**
  제과용 밀가루를 박력분이라고 하며, 단백질 함량이 7~9%로 글루텐 양과 질이 약하기 때문에 고율배합 케이크에 적합하다. 종류에는 크게 강력분, 중력분, 박력분이 있다.

- **설탕(자당)**
  단맛을 주는 감미역할을 하고 굽기 중 캐러멜화 반응으로 향미증진, 갈변반응으로 껍질색을 나게 한다.

반죽의 흐름성을 조절하며, 밀가루 속 단백질과 제품의 속결 및 기공을 부드럽게 하는 연화작용을 한다.

보습성으로 인해 반죽 내에 수분을 잡아 노화를 지연시킨다.

종류에는 과당, 전화당, 설탕, 포도당, 유당 등이 있다.

- **계란**

  노른자는 농후화 작용으로 결합제 역할을 하며, 레시틴 성분으로 유화작용을 할 수 있다. 비타민, 단백질, 무기질 등을 함유하여 영양 면에서 우수하며, 전란 75%가 수분으로 이루어져 수분공급을 한다.

  계란의 단백질이 열응고성에 의해 응고되어 구조형성을 할 수 있고 기포를 형성하여 부풀리는 역할을 할 수 있다. 종류에는 생계란, 냉동계란, 분말계란이 있다.

- **유지**

  크림화에서 가장 중요한 역할은 크리밍성으로 유지에 공기를 포집하는 역할로 부피를 만들어 낸다.

  제품을 유연하게 만들어주는 성질로 쇼트닝성을 가진 유지가 있으며, 크림에 수분을 많이 흡수할 수 있게 해주는 유화성질을 가진 유지도 있다. 유지를 많이 사용할 때 산패를 견뎌내는 성질로는 안정성을 가져야 하며, 온도나 경도를 조절하여 원하는 모양대로 밀어펼 수 있는 신장성, 가소성을 가진 유지도 있다.

- **소금(식염)**

  소금은 다른 재료의 풍미를 증진하고 제품의 단맛을 순화하는 감미조절 기능이 있다. 머랭이 들어가는 케이크 반죽의 단백질을 강화시키는 경화제 역할을 한다.

- **팽창제(베이킹파우더, 베이킹소다)**

  케이크에서 부피와 기공을 만들어 연화작용한다. 반죽의 단백질 용해로 조직이 부드러워지며 식감이 향상된다. 종류에는 베이킹소다와 베이킹파우더 두 가지로 나뉜다.

- **유화제**

  물과 기름을 유화시킬 수 있는 계면활성제라고도 한다. 반죽형 케이크에서 유지와 계란의 함량이 높은 제품들은 유화제가 필요하다.

• 안정제

물, 기름, 기포의 불안정한 상태를 안정된 구조로 바꾸어 주는 역할을 한다.
종류에는 한천, 젤라틴, 펙틴, 시엠시, 알긴산류 등이 있다.

2 제과 분류

2-1. 팽창형태 분류

- **화학적 팽창** : 화학팽창제로 인해 팽창한다. 반죽형 케이크, 반죽형 쿠키, 케이크도넛 등
- **물리적 팽창** : 반죽 내 포함된 공기에 의존하는 공기팽창(머랭, 거품형 케이크류) 또는 수중기압(파이, 페이스트리)으로 팽창하는 방법
- **발효 팽창(이스트팽창)** : 이스트로 CO_2(이산화탄소)를 발생시켜 팽창하는 것이다. 사바랭, 커피케이크류 등
- **복합팽창** : 2가지 팽창 방법이 혼합된 것이다. 과일케이크, 시폰케이크 등
- **무 팽창** : 반죽에 팽창이 이뤄지지 않는 것

2-2. 가공형태 분류

- **양과자** : 무스케이크, 버터케이크, 구움과자류
- **건과자** : 쿠키, 비스킷류
- **생과자** : 만주, 양갱 등 일본식 과자류
- **페이스트리** : 반죽과 유지를 이용해 결을 만들고 증기로 부풀리는 제품
- **데커레이션 케이크** : 시각적인 부분과 맛을 표현한 케이크
- **냉과자** : 무스류, 젤리, 바바루아, 푸딩류
- **찜과자** : 만주, 푸딩, 치즈케이크류
- **캔디** : 캔디류, 젤리류

- **공예과자** : 전시용이나 화려한 멋을 살려 미각적인 부분을 표현, 먹을 수 없는 재료도 일부 사용

2-3. 수분함량 분류

- **생과자** : 수분함량이 30% 이상인 과자류
- **건과자** : 수분함량이 5% 이하인 과자류

2-4. 지역 분류

- **한과자** : 우리나라 병과류
- **양과자** : 냉과와 구움과자류
- **화과자** : 생과자와 건과자로 크게 분류
- **중화과자** : 중국 과자류

3 반죽제법 분류

3-1. 반죽형 반죽

제품이 부드럽고 많은 양의 유지가 필요하며 화학적 팽창제에 의존하여 부풀린다.

- **주재료** : 밀가루, 유지, 계란, 설탕
- **종류** : 파운드케이크, 레이어 케이크, 과일케이크, 마들렌
- **제법** : 크림법, 블렌딩법, 설탕/물법, 1단계법

가. 크림법

부피를 크게 하고자 할 때 사용하며 유지와 설탕을 먼저 혼합한다.

크림화가 오래 걸려 시간이 증가한다.

- **제조방법** : 유지를 부드럽게 풀고, 설탕을 나누어 넣으면서 공기를 혼입한다. 부피가

생기면 계란을 나누어 투입한 뒤 체 친 가루를 혼합하면 된다. 분리되지 않도록 주의해야 한다.

- **종류** : 파운드케이크, 마블파운드케이크

나. 블렌딩법

부드러운 제품이 필요할 때 사용한다. 글루텐 발전을 최소화하므로 제품이 부서지기도 한다.

- **제조방법** : 찬 유지와 밀가루를 피복하여 쪼갠 뒤, 액체류와 당류를 넣고 혼합한다.
- **종류** : 레이어케이크, 데블스푸드케이크

다. 설탕/물법

액당법으로 시럽형태로 넣으므로, 입자가 남지 않고, 공기혼입이 용이하다. 조밀한 기공과 조직의 내상을 얻을 수 있으며 대량생산에서 사용하는 방법이다.

- **제조방법** : 유지를 부드럽게 풀면서 공기를 혼입한 후 파이프를 통해 액당시럽 투입하고 밀가루 – 계란 순으로 투입한다. 설탕과 물은 2:1 비율로 액당을 만들어 사용한다.
- **종류** : 양산과자류

라. 1단계법

모든 재료를 한 번에 믹싱할 수 있고, 기계성능의 영향을 받지 않는다. 노동과 시간이 절감되는 방법이다.

- **제조방법** : 공기가 혼입이 되지 않아, 생재료 냄새와 반죽의 안정화를 위해 휴지를 거쳐야 한다. 계란+건조재료류를 혼합한 다음 액체유지를 넣어 휴지한 후 팬닝하여 굽는다.
- **종류** : 마들렌, 브라우니류

3-2. 거품형 반죽

계란의 유화성과 열응고성을 이용한다. 공기팽창이며, 반죽형에 비해 큰 부피를 얻을 수 있다.

- **주재료** : 밀가루, 계란, 설탕, 소금
- **종류** : 버터스펀지케이크, 카스텔라, 롤케이크 등
- **제법** : 공립법(더운 믹싱법, 찬 믹싱법), 별립법, 머랭법, 단단계법

가. 공립법

전란을 이용하여 기포를 내는 가장 보편화된 방법으로 시간과 노동력이 절감된다.

- 더운 믹싱법(hot sponge method)

  계란에 비해 설탕이 많은 경우는 중탕을 43℃로 하여 녹이고 거품을 내준다.

  체 친 가루를 혼합한 후 60℃의 용해버터를 넣고 비중을 맞춘다.

- 찬 믹싱법(cold sponge method)

  전란과 설탕을 중탕 없이 고속으로 기계에 거품을 내준 뒤, 체 친 가루를 혼합한 후 용해버터를 넣고 비중을 맞춘다.

나. 별립법

노른자와 흰자를 분리하여 각각 거품을 내 사용하며, 머랭이 혼합된 반죽으로 탄력이 있는 제품을 얻을 수 있다. 설비, 시간, 노동력이 증가한다.

- **제조방법** : 노른자+설탕A 혼합 후 흰자+설탕B로 90%의 머랭을 만든다.

  노른자 반죽에 머랭 1/3을 투입한다. 체 친 가루와 용해버터, 남은 머랭을 둘로 나누어 순차적으로 섞고 비중을 맞춘다.

다. 머랭법

프렌치머랭, 이탈리안머랭, 스위스머랭, 온제머랭, 냉제머랭

- **제조방법** : 흰자와 설탕만으로 거품을 낸다. 설탕을 나누어 투입하고, 90% 상태의 머랭을 제조한다. 제품에 맞는 건조재료를 가볍게 섞어준다.

- 머랭 제조 시 주의사항

  사용 도구와 볼에 기름기가 없어야 하며 노른자가 적게라도 들어가선 안 된다. 흰자의 단백질을 단단히 해 기포의 기공을 치밀하게 만든다.

라. 단단계법

모든 재료를 한 번에 거품을 내는 방법이다. 밀가루에 의해 계란의 기포성이 떨어지므

로 유화 기포제를 사용한다. 간편하지만 기계성능이 좋아야 한다.

- **제조방법** : 액체재료를 제외한 나머지를 투입하여 거품을 내준다. 유지+액체재료를
온도를 맞추어 혼합 후 비중을 맞춘다.

3-3. 시폰형 반죽

부드러움과 동시에 조직, 부피를 가질 수 있는 제품으로 화학적 팽창과 물리적 팽창이
동시에 이루어지는 복합팽창이다.

- **제조방법** : 노른자, 설탕A, 소금, 식용유, 물을 순차적으로 혼합한다.
흰자와 설탕B로 머랭을 제조한다. 노른자 반죽에 머랭 1/3을 넣은 뒤, 가
루류 혼합 후 나머지 머랭을 넣고 마무리한다.
- **종류** : 시폰케이크

3-4. 복합형 반죽

크림법과 머랭법을 혼합한 제법으로 화학적 팽창과 물리적 팽창이 동시에 이루어지는
복합팽창이다.

- **제조방법** : 유지와 소금, 설탕, 노른자를 넣고 부드러운 크림으로 제조한다.
흰자+설탕으로 머랭을 만든다. 크림법 반죽에 머랭 1/3을 넣은 뒤, 가루
류 혼합 후 나머지 머랭을 넣고 마무리한다.
- **제과공정** : 반죽법 결정 – 배합표 작성 – 재료 계량 – 반죽 제조 – 정형 · 팬닝 – 굽기,
튀기기 – 냉각 – 아이싱 및 장식 – 포장
- **종류** : 과일파운드케이크, 치즈케이크

4 제과 공정

4-1. 반죽법 결정

완제품의 종류, 팽창, 방법과 소비자의 기호, 생산인력과 시설을 고려한다.

4-2. 배합표 작성

밀가루를 기준으로 100%로 보며 baker's %(베이커스 퍼센트)라고 한다.
- **각 재료의 무게(g)** : 분할 반죽무게(g)×제품 수(개)
- **총 반죽무게(g)** : 완제품 무게(g)÷1−분할손실(%)
- **총 재료의 무게(g)** : 분할 총 반죽무게(g)÷1−분할손실(%)
- **밀가루 무게(g)** : 총 재료무게(g)×밀가루 배합률(%)÷총 배합률(%)

baker's % : 밀가루 양을 기준을 두며 소규모 제과점에서 주로 사용한다.

ture% : 전체 재료의 합을 100%로 한다.

대량생산 공장에서 주로 사용하며, 엔젤푸드케이크는 트루퍼센트를 적용한다.

4-3. 고율배합과 저율배합

고율배합 제품은 부드럽고 수분이 많아 저장성이 좋다. 많은 양의 유지와 액체가 필요하므로 분리를 줄일 유화쇼트닝을 사용한다.
- **반죽상태의 비교**

고율배합 : 공기량 많음, 비중 낮음, 굽기온도 저온, 팽창제 감소
저온 장시간 굽는 오버베이킹(over baking)을 한다.

저율배합 : 공기량 적음, 비중 높음, 굽기온도 고온, 팽창제 증가
고온 단시간 굽는 언더베이킹(under baking)을 한다.

– 배합비율양에 따른 비교

고율배합	저율배합
총 액체류 > 설탕	총 액체류 = 설탕
총 액체류 > 밀가루	총 액체류 ≤ 밀가루
설탕 ≥ 밀가루	설탕 ≤ 밀가루
계란 ≥ 쇼트닝	계란 ≥ 쇼트닝

4-4. 재료계량

재료의 무게를 신속, 정확하게 계량한다. 손실이 없도록 무게를 정확히 계량하여 오차를 줄인다.

계량이 완료되면 사용에 따라 재료 분류를 하고 가루류는 체질을 하여 준비해 둔다.

– 체 치는 목적

두 가지 이상의 가루류를 분산시키며, 공기혼입을 통해 다른 재료와 혼합이 잘 되게 한다. 불필요한 이물질을 걸러낸다.

4-5. 반죽제조

제품을 균일하게 생산하기 위해서는 반죽의 비중과 온도가 가장 중요하며 점도, 색상, pH를 조절하여 일정하게 맞춘다.

가. 반죽온도의 영향

반죽형 반죽의 온도가 낮으면 기포가 충분하지 않아 부피가 작은 케이크가 될 수 있다. 겉껍질이 두꺼워지고 향이 강해질 수 있으며 내부색이 밝아진다. 설탕과 유지가 응고되어 기공이 작아질 수 있다.

반면, 온도가 높으면 비중이 높을 때에도 부피가 작아지며 겉껍질 색이 밝아진다. 유지와 설탕의 용해가 높아져 공기 혼입량이 적어지며 비중이 높아질 수 있다.

거품형 반죽의 온도가 낮으면 식감이 좋지 않고 굽는 시간이 늘어난다. 기포성이 떨어지다 보니 공기 혼입량이 떨어져 부피가 작아진다. 온도가 높으면 노화가 빠르며, 기포성이 올라가 공기가 과다해져 조직이 거칠고 부피는 커질 수 있다.

– 반죽온도 계산
- **마찰계수** : (결과 반죽온도×6)−(실내온도+밀가루 온도+설탕 온도+쇼트닝 온도+계란 온도+수돗물 온도)
- **사용할 물 온도** : (희망 반죽온도×6)−(실내온도+밀가루 온도+설탕 온도+쇼트닝 온도+계란 온도+마찰계수)
- **얼음 사용량** : 얼음 사용량=물 사용량(g)×(수돗물 온도−사용수 온도)÷80+수돗물 온도

나. 반죽의 비중

$$\text{– 비중} = \frac{(\text{반죽무게}+\text{컵 무게})-\text{컵 무게}}{(\text{물 무게}+\text{컵 무게})-\text{컵 무게}}$$

– 반죽형 적정비중 : 0.8±0.05

– 거품형 적정비중 : 0.5±0.05

– 비중이 낮을 때는 부피가 크고 기공이 열려 거칠고 큰 기포가 형성된다.
비중이 높을 때는 부피가 작고 기공이 조밀하여 무거운 조직이 된다.

– 제품별 비중 순서

파운드케이크 0.85 > 레이어케이크 0.75 > 스펀지케이크 0.5 > 엔젤푸드케이크 0.4

다. 반죽의 산도 조절

– pH(수소이온농도) : 최상의 제품을 만들기 위해 산도를 조절하여 맞춘다.

– 거품형 반죽의 pH는 중성(7) 상태가 좋다.

– 반죽형 반죽의 pH는 산성(5.2~5.8)에서 안정성이 있다.

– 제품 및 재료 산도(pH)

산성 : 1.0~6.0   중성 : 7.0   알칼리성 : 8.0~14

재료 : 흰자 8.8~9.0,   증류수 7.0,   베이킹파우더 6.5~7.5,   박력분 5.0~6.0

제품 : 과일케이크 4.4~5.0,   엔젤푸드케이크 5.2~6.0,   파운드케이크 6.6~7.1,
스펀지케이크 7.3~7.6,   화이트레이어 7.4~7.8,   초콜릿케이크 7.8~8.8,
데블스푸드케이크 8.5~9.2

– 산도의 영향과 조절

산성 : 기공과 조직이 조밀하여 부피가 작고 색이 연하며 신맛이 강하다.

pH를 낮추거나 색을 연하게 조절할 때 주석산, 사과산, 구연산을 첨가한다.

알칼리성 : 기공과 조직이 거칠어 부피가 크며, 색이 어둡고 강한 향과 쓴맛이 난다.

pH를 높이거나 향과 색을 진하게 조절할 때 소다, 중조를 첨가한다.

4-6. 성형방법 및 팬닝

가. 성형방법

– 찍는 방법으로 모양틀을 사용하여 찍기

– 짤주머니 사용으로 철판에 짜는 방법

– 직접팬닝으로 제품에 따라 팬용적에 맞춰 채워 굽는 방법

나. 제품의 비용적

1g의 반죽이 차지하는 부피이다. (단위 ㎤)

반죽양 계산법 : 틀부피÷비용적=반죽무게

제품별 비용적 : 파운드케이크 2.40㎤/g,　레이어케이크 2.96㎤/g,

엔젤푸드케이크 4.71㎤/g,　스펀지케이크 5.08㎤/g

다. 틀 부피 계산법

– **원형 팬** : 팬의 용적(㎤) = 반지름×반지름×3.14×높이

– **옆면이 경사진 둥근틀** : 팬의 용적(㎤) = 평균 반지름×평균 반지름×3.14×높이

(위 지름+아래 지름)÷2=평균 반지름

– **옆면과 가운데 관이 경사진 원형 팬(엔젤팬)** : 팬의 용적(㎤)= 바깥팬의 용적-안쪽팬의 용적

바깥평균 반지름×바깥평균 반지름×3.14×높이=바깥팬의 용적

안쪽평균 반지름×안쪽평균 반지름×3.14×높이=안쪽팬의 용적

– **옆면이 경사진 사각틀** : 팬의 용적(㎤)=평균 가로×평균 세로×높이

(아래 가로+위 가로)÷2=평균 가로

(아래 세로+위 세로)÷2=평균 세로

4-7. 굽기, 튀기기, 찌기

가. 굽기

오버베이킹 : 많은 양의 반죽에 적합하며, 저온 장시간 굽는다. (고율배합)

언더베이킹 : 소량의 반죽에 적합하며, 고온 단시간 굽는다. (저율배합)

– 굽기 손실률 = A−B÷A×100 〈A: 굽기 전 반죽 / B: 구운 직후 반죽〉

– 굽기 가열방식 : 복사열, 대류열, 전도열

나. 튀기기

– **튀김 적정 온도** : 180~190℃

– **튀김기름의 4대 적** : 온도, 수분, 공기, 이물질

– **튀김기름이 갖추어야 할 조건**

　• 열전도 효율이 높아야 한다.

　• 발연점이 높고, 산패취가 없어야 한다.

　• 저장 중에 안정성이 높아야 한다.

　• 수분이 없고 저장성이 높아야 한다.

– **튀김에 관한 현상**

　발한현상 : 온도가 높아 수분이 많아지면서 도넛설탕이 녹는 현상이다.

　조치사항 : 튀기는 시간을 늘리고 도넛의 수분량을 줄인다. 점착력이 좋은 튀김기름을 사용한다.

　　　　　　도넛 설탕량을 늘리고, 충분히 냉각 후 뿌린다.

　황화현상 : 온도가 낮아 기름흡수가 높아지고 그로 인해 도넛설탕이 녹는 현상이다.

　조치사항 : 온도를 높이고 튀기는 시간을 맞춰서 튀긴다. 기름을 충분히 빼준다.

　　　　　　경화제인 스테아린을 3~6% 첨가한다.

　회화현상 : 온도가 219℃ 이상 올라가면 푸른 연기가 나는 현상이다.

　　　　　　조치사항으로는 발연점이 높은 튀김기름을 사용해야 한다.

다. 찌기

– 찜은 수증기로 인한 대류를 이용한 제품이며, 찜기의 내부온도는 97℃ 정도이다.

- **찜류 제품** : 찐빵, 치즈케이크, 찜케이크, 커스터드 푸딩, 중화만두류

4-8. 냉각

- 냉각환경은 온도, 습도, 시간을 잘 맞춘다.
- 상온에서 천천히 온도를 내려 35~40℃ 정도로 맞추는 것이다.
- 냉각장소는 환기시설이 잘되고 통풍이 잘되는 곳이어야 한다.
- 냉각방법으로는 자연냉각, 터널식 냉각, 에어컨디션식 냉각으로 크게 나눌 수 있다.

4-9. 마무리

아이싱 및 장식을 함으로써 제품의 맛과 광택을 주고 제품외부를 마르지 않도록 한다.
외관상 멋을 살리며, 충전물 또는 장식물이라고도 한다.

가. 아이싱 : 설탕이 주재료이며 제품을 씌우는 작업이다.

- **단순아이싱** : 분당+물엿+물+향을 43℃로 가열하여 페이스트로 만든 것
- **크림아이싱**

　마시멜로아이싱 : 흰자거품+시럽+젤라틴을 고속으로 거품 낸 것

　퍼지아이싱 : 설탕, 버터, 초콜릿, 우유를 주재료로 크림화하여 만든 것

　퐁당아이싱 : 물을 114~118℃로 끓인 뒤, 시럽을 냉각시키면서 저어 공기를 넣어 만든 것

　아이싱의 끈적임 방지 : 안정제 사용, 흡수제 사용

　굳은 아이싱 풀기 : 35~43℃로 가열, 최소의 액체를 넣고 중탕, 시럽을 첨가한다.

나. 글레이즈 : 제품 표면에 광택을 내는 작업으로 젤라틴, 시럽, 퐁당, 초콜릿 등을 이용한다.

　도넛글레이즈 작업온도는 45~50℃이다.

다. 크림류

- **생크림** : 유지방 함량이 35~40% 정도의 생크림을 사용한다.

- **휘핑크림** : 식물성 지방이 40% 이상인 크림으로 동물성보다 취급이 용이하다.
- **커스터드 크림** : 우유+노른자+설탕+옥수수전분(박력분)을 끓여서 만든 크림

  노른자와 전분은 농후화 작용으로 결합제 역할을 한다.
- **가나슈 크림** : 우유나 생크림을 끓여 초콜릿과 섞어 만든 크림
- **버터크림** : 버터에 시럽을 넣고 크림으로 만든 것

라. 머랭류
- **냉제머랭** : 제과에서 기본이 되는 머랭이며 프렌치 머랭이라 한다.
- **온제머랭** : 흰자와 설탕을 중탕한 뒤 거품을 낸 머랭
- **스위스머랭** : 흰자 1/3+설탕 2/3으로 온제머랭으로 제조하면서 레몬즙을 첨가한다.

  냉제머랭을 만들어 온제머랭에 첨가하며 장식물 제조 시 사용한다.
- **이탈리안머랭** : 흰자를 거품을 낸 뒤 114~118℃의 뜨거운 시럽을 부어 살균처리 과정을 거친다.

  버터크림, 무스제조 시 사용한다.

마. 마지팬 : 아몬드가루와 분당을 주재료로 만든 페이스트로 제과에서 장식물로 많이 사용한다.

4-10. 포장

제품판매하는 과정에서 제품의 가치를 올리고 상품을 보호하기 위하여 그에 맞는 용기에 담아 내는 것이다.

포장용기 선택 시 주의점
- 포장 온도는 35~40℃이다.
- 방수성이 있고 통기성이 없어야 한다.
- 유해물질이 없는 포장지와 용기를 선택해야 한다.
- 세균, 곰팡이가 발생하는 오염포장이 되어서는 안 된다.
- 단가가 낮고 상품의 가치를 높일 수 있어야 한다.

5 제품별 제과법

5-1. 스펀지케이크

- 거품형 반죽의 대표적인 제품
- **배합률** : 밀가루 100 : 계란 166 : 설탕 166 : 소금 2

가. 공정 : 공립법, 별립법, 반죽온도 22~23℃, 반죽비중 0.5
- **공립법** : 전란과 설탕을 넣고 중탕법 및 찬 믹싱법으로 믹싱한다.

  거품을 충분히 내고 체 친 가루와 용해버터(60℃)를 혼합하고 비중을 잰다.
- **별립법** : 노른자 거품과 흰자 거품을 각각 내어 합쳐주는 방법이다.
- **굽기** : 180℃, 25~30분 굽는다.

  굽기 완료 후 즉시 틀과 분리해야 수축현상을 방지할 수 있다.

나. 대표제품 : 카스텔라, 아몬드스펀지케이크 등

카스텔라 제조 시 굽기 과정에서 휘젓기를 하는 이유는 반죽온도를 일정하게 맞추고, 제품의 수평을 맞추며 굽는 시간을 단축한다. 또한 제품의 표면을 고르게 하고, 완제품 내상을 균일하게 한다.

- 아몬드스펀지케이크는 지방이 50%로 구성된 아몬드분말을 넣어 노화를 지연시키고 풍미를 증진시킬 수 있는 제품으로 만들 수 있다.

다. 사용재료의 특성
- **밀가루** : 제품의 구조를 형성, 부드러운 제품을 만들고자 할 때 박력분을 사용한다.
- **설탕** : 감미제 역할을 한다. 기포의 안정성을 증가시키고, 질감을 부드럽게 해준다.

  노화를 방지하며 20~25%는 물엿이나 전화당, 포도당으로 대체할 수 있다.
- **계란** : 기포를 형성하는 주원료로 수분 공급을 해주며, 구조를 형성하여 부피를 결정지을 수 있다.

  노른자는 천연유화제 레시틴을 함유하고 있어 유화작용을 할 수 있다.

〈계란 사용량을 1% 감소시킬 때 조치사항〉

밀가루 사용량을 0.25% 추가, 물 사용량을 0.75% 추가, 베이킹파우더 0.03% 사용, 유화제를 0.03% 사용

- **유지** : 풍미를 줄 수 있다.
- **유화제** : 사용하고자 하는 유화제의 양을 결정한다.

  유화제의 양에 4배 해당하는 물을 계산한다.

  원래 사용한 계란의 양－(유화제 4배에 해당하는 물의 양＋유화제의 양)＝조절한 계란의 양

5-2. 롤케이크

- 스펀지케이크의 변형법
- **배합률** : 설탕 100 : 계란 75~200

가. 공정 : 젤리롤케이크는 공립법, 소프트롤케이크는 별립법 및 1단계법

  반죽온도 22~23℃, 반죽비중 0.45~0.55

- **굽기** : 오버베이킹이 되지 않도록 주의하며 구운 즉시 팬에서 분리하여 수축을 방지한다.
- **말기** : 냉각시간이 길어져 노화가 되지 않도록 하며 잼류, 크림류를 발라 롤링한다.

나. 롤케이크 말 때 터짐 방지 조치사항

- 비중이 높지 않게, 오버베이킹 주의
- 덱스트린을 사용하여 점착성을 증가
- 글리세린을 첨가해 제품에 유연성을 증가
- 과도한 팽창 줄이기 위해 팽창제 사용을 감소
- 설탕 일부를 물엿과 같은 보습력이 있는 것으로 대체
- 노른자 비율이 높으면 부서지기 쉬우므로 사용량 줄이고 전란을 증가

5-3. 엔젤푸드케이크

– 흰자만 사용하고 계란의 기포성을 이용한 케이크

배합률 : 밀가루 15~18 : 흰자 40~50 : 설탕 30~42 : 주석산크림 0.5~0.625 :
소금 0.375~0.5

엔젤푸드케이크는 배합표 작성을 baker's %가 아닌 ture%로 작성(재료비율의 합이 100%)

가. 제조공정 : 머랭법을 이용한 케이크로 반죽온도 21~25℃, 반죽비중 0.4

– 산전처리법

초기 투입으로 흰자에 주석산+소금 투입=젖은 피크 머랭

전체 설탕의 2/3는 입상형 설탕으로 투입=85% 머랭

– 산후처리법(주석산+소금=후기투입)

후기 투입으로 흰자를 젖은 피크 머랭으로 제조한다.

전체 설탕의 2/3는 입상형 설탕으로 투입=85% 머랭

주석산+소금+분당+밀가루와 체친 후에 혼합한다.

〈이형제 : 제과에서 사용하는 틀과 반죽을 잘 분리하기 위해 사용되는 물질/
엔젤푸드, 시폰케이크:물〉

– 굽기 : 204~219℃에서 굽는다.

나. 배합률 조절

– 소금과 주석산은 합이 1%가 되어야 한다.

– 설탕의 사용량 결정 설탕=100-(흰자+밀가루+주석산크림+소금)

– 흰자 사용이 많으면 주석산크림 사용량도 증가한다.

– 밀가루 15% = 흰자 50%, 밀가루 18% = 흰자 40%를 교차선택

다. 사용재료의 특성

– 흰자 : 흰자 단백질은 구조형성 물질이다.

– 설탕 : 감미를 주는 유일한 연화제로 머랭의 기포를 안정화시킬 수 있다.

– 소금 : 다른 재료와 어울리게 하고 맛을 내며 흰자를 강하게 한다.

- **주석산크림(산작용제)** : 흰자의 알칼리성(pH 9)을 중화, 산성이 들어감으로써 중화시킨다. pH를 낮춤으로써 단백질의 등전점에 가깝게 하고 흰자의 결합력을 강하게 하여 머랭이 튼튼해진다. 산성에 가까워진 머랭은 색상이 밝아진다.

5-4. 파운드케이크

- 반죽형 반죽의 대표적인 제품
- **기본 배합률** : 밀가루 100 : 유지 100 : 계란 100 : 설탕 100

가. 제조공정 : 크림법, 반죽온도 23℃, 비중 0.8
- 유지에 소금, 설탕을 넣고 크림화한다.
- 계란을 넣고 부드러운 크림상태로 만든다.
- 가루를 혼합 후 액체류를 넣고 반죽을 완성한다.
- **굽기**

구울 때 이중팬을 사용하고, 윗면에 칼집을 내어 균일한 터짐을 만든다.

이중팬을 사용하는 이유는 제품에 두꺼운 껍질형성을 방지하고 제품조직과 맛을 개선하기 위함이다.

구울 때 윗면이 터지는 이유는 설탕용해가 불충분하고 반죽이 되직할 때, 높은 온도에서 구워 껍질이 빨리 형성되었을 때 터질 수 있다.

나. 응용제품
- **마블파운드케이크** : 코코아를 20~30% 섞은 반죽으로 두 가지의 색을 내는 파운드케이크이다.
- **과일파운드케이크**

건조과일+건과일류를 럼주에 절이고 전체 반죽에 25~50% 정도 사용한다.

반죽에 넣기 전 과일을 밀가루에 피복시킨 뒤 사용하면 가라앉는 것을 방지할 수 있다.

〈과일케이크 과일의 전처리 목적 : 식감개선, 과일 풍미형성, 반죽수분이 과일로 이동하지 않기 위함이다.〉

〈전처리 방법 : 건포도 무게 12~15%의 물을 넣고 4시간, 잠길 정도의 미온수를 10분

정도 담가 사용한다. 이때 럼주를 사용하면 풍미개선에 도움이 될 수 있다.〉

다. 사용재료의 특성

- **밀가루** : 박력분을 사용하면 부드러워지며, 강한 조직감을 원할 땐 중력분 또는 강력
  분을 섞는다.
- **유지** : 크림성과 유화성이 좋은 유지를 사용해야 한다.

  버터는 풍미에 관여하며 유화성이 좋은 제품을 만들려면 유화쇼트닝을 사용하
  는 것이 좋다.

  케이크 제조 시 유지의 기능은 팽창기능, 유화기능, 흐름성으로 3가지 작용을
  한다.
- **설탕** : 감미를 주며 껍질색을 개선시킨다. 과일파운드 제조 시 설탕을 줄인다.
- **계란** : 계란 증가 시 소금 증가, 유지 증가, 베이킹파우더 감소, 우유 감소

5-5. 레이어케이크

- 반죽형 반죽에 대표적인 제품 중 고율배합
- **제법** : 크림법, 블렌딩법, 1단계법

가. 제조공정 : 반죽온도 24℃, 반죽비중 0.75~0.8

- 크림법을 가장 일반적으로 사용하지만 데블스푸드케이크는 블렌딩법으로 제조한다.

  블렌딩법은 유지와 밀가루를 먼저 혼합 후, 건조재료 액체재료 순으로 혼합하는 과정
  이다.
- **굽기** : 180℃에서 25~35분 정도 굽는다.
- **재료사용 범위**

  옐로레이어 : ·계란=쇼트닝×1.1 ·우유=설탕+25−계란 ·분유=우유×0.1

  ·물=우유×0.9 ·설탕=110~140%

  화이트레이어 : ·흰자=쇼트닝×1.1 ·우유=설탕+30−흰자 ·분유=우유×0.1

  ·물=우유×0.1 ·주석산크림=0.5% ·설탕=110~160%

  데블스푸드 : ·계란=쇼트닝×1.1 ·우유=설탕+30+(코코아×1.5)−계란

• 분유=우유×0.1　• 물=우유×0.9　• 설탕=110~180%

• 중조=천연코코아×7%　• 베이킹파우더=원래 사용하던 양-(중조×3)

초콜릿케이크 : 　• 계란=쇼트닝×1.1　• 우유=설탕+30+(코코아×1.5)-계란

• 분유=우유×0.1　• 물=우유×0.9　• 설탕=110~180%

• 초콜릿=코코아+카카오버터

– 설탕 및 쇼트닝 사용량 결정 후 배합률 조정

– **배합률 조절** : 계란량-우유량-분유량-물의 양-계란+우유량 순으로 산출한다.

– **쓴맛이 나는 비터초콜릿 구성** : 코코아=초콜릿양×62.5%(=5/8), 카카오버터=초콜릿양×37.5(=3/8)

– 조절한 유화쇼트닝=기본 유화쇼트닝-(카카오버터×1/2), 유화쇼트닝 대신 유화제를 넣어 대처

– 중조를 베이킹파우더로 대체 사용 시 3배이다.

– 천연코코아 사용 시 코코아의 7%에 해당하는 중조를 사용하고 베이킹파우더 사용량을 줄인다.

5-6. 쿠키

– 반죽온도 18~24℃, 보관온도 10℃

가. 쿠키의 분류

– **반죽형 쿠키**

드롭쿠키 : 반죽형 쿠키 중 수분이 가장 많은 쿠키이며, 버터쿠키 등이 있다. 짜서 모양을 내는 형태이다.

스냅쿠키 : 계란 사용량이 적고, 낮은 온도에서 오래 굽는 형태이다. 휴지를 거쳐 모양틀로 찍는 쿠키이다.

쇼트브레드쿠키 : 스냅쿠키와 비슷한 배합으로 하지만 쇼트닝 사용으로 식감이 부드럽다.

– 거품형 쿠키

스펀지쿠키 : 반죽형과 거품형을 포함해 수분이 가장 많은 쿠키로 짤주머니로 짜는 형
태이다.

대표로 핑거쿠키가 있으며 길이 5cm가량으로 짠 뒤 설탕을 뿌려 굽는
쿠키이다.

머랭쿠키 : 흰자와 설탕을 이용해 머랭을 만들고 낮은 온도에서 건조하여 말리듯 굽는다.

아몬드분말을 이용한 마카롱 또는 다쿠와즈 등이 있다.

〈쿠키의 퍼짐을 좋게 하기 위한 조치〉

팽창제를 사용하며 입자가 큰 설탕을 사용한다. 알칼리성 재료의 사용량을 증가시킨다.

나. 제조특성의 분류

– 밀어펴서 찍어내는 쿠키 : 스냅과 쇼트브레드쿠키

– 짜는 형태의 쿠키 : 드롭쿠키와 거품형 쿠키류

– 냉동쿠키 : 유지가 많은 스냅쿠키류를 모양을 잡아 얼린 뒤, 해동 후 썰어서 사용한다.

– 손작업쿠키 : 스냅쿠키류를 손으로 정형하여 만드는 쿠키류

– 판에 등사하는 쿠키 : 상당히 묽은 반죽상태로 철판에 부어 구우며 제품이 얇다.

5-7. 슈

– 밀가루, 계란, 유지, 물, 소금의 기본재료로 만든 양배추 모양의 익반죽

– 슈에 설탕이 들어가는 경우는 껍질에 균열이 생기지 않고, 내부 구멍형성이 좋지 않
으며, 상부가 둥글어진다.

가. 제조공정

– 믹싱 : 익반죽, 반죽온도 25~30℃ 유지

물+소금+버터를 끓인 다음 불을 끄고 중력분을 넣고 호화시킨다.

계란을 넣어가며 되기 조절을 한다. 이후 팽창제를 투입한다.

– 팬닝 : 짤주머니에 담아 원형으로 짠다. 분무 또는 침지를 한다.

– 분무 또는 침지 : 팽창 전 껍질이 형성되면 충분히 팽창할 수 없어 내부를 만들 수 없다.

〈분무 또는 침지 후 나타나는 특징〉

슈껍질을 얇게 하며, 팽창을 크게 할 수 있고, 균일한 터짐을 만들 수 있다.

- **굽기** : 수증기 팽창을 하는 슈는 굽기 도중 오븐 문을 열면 차가운 공기가 들어가 주저앉으므로 오븐 문을 자주 여닫지 않도록 주의한다.

5-8. 사과파이

- 파이반죽에 다양한 충전물로 맛을 만든다.
- 사과파이(과일류), 호두파이(견과류), 미트파이 등, 반죽온도 18℃

가. 제조공정

- **믹싱** : 블렌딩법

유지와 밀가루를 쪼개서 피복시킨 뒤, 물에 소금, 설탕을 녹여 반죽한다.

냉장고에서 충분히 휴지(4~24시간) 후 성형하여 사용한다.

- **성형** : 반죽을 0.3cm 두께로 밀어 전용틀에 담은 후 식은 충전물을 담고 뚜껑을 덮어준다. 윗면에 노른자를 발라 광택을 준다.

- **파이휴지의 목적** : 반죽을 연화시키고, 끈적거림을 줄여 작업성이 좋아진다. 불규칙한 가루들의 수분을 정리한다.

- **과일 충전물** : 사과를 자른 뒤, 설탕물에 담가 갈변을 방지한다.

물+전분+설탕+계피+소금을 넣고 전분을 호화시킨다.(호화온도 60℃) 호화시킨 필링에 사과를 넣고 1분간 볶아 수분을 날리고 버터를 넣는다.

- **굽기** : 220/180℃에서 35~40분가량 굽는다.

나. 사용재료의 특성

- **충전물 농후화제 사용 목적** : 점성으로 인해 내용물들이 서로 잘 섞인다.

농후화제 전분의 적절 사용량 : 옥수수 전분 3:타피오카 전분 1의 비율

- **밀가루** : 중력분을 사용한다.

파이껍질의 구조형성을 하고 유지와 층을 만들어 결을 만들 수 있다.

- **유지** : 가소성이 높은 쇼트닝 또는 파이용 마가린, 경화쇼트닝을 사용한다.

유지는 밀가루 기준 40~80% 정도 사용한다.

- **소금** : 다른 재료의 맛과 향을 살릴 수 있다.

5-9. 퍼프페이스트리

- 접기식 파이류로 반죽에 유지를 감싸 결을 만들어 내는 제품

배합율 : 밀가루 100 : 유지 100 : 물 50 : 소금 1~3

- 제과류지만 강력분을 사용한다.　반죽온도 18~20℃

가. 제조공정

- **스코틀랜드식(다지기식)** : 유지+밀가루를 잘게 다지는 속성법. 액체재료를 투입 후
　　　　　　　　뭉쳐준 다음 밀어펴기를 한다.
- **프랑스식(접기식)** : 반죽에 충전용 유지를 감싸 접고 밀어 펴는 방법이다.
　　　　　　　　균일한 층과 큰 부피를 가질 수 있다. 덧가루 사용량이 많다.
- **휴지** : 반죽에 유지를 감싸고 밀어편 뒤, 냉장고에서 20~30분씩 휴지한다.
　　　　손가락으로 눌러 자국이 남으면 휴지 완료
- **휴지의 목적** : 글루텐을 재정돈시켜 과도한 수축 방지, 밀가루 수화로 글루텐을 연화
　　　　　시킨다.
- **굽기** : 페이스트리의 굽기는 유지로 인한 증기팽창이다.
　　　　반죽층 사이의 수증기가 얇은 결을 만들며, 높은 온도에서 증기압으로 구워낸다.

나. 사용재료의 특성

- **밀가루** : 양질의 제빵용 강력분을 사용하며 유지의 무게를 지탱해야 하므로 반죽의
　　　　글루텐이 강해야 한다.
- **유지** : 페이스트리용 유지는 강도가 강하면서 가소성 범위가 넓어야 한다.
　　　　유지가 너무 무르면 새어나와 작업성이 떨어지고 반죽에 흡수가 된다.
〈가소성 : 온도나 경도를 조절하여 용도에 맞출 수 있는 성질(파이, 페이스트리)〉

다. 정형 시 주의사항

과도한 밀어펴기를 하지 않도록 주의한다.

정형 후 굽기 전에 반죽이 건조하지 않게 최종 휴지시킨 뒤 굽는다.

자투리 반죽을 최대한 남기지 않도록 한다.

5-10. 케이크도넛

화학적 팽창제를 사용하여 팽창시킨다. 케이크와 부드러운 식감을 지녀 붙여진 명칭이다.

가. 제조공정

- **믹싱** : 공립법 또는 크림법으로 제조, 반죽온도 22~24℃
- **성형** : 휴지 후 성형한다. 일정한 두께로 밀어 정형기로 찍어낸다.

  튀기기 전 실온에 10분 정도 휴지한다.(냉기를 빼준다−수축방지)
- **튀김** : 180~195℃, 기름의 적정 깊이는 12~15cm, 기름의 깊이가 낮으면 도넛을 뒤

  집기가 어렵다.
- **마무리** : 아이싱, 글레이징한다.

  〈글레이즈 적정온도 : 49℃, 설탕류는 도넛의 점착력이 클 때 사용 : 40℃ 전후〉

나. 사용재료의 특성

- **밀가루** : 중력분을 사용
- **계란** : 구조형성을 하며 수분을 공급
- **설탕** : 껍질색을 개선하여 착색을 하며 제품의 부드러움을 높여 준다.

  수분보유제로 노화를 지연시킨다.

다. 도넛 주요 문제점

- **발한현상** : 도넛에 설탕이나 글레이즈가 수분에 녹는 현상
- **조치사항** : 튀기는 시간을 늘려 도넛의 수분량을 줄인다.

  충분히 식힌 다음 설탕을 뿌린다.

  접착력이 좋은 튀김기름을 사용한다.

  냉각 중 환기를 충분히 한다.

도넛에 묻는 설탕량을 증가시킨다.

〈튀김기름의 4대 적〉 공기, 수분, 온도, 이물질

5-11. 냉과류

■ **냉과류 정의** : 냉장 · 냉동고에서 마무리하는 모든 과자류

■ **냉과류 종류**

  가. 무스(mousse) : 커스터드와 초콜릿, 과일퓌레, 생크림, 흰자로 만든 이탈리안머랭, 노른자로 만든 파트아봄브

      앙글레즈 등을 제조하여 안정제를 넣고 틀에 굳힌 제품, 프랑스어로 무스는 거품이라는 뜻이다.

  나. 푸딩 : 제조 시 설탕 1 : 계란 2, 우유 100 : 소금 1의 비율로 배합표를 작성한다.

      우유+설탕을 80~90℃로 데운 후, 풀어준 계란과 혼합 후 중탕으로 익힌다.

      계란의 열변성에 의한 농후화 작용을 이용한 제품이다.

      팽창을 하지 않는 제품으로 푸딩컵에 95% 팬닝, 완제품 부피에 맞게 팬닝한다.

      160℃ 정도의 오븐에서 중탕하며 온도가 높으면 푸딩 표면에 기포가 생긴다.

  다. 젤리 : 안정제와 과일을 갈아 넣고 굳힌 제품

    – 안정제 종류 : 펙틴, 젤라틴, 한천, 알긴산

  라. 바바루아 : 우유, 설탕, 계란, 생크림, 젤라틴과 같은 안정제를 넣어 만든 제품

  마. 블라망제 : 흰 음식을 뜻하며 아몬드를 넣은 희고 부드러운 냉과

    – 당도 구하는 공식 : 당도=용질÷용매+용질×100

6 제품평가 및 원인과 결함

6-1. 제품평가

가. 외부평가

– **부피** : 분할한 모양이 알맞게 부풀어야 한다.

– **균형** : 좌우대칭과 균형이 알맞아야 한다.

– **껍질색** : 색이 일정하고 반점과 줄무늬가 없어야 한다.

식욕을 돋우는 색상이어야 하며 타지 않아야 한다.

– **껍질특성** : 얇으면서도 부드러운 껍질이 좋다.

나. 내부평가

– **기공** : 기공형태가 균일하며 고른 조직이 좋다.

– **텍스처(조직)** : 탄력과 부드러운 느낌이 있어야 한다.

– **색** : 흰색이며 윤기가 있어야 한다.

– **맛과 향** : 고유의 향과 제품특성의 맛을 잘 살려야 한다.

6-2. 원인과 결함

가. 반죽형 케이크

– **부피가 작아지는 원인**

• 강력분 사용 • 계란 양 부족 • 계란 품질이 낮음 • 오븐온도가 낮거나 높음

• 팽창제 과다 • 유지의 유화성 및 크리밍성이 나쁨 • 액체류가 많거나 팽창제 부족

– **굽기 중 수축하는 원인**

• 팽창제 과다 사용 • 반죽에 과도한 공기혼입 • 오븐온도가 낮거나 높음

• 반죽혼합이 부적절함 • 설탕과 액체재료의 사용량이 많음

• 밀가루 사용량이 부족한 경우 • 염소표백하지 않은 밀가루 사용

– **반죽 시 분리현상**

• 유화기능이 없는 유지 사용 • 반죽온도 낮음 • 품질 낮은 계란 사용

• 계란을 한 번에 넣음

– 완제품이 가볍고 부서지는 원인

- 밀가루 사용량이 부족함 • 크림화가 지나침 • 화학팽창제 사용량이 많음
- 유지 사용량이 많음

– 완제품이 무거운 원인

- 설탕량이나 쇼트닝양이 많음 • 수분량이 많음 • 비중이 무거움
- 케이크가 익지 않음

– 케이크 중앙이 솟음

- 쇼트닝양이 적음 • 반죽이 뻑뻑함 • 언더베이킹

– 케이크 중앙이 가라앉음

- 설탕량이 많음 • 팽창이 과도함 • 케이크가 설익음 • 구조형성 물질이 적음

– 겉껍질이 갈라짐

- 오븐이 너무 뜨거움 • 반죽이 과도하게 뻑뻑함

– 케이크가 단단하고 질김

- 배합에 맞지 않는 밀가루 사용 • 계란 과다 사용 • 오븐온도 높음 • 팽창이 작음

나. 거품형 케이크

– 굽는 동안 가라앉음

- 오븐온도가 낮음 • 비중이 너무 낮음 • 설탕량이 많거나 밀가루의 품질이 나쁨

– 부피가 작음

- 배합비의 불균형 • 오븐온도가 높거나 낮음 • 팬닝양이 적음
- 반죽혼합이 부적절함

– 겉껍질이 두꺼움

- 설탕량이 과도함 • 팬닝양이 과도함 • 오븐온도가 높음 • 오래 구움

– 맛과 향이 떨어짐

- 아이싱, 충전물 재료가 나쁨 • 계란과 유지의 질이 떨어짐 • 틀, 철판 위생이 나쁨
- 향료 과다

다. 파운드케이크

– 윗면이 자연적으로 터지는 원인

- 설탕이 다 녹지 않음   • 높은 온도에서 구워 껍질이 빨리 생김   • 반죽의 수분 부족
- 팬닝 직후 굽지 않아 겉껍질이 마름

라. 레이어케이크

– 기공이 열리고 거침

- 표백하지 않은 박력분 사용   • 재료들이 골고루 혼합되지 않음   • 오븐온도가 낮음
- 팽창제 과도 사용

– 껍질에 반점, 색이 균일하지 않음

- 설탕용해가 균일하지 않음   • 체를 치지 않고, 재료분산 안 됨

마. 스펀지케이크

– 부피가 작음

- 불량한 밀가루 사용   • 흰자와 노른자 비율이 적절하지 않음   • 신선하지 않은 계란 사용
- 오븐온도가 높음   • 급속냉각시킴

– 구운 뒤 수축하는 원인

- 냉각이 충분하지 않음   • 오븐온도가 낮음   • 기공과 조직이 약함

– 기공과 조직이 고르지 않음

- 설탕이 시럽으로 농축됨   • 계란을 과믹싱함   • 유화제 과다 사용   • 오븐온도가 낮음

바. 롤케이크류

– 롤케이크 말 때 터짐

- 반죽의 신축성이 부족함   • 반죽이 되직함   • 팽창제 과다 사용   • 오버베이킹

– 롤케이크가 축축한 원인과 조치

- 팽창이 부족한 경우   • 조직이 조밀하고 습기가 많음
- 제품에 수분이 많거나 언더베이킹함

사. 엔젤푸드케이크

– 부피가 작음

- 흰자에 많은 물 사용   • 흰자의 거품이 지나침   • 이형제 기름 사용
- 단백질 함량 높은 밀가루 사용   • 글루텐 발달이 지나침   • 오븐온도가 높음

– 완제품이 수축함

- 신선하지 않은 계란 사용   • 오븐온도가 높음   • 틀에서 방치함
- 밀가루 투입 후 과도한 믹싱

– 반죽이 되거나 묽음

- 흰자 거품 과믹싱   • 과도 혼합   • 머랭에 기름이 들어감   • 흰자 단백질 고형질 적음

– 구멍이 생김

- 흰자 거품 과믹싱   • 오븐온도 낮음   • 설탕응집   • 굵은 설탕 사용함

– 머랭에 습기가 생김

- 흰자 수분 많음   • 흰자의 질이 불량함   • 흰자에 기름기가 있음

아. 페이스트리와 파이류

– 팽창부족, 수축

- 부적절한 밀어펴기   • 부족한 휴지시간   • 굽는 온도가 높거나 낮은 경우

– 유지가 샘

- 봉합이 안 됨   • 오래된 반죽 사용   • 과도한 밀어펴기   • 박력분 사용
- 오븐온도가 너무 낮거나 높음   • 장시간 굽기를 함

– 결이 거칠고 수포

- 껍질에 계란을 많이 바른 경우   • 굽기 전 반죽에 구멍을 내지 않음

– 제품이 단단함

- 글루텐 형성이 됨(반죽을 오래 치댐)   • 자투리 반죽을 과도하게 사용함

– 바닥이 축축함

- 덜 구움   • 온도가 안 맞음   • 충전유지가 흘러나옴

– 파이 충전물이 끓어넘치는 경우

- 껍질에 수분이 많음 • 위아래 껍질을 잘 붙이지 않음 • 오븐의 온도가 낮음
- 충전물의 온도가 높음 • 바닥 껍질이 너무 얇음 • 설탕이 너무 많음

자. 도넛류

– 부피가 작음

- 반죽온도가 낮음 • 중량이 작음 • 맞지 않는 밀가루 사용함 • 튀김시간이 짧음
- 반죽부터 튀김시간까지 경과한 경우

– 흡유율이 높음

- 튀김온도가 낮음 • 튀김시간이 긺 • 글루텐이 부족함 • 믹싱시간이 짧음
- 고율배합 • 반죽에 수분이 많음

차. 쿠키류

– 쿠키의 퍼짐이 심함

- 알칼리성 반죽 • 묽은반죽 • 부족한 믹싱 • 낮은 오븐온도
- 입자가 크거나 많은 양의 설탕 사용

– 쿠키의 퍼짐이 작음

- 산성반죽 • 된 반죽 • 과도한 믹싱 • 높은 오븐온도
- 입자가 곱거나 적은 양의 설탕 사용

카. 슈

– 슈가 팽창하지 않음

- 굽는 온도가 낮고 기름칠이 적음

– 슈 밑면이 움푹 들어감

- 분무 침지가 부족 • 팬에 기름칠이 많은 경우 • 오븐온도가 너무 높은 경우

CHAPTER 1

제과 이론 **기출문제**

01 다음 반죽형 제법 중 먼저 밀가루와 유지를 혼합하여 제품의 부드러움을 목적으로 만드는 제법으로 알맞은 것은?

가. 크림법   나. 블렌딩법

다. 설탕/물법   라. 1단계법

해설 01

부드러운 제품을 얻고자 할 때 사용하는 방법이다. 글루텐 발전을 최소화한다. 쉽게 부서질 수 있어 외형상 모양 유지가 어려울 수 있다.

02 다음 중 시폰케이크의 팽창형태의 특성은?

가. 화학적 팽창 + 물리적 팽창

나. 화학적 팽창 + 생물학적 팽창

다. 물리적 팽창

라. 생물학적 팽창

해설 02

시폰케이크는 복합형 팽창으로 반죽형의 부드러움과 거품형의 조직, 부피를 가진 제품이다.

03 스펀지케이크 반죽에 버터를 사용하고자 할 때 버터의 온도로 알맞은 것은?

가. 30℃   나. 40℃

다. 60℃   라. 80℃

해설 03

스펀지케이크 반죽에 들어가는 버터의 알맞은 온도는 60℃이고, 반죽의 마지막에 투입한다.

04 baker's %(percent)는 어떤 재료를 기준으로 정하는가?

가. 설탕   나. 밀가루

다. 계란   라. 유지

해설 04

baker's % : 밀가루 양을 기준으로 두며 소규모 제과점, 실험실, 교육기관에서 주로 사용한다.

정답 01 나 02 가 03 다 04 나

05 다음 중 비용적이 가장 낮은 제품은?

가. 파운드케이크　　　　나. 레이어케이크
다. 버터스펀지케이크　　라. 롤케이크

06 고율배합과 저율배합의 특징이 아닌 것은?

가. 고율배합은 오버베이킹을 한다.
나. 저율배합은 고온에서 단시간 굽는다.
다. 고율배합은 비중이 높다.
라. 저율배합은 비중이 높다.

07 다음 중 제과에서 제품에 유연성을 부여하는 재료가 아닌 것은?

가. 유지　　　　　　　나. 설탕
다. 팽창제　　　　　　라. 소금

08 제과에서 설탕의 기능이 아닌 것은?

가. 감미제　　　　　　나. 색채형성
다. 연화작용　　　　　라. 유화작용

09 다음 재료기능에 대한 설명 중 알맞지 않는 것은?

가. 팽창제 : 케이크에서 연화작용으로 부피와 기공을 만든다.
나. 향신료 : 풍미를 개선시킨다.
다. 유화제 : 케이크의 구조형성을 한다.
라. 안정제 : 물, 기름, 기포의 불안정한 상태를 안정된 구조로 바꾸어 주는 역할을 한다.

정답　05 가　06 다　07 라　08 라　09 다

10 다음 중 팽창 여부에 따른 분류 중 내용이 알맞지 않는 것은?

가. 화학적 팽창 : 베이킹파우더나 소다와 같은 화학팽창제에 의존하는 것이다.

나. 물리적 팽창 : 반죽 시 포집된 공기에 의존하는 것 또는 수증기를 통하여 팽창한다.

다. 복합형 팽창 : 팽창 방법이 2가지 이상 병용된 것이다.

라. 무팽창 : 이스트에 의존하여 CO_2를 발생시켜 팽창한다.

11 다음 중 냉과류가 아닌 것은?

가. 무스 나. 바바루아

다. 푸딩 라. 양갱

12 파운드케이크에 들어가는 기본 4가지 재료가 아닌 것은?

가. 밀가루 나. 유지

다. 설탕 라. 이스트

13 롤케이크를 말 때 터짐을 방지하기 위한 조치사항으로 알맞지 않는 것은?

가. 설탕 일부를 물엿 또는 시럽과 같은 보습력이 있는 것으로 대체한다.

나. 전란을 줄이고 노른자를 증가시킨다.

다. 오버베이킹에 주의한다.

라. 비중이 높지 않게 제조한다.

정답 10 라 11 라 12 라 13 나

해설 10
무팽창 : 반죽에 팽창이 이루어지지 않는 상태이다.

해설 11
냉과류는 냉장고에서 마무리하는 과자를 말한다. 양갱은 생과자로 수분함량이 높은 일본식 과자류이다.

해설 12
• 제과 기본재료 밀가루, 유지, 계란, 설탕을 각 1파운드씩 넣어 만든 것에서 유래가 되었다.
• 기본 배합률 : 밀가루 100%:유지 100%:계란 100%:설탕 100%:소금 1%

해설 13
• 노른자를 줄이고 전란을 증가시킨다.(노른자 비율이 높은 경우 부서지기 쉽다.)
• 덱스트린을 사용하여 점착성을 증가시킨다.
• 글리세린을 첨가해 제품에 유연성을 증가시킨다.
• 과도한 팽창을 줄이기 위해 팽창제 사용을 감소시킨다.

14 과일파이의 충전물이 끓어넘치는 이유가 아닌 것은?

　가. 껍질에 구멍을 뚫지 않았다.

　나. 충전물의 온도가 낮다.

　다. 오븐온도가 낮다.

　라. 충전물에 설탕량이 너무 많다.

15 도넛의 설탕이 수분을 흡수하여 녹는 발한현상을 방
지하기 위한 방법으로 잘못된 것은?

　가. 튀기는 시간을 늘려 도넛의 수분량을 줄인다.

　나. 충분히 식힌 다음 설탕을 뿌린다.

　다. 도넛에 묻히는 설탕량을 줄인다.

　라. 냉각 중 환기를 더 많이 시키면서 충분히
　　　냉각한다.

16 공립법 더운 방법(hot sponge method)으로 제조하
는 스펀지케이크의 제조방법 중 틀린 것은?

　가. 버터는 중탕하여 60℃로 녹인다.

　나. 전란과 설탕의 비율이 고율배합일 경우 더
　　　운 방법으로 제조한다.

　다. 계란은 흰자와 노른자로 분리한다.

　라. 밀가루는 체질하여 준비한다.

정답 14 나　15 다　16 다

17 아래의 조건에서 사용할 물의 온도는?

> • 희망 반죽온도 : 25℃   • 마찰계수 : 20
> • 밀가루 온도 : 25℃   • 실내온도 : 25℃
> • 설탕 온도 : 25℃   • 쇼트닝 온도 : 20℃
> • 수돗물 온도 : 15℃   • 계란 온도 : 20℃

가. 5℃   나. 10℃

다. 15℃   라. 20℃

18 화이트 레이어케이크의 알맞은 반죽비중은?

가. 0.90~1.0   나. 0.45~0.55

다. 0.60~0.70   라. 0.75~0.85

19 버터스펀지케이크 반죽의 비중을 측정할 때 필요 없는 것은?

가. 버터   나. 물

다. 저울   라. 비중컵

20 다음 중 스펀지케이크의 반죽 1g당 팬용적(㎤)으로 알맞은 것은?

가. 2.40   나. 2.96

다. 4.71   라. 5.08

해설 17

사용할 물 온도
(희망 반죽온도×6)-(실내온도+밀가루 온도+설탕 온도+쇼트닝 온도+계란 온도+마찰계수)
(25×6)-(25+25+25+20+20+20)
= 150 − 135 = 15

해설 18

케이크의 적정 비중
반죽형 케이크 : 0.8±0.05
거품형 케이크 : 0.5±0.05

해설 19

$$\frac{(반죽무게 + 컵\ 무게) - 컵\ 무게}{(물\ 무게 + 컵\ 무게) - 컵\ 무게}$$

해설 20

제품별 비용적
• 파운드케이크 2.40㎤/g
• 레이어케이크 2.96㎤/g
• 엔젤푸드케이크 4.71㎤/g
• 스펀지케이크 5.08㎤/g

정답   17 다   18 라   19 가   20 라

해설 21

고율배합은 다량의 반죽에 적합하
며, 저온 장시간 굽는다.
과도하게 장시간 굽는 경우 윗면이
평평하고 수분손실이 커 노화가 빠
르다.

해설 22

• 발한 현상 : 수분으로 인해 도넛
설탕이 녹는 현상
• 황화 현상 : 기름으로 인해 도넛
설탕이 녹는 현상. 온도가 낮아
기름흡수가 많을 때 나타남
• 회화 현상 : 온도가 219℃ 이상
올라가면 푸른 연기가 나는 현상

해설 23

포장용기 선택 시 주의점
• 방수성이 있고 통기성이 없어야
한다.
• 단가가 낮아야 한다.
• 상품의 가치를 높일 수 있어야
한다.
• 유해물질이 없는 포장지와 용기
를 선택해야 한다.
• 세균, 곰팡이가 발생하는 오염포
장이 되어서는 안 된다.

21 과도한 오버베이킹(over baking)에 대한 설명 중 옳
은 것은?

가. 높은 온도에서 짧은 시간 동안 구운 것이다.

나. 노화가 빨리 진행된다.

다. 수분함량이 많다.

라. 윗면이 솟아 갈라진다.

22 튀김기름과 관련된 현상으로 알맞은 것은?

가. 회화 현상 : 온도가 100℃ 이상 올라가면 푸
른 연기가 나는 현상

나. 황화 현상 : 수분으로 인해 도넛설탕이 녹는
현상

다. 발한 현상 : 수분으로 인해 도넛설탕이 녹는
현상

라. 발한 현상 : 기름으로 인해 도넛에 연기가
나는 현상

23 쿠키 포장지 선택 시 알맞지 않는 것은?

가. 내용물의 색과 향이 변질되지 않아야 한다.

나. 방수성이 있어야 한다.

다. 통기성이 있어야 한다.

라. 단가가 낮아야 한다.

정답 21 나 22 다 23 다

24 파운드케이크 제조 시 이중팬을 사용하는 목적이 아닌 것은?

가. 제품 바닥에 두꺼운 껍질형성을 방지하기
   위하여
나. 제품 옆면에 두꺼운 껍질형성을 방지하기
   위하여
다. 오븐에서 열전도율을 높이기 위하여
라. 제품의 조직과 맛을 개선하기 위하여

25 도넛 글레이즈의 가장 적당한 사용온도는?

가. 15℃   나. 20℃
다. 35℃   라. 50℃

정답 24 다 25 라

제빵 이론

제빵류 정의

- 강력분에 이스트, 소금, 물을 넣고 반죽하고 발효한 뒤 오븐에서 구운 것이다.
- **특징** : 생물학적 팽창으로 이스트를 사용하여 제품을 부풀린다.
- **빵의 분류**
    - 가. **식빵류** : 팬에 넣어 굽는 빵, 평철판에 넣어 굽는 빵
    - 나. **과자빵류** : 단팥빵, 소보로빵과 같은 과자빵, 스위트류 과자빵
    - 다. **특수빵류** : 튀기는 제품, 두 번 굽는 제품, 찌는 제품
    - 라. **조리빵류** : 피자, 샌드위치, 햄버거류 등 식사대용의 빵

1 제빵 재료의 기능

1-1. 구성요소

강력분, 물, 이스트, 소금을 주재료로 구성되어 있다.

설탕, 유지, 계란, 우유 등 다른 부재료들은 풍미와 저장성을 좋게 한다.

1-2. 재료기능

가. 밀가루(구조형성) : 전분 70%, 단백질 12~15%, 수분 13%, 회분 0.4~0.5%

밀단백질로 인해 글루텐이 형성되고 전분의 호화가 이루어진다.

강력분을 제빵용 밀가루로 사용한다.

나. 생이스트(반죽의 팽창) : 1g당 50억~100억 마리의 세포를 가진다.

활성 최대온도는 28~32℃, 이스트 사멸온도는 60℃이다.

발효속도의 조절은 온도, 먹이, 물, 이스트양, pH이다.

다. 물(재료의 수화) : 아경수 120~180ppm

글루텐을 형성한다. 전분과 결합해 열을 만나 호화된다.

용매작용을 하고, 반죽의 유동성과 온도를 조절한다. 효소활성화에 도움을 준다.

라. 소금(향과 풍미 증진) : 1% 이상을 사용하면 발효속도를 저해시킨다.

발효를 조절하고 글루텐을 강화시키며 잡균의 번식을 억제시킨다.

후염법으로 반죽시간을 10~20% 감소시킬 수 있다.

마. 이스트푸드(발효조절 물질)

물 조절, 이스트 조절, 반죽 조절제로 역할한다.

바. 설탕(풍미개선) : 포도당, 정제당, 맥아당, 물엿 등

발효 후 잔류당에 의해 껍질색과 제품의 저장성을 개선해준다.

사. 유지(윤활작용)

빵의 저장, 부피, 수분 보유를 증가시키고 특유의 향과 맛을 낸다.

아. 계란(유화역할, 영양증진)

노화를 지연시킨다. 제품의 속 색과 속 결을 향상시킨다.

자. 우유 및 분유(껍질색 개선,영양증진)

우유 속의 유당에 의해 갈변되며 풍미와 영양을 강화한다.

2 반죽제법 분류

2-1. 직접반죽법(스트레이트법)

– 전 재료를 한꺼번에 반죽하는 것으로 소규모 제과점에서 주로 사용한다.

가. 배합표

재료	비율(%)	재료	비율(%)
밀가루	100	소금	2
물	60~64	유지	3~4
이스트	2~3	설탕	4~8
이스트푸드	1~2	탈지분유	3~5

나. 믹싱 : 믹싱시간 15~20분, 반죽온도 : 27℃

다. 1차 발효 : 발효온도 27℃, 발효습도 75~80%, 발효시간 1~3시간

– 완료점 : 부피가 3~3.5배 증가, 섬유질 확인, 반죽을 찔렀을 때 오므라드는 정도로 파악

라. 분할 : 분할시간 15~20분 내로 분할 – 100g 미만 손분할 100g 이상 도구로 분할

마. 둥글리기 : 큰 기포를 제거하며 분할 시 손상된 부분을 재정돈

바. 중간발효 : 발효온도 27~29℃, 발효습도 75%, 발효시간 15~20분

사. 정형 : 요구사항에 맞는 모양 내기

아. 팬닝 : 이음매를 아래로 향하게

자. 2차 발효 : 발효온도 35~43℃, 발효습도 85~90%, 발효시간 30~60분

차. 굽기 : 반죽의 크기, 재료의 배합, 제품종류에 따라 오븐온도를 조절하여 굽기

카. 냉각 : 35~40℃로 구워진 빵을 냉각

■ 스트레이트법 장점

노동력과 시간이 절감되고 제조장비가 간단하다. 발효손실을 줄일 수 있으며 재료의 풍미가 살아있다.

■ **스트레이트법 단점**

노화가 빠르며 발효내구성이 약하다. 잘못된 공정을 수정하기 어렵다.

2-2. 비상반죽법(비상스트레이트법)

– 갑작스러운 주문에 빠르게 대처할 때 발효를 촉진하여 전체적인 공정시간을 줄이는 방법이다.

가. 직접반죽법 배합표에서 비상법으로 변경하여 사용

재료	스트레이트법(%)	재료	비상스트레이트법(%)
밀가루	100	밀가루	100
물	63	물	**64**
이스트	2	이스트	**4**
이스트푸드	0.2	이스트푸드	0.2
소금	3	소금	3
유지	4	유지	4
설탕	5	설탕	**4**
탈지분유	3~5	탈지분유	3~5

나. 비상반죽법 조치사항

– **필수조치**

반죽시간 20~30% 증가, 반죽온도 27℃→30℃ 증가, 1차 발효시간 15~30분 단축, 설탕 사용량 1% 감소, 물 사용량 1% 증가, 이스트 2배 증가

– **선택조치** : 이스트푸드 증가, 분유, 소금 1.75% 감소, 식초 첨가

다. 비상반죽법의 장단점

– **장점** : 비상시 대처가 가능하다. 제조시간이 짧아 노동력이 감소하여 임금절약이 가능하다.

– **단점** : 이스트 냄새가 나고, 노화가 빠르다. 부피가 균일하지 않을 수 있다.

2-3. 스펀지도우법(중종법)

– 스펀지반죽과 본반죽을 두 번 배합한다. 스펀지반죽 온도 24℃, 본반죽 온도 27℃

가. 배합표

재료	스펀지 사용범위(%)	본반죽 사용범위(%)
밀가루	60~100	0~40
물	스펀지 밀가루의 55~60	전체 밀가루의 60~65
이스트	1~3	–
이스트푸드	0~0.75	–
소금	–	1.75~2.25
유지	–	3~8
설탕	–	2~7
탈지분유	–	2~4

– 스펀지에 밀가루를 증가하는 경우

스펀지 발효시간 증가, 본반죽의 발효 · 반죽시간 · 플로어타임 감소, 부피 · 풍미 증가, 조직이 부드러워진다.

나. 반죽

– **스펀지반죽(24℃)** : 스펀지 재료를 저속 4~6분으로 픽업 단계 정도이다.

– **스펀지발효** : 발효습도 75~80%, 시간 3~5시간, 스펀지를 발효하는 동안 반죽의 팽창은 최대점까지 팽창되었다 수축되는 스펀지 브레이크 현상이 일어난다.

– **발효완료** : 부피 4~5배 증가, pH는 4.8, 반죽표면은 유백색을 띠고 핀홀이 생긴다. 반죽중앙이 오목하게 들어갈 때

– **본반죽(27℃)** : 발효된 스펀지반죽+본반죽 재료를 넣고 8~12분 정도 최종 단계까지 반죽한다. 본반죽에 물을 많이 흡수시켜 부드럽고 잘 늘어나게 반죽한다.

다. 플로어 타임 : 2번째 발효, 반죽할 때 파괴된 글루텐을 재결합한다.

– **플로어 타임이 길어지는 원인** : 밀가루 단백질의 양과 질이 좋다. 본반죽의 온도가 낮고 시간이 길다. 본반죽 상태의 처지는 정도가 크다. 스펀지에 사용하는 밀가루양이 적다.

– 스펀지 밀가루양과 플로어 타임의 관계 : 60%=40분, 70%=30분, 80%=20분

라. 분할 : 10~15분 내로 분할한다.

마. 둥글리기 : 큰 기포를 제거하며 분할 시 손상된 부분을 재정돈한다.

바. 중간발효 : 발효온도 27~29℃, 발효습도 75%, 발효시간 15~20분

사. 정형및팬닝 : 이음매가 아래로 가도록 팬닝한다.

아. 2차 발효 : 발효온도 35~43℃, 발효습도 85~90%, 발효시간 60분가량

자. 굽기 : 제품종류에 따라 오븐온도를 조절하여 굽는다.

차. 냉각 : 구워진 빵을 35~40℃로 냉각한다.

– 스펀지도우법 장점(직접반죽법과의 비교)

노화가 지연되고 저장성이 좋으며 발효 내구성이 강하고, 발효의 풍미가 향상된다.

공정실수가 생기면 수정할 수 있다.

빵의 부피가 크고 속결이 부드럽다.

– 스펀지도우법 단점

공정시간, 노동력, 시설과 공간이 필요해 경비가 많이 든다.

산미나 산취가 강하고 발효손실이 증가한다.

2-4. 액체발효법(액종법)

– 액종을 만들어 사용하며 스펀지법에서 발생하는 단점들을 보완하기 위해 변형하여 만든 방법이다. 대량생산하는 데 적합하고 노화가 느리다.

– 액종반죽온도 30℃, 본반죽온도 28~32℃

– 아드미법(ADMI) : 미국분유협회(American Dry Milk Institute)가 완충제로 탈지분유를 사용하는 액종법을 개발했다.

완충작용이란? : 발효하는 동안에 생성되는 유기산과 작용하여 산도를 조절하는 역할을 하여 제품을 안정성 있게 만들 수 있다.

■ 제법

가. 배합표

– 액종 배합표

재료	비율(%)
물	30
이스트	2~3
이스트푸드	0.1~0.3
탈지분유	0~4
설탕	3~4

– 본반죽 배합표

재료	본반죽 사용범위(%)
밀가루	100
액종	35
물	32~34
설탕	2~5
소금	1.5~2.5
유지	3~6

나. 반죽

– 액종 만들기 : 액종용 재료를 넣고 혼합 pH는 4.2~5.0이 최적이다.

　발효시간 : 2~3시간 발효

– 본반죽 만들기 : 발효한 액종과 본반죽 재료를 넣고 반죽한다.

다. 플로어 타임 : 15분

라. 분할 : 10~15분 내로 분할한다.

마. 둥글리기 : 큰 기포를 제거하며 분할 시 손상된 부분을 재정돈한다.

바. 중간발효 : 발효온도 27~29℃, 발효습도 75%, 발효시간 15~20분

사. 정형 및 팬닝 : 이음매가 아래로 가도록 팬닝한다.

아. 2차 발효 : 발효온도 35~43℃, 발효습도 85~90%, 발효시간 60분가량

자. 굽기 : 제품종류에 따라 오븐온도를 조절하여 굽는다.

차. 냉각 : 구워진 빵을 35~40℃로 냉각한다.

■ 액체발효법 장점

공간확보와 설비비가 감소되며 한 번에 많은 양을 발효할 수 있다. 균일한 제품생산
이 가능하며 발효손실에 따른 생산손실을 줄일 수도 있다.

- **액체발효법 단점**

    환원제, 연화제가 필요하며 산화제 사용량이 늘어난다.

    중종법보다 제품의 품질은 떨어지며, 대형설비의 경우 액종탱크와 파이프의 위생관
    리에 신경써야 한다.

2-5. 연속식 제빵법

    – 액체발효법은 액종과 본반죽이 컨베이어 시스템 제조라인을 통해 특수한 장비와 원
    료 계량장치로 이루어진다. 발효시스템이 밀폐되었으므로 산화제 사용이 필수이다.

- **제법**

    가. 배합표

재료	전체 사용범위(%)	액종 사용범위(%)
강력분	100	5~70
물	60~70	60~70
이스트	2.25~3.25	2.25~3.25
이스트푸드	0~0.5	0~0.5
탈지분유	1~4	1~4
유지	3~4	–
설탕	4~10	–
인산칼슘	0.1~0.5	0.1~0.5
취소산칼륨(브롬산칼륨)	50ppm 이하	50ppm 이하
영양 강화제	1정	

    나. 액체발효기 : 액종용 재료를 넣고 섞어 30℃로 조절한다.

    다. 열교환기 : 발효된 액종은 열교환기를 통과시켜 30℃로 조절하여 예비혼합기로 보낸다.

    라. 산화제 용액기 : 산화제를 용해하여 예비혼합기로 보낸다.

    마. 쇼트닝 온도조절기 : 쇼트닝 프레이크를 용해(44.7~47.8℃)하여 예비혼합기로 보낸다.

    바. 밀가루 급송장치 : 액체발효에 들어간 밀가루를 뺀 나머지를 예비 혼합기로 보낸다.

    사. 예비 혼합기 : 3~6번 공정에 들어가는 재료들을 골고루 섞어 디펠로퍼로 이동한다.

아. 반죽기(디벨로퍼) : 3~4기압에서 고속으로 회전시켜 글루텐을 형성, 분할기로 보낸다.

자. 분할기 및 팬닝 : 분할기에서 자동으로 분할하여 팬닝한다.

차. 2차 발효 : 발효온도 35~43℃, 발효습도 85~90%, 발효시간 40~60분가량

카. 굽기 : 빵의 크기에 따라 오븐이 온도를 조절한다.

타. 냉각 : 구워진 빵을 35~40℃로 냉각한다.

- **■ 연속식 제빵법 장점**

    설비와 노동력, 발효손실, 공간이 감소한다.

- **■ 연속식 제빵법 단점**

    설비 투자 비용이 들고 산화제 첨가로 인하여 발효량이 감소한다.

2-6. 노타임 반죽법

- 무발효 반죽법으로 기본 직접반죽법으로 장시간 고속반죽을 하여 전체 공정시간을 단축한다.

    발효 대신 산화제+환원제를 이용하여 화학적 숙성을 통해 발효시간을 단축시킨다.

    반죽온도 27~29℃

- **■ 산화제와 환원제**

    가. 산화제 : 반죽의 신장 저항을 증대시킨다. 종류는 요오드칼륨(속효성 작용), 브롬산칼륨(지효성 작용)이 있다.

    역할은 밀가루 단백질의 S-H기를 S-S기로 변화시킨다.

    나. 환원제 : 글루텐을 연화시키고 빵의 부피를 줄인다. L-시스테인은 S-S결합을 절단시켜 글루텐을 재정렬하여 혼합시간을 단축시킬 수 있다.

    프로테아제는 단백질 분해효소이다.

■ 직접반죽법을 노타임 반죽법으로 변경 시 조치사항

공정	직접반죽법	노타임 반죽법
반죽	15~20분	10~15분
반죽온도	27℃	27~29℃
발효시간	2~3시간	0~45분
성형	20~30분	20~30분
2차 발효	50~60분	50~60분
재료	직접반죽법	노타임 반죽법
물	60~64%	62~66%(1~3% 증가, 산화제 사용)
설탕	5%	4%(1% 감소)
이스트	2%	2.5~3%(0.5~1% 증가)
산화제	–	30~75ppm
환원제	–	10~70ppm
산성염	–	인산칼슘 사용

■ 노타임 반죽법 장점

제조시간이 절약되며 반죽의 기계내성이 좋아 반죽이 부드럽다. 흡수율이 좋고 빵 속의 결이 좋으며 치밀하다.

■ 노타임 반죽법 단점

제품의 저장성이 저하되고 재료비가 많이 든다. 반죽의 발효내성이 떨어지고 발효로 인해 맛과 향이 저하된다.

2-7. 재반죽법

– 스트레이트법의 변형법으로 모든 재료를 넣고 8%의 물을 남겨 발효 후 나머지 물을 넣고 재반죽하는 방법이다. 반죽온도 25.5~28℃, 재반죽온도 28~29℃

■ **제법**

가. 배합표

재료	사용범위(%)	재료	사용범위(%)
강력분	100	물	58
이스트	2.2	소금	2
이스트푸드	0.5	설탕	5
탈지분유	2	쇼트닝	4
재반죽용 물	8~10		

나. 반죽 : 저속 4~6분

다. 1차 발효 : 발효온도 26~27℃, 발효습도 75~80%, 발효시간 2~2.5시간

라. 재반죽 : 1차 발효한 반죽과 재반죽용 물을 넣고 중속 8~12분으로 믹싱한다.

마. 플로어 타임 : 15~30분

바. 분할 : 10~15분 내로 분할

사. 둥글리기 : 큰 기포를 제거하며 분할 시 손상된 부분을 재정돈한다.

아. 중간발효 : 발효온도 27~29℃, 발효습도 75%, 발효시간 15~20분

자. 정형 및 팬닝 : 이음매가 아래로 가도록 팬닝한다.

차. 2차 발효 : 발효온도 35~43℃, 발효습도 85~90%, 발효시간 평균보다 15분 증가한다.

카. 굽기 : 반죽의 크기, 재료의 배합, 제품종류에 따라 오븐온도를 조절하여 굽는다.

타. 냉각 : 구워진 빵을 35~40℃로 냉각한다.

■ **재반죽법 장점**

스펀지법, 도우법과 비교하였을 때 공정시간이 단축되며 기계내상과 균일한 색상, 제품으로 식감이 양호하다.

■ **재반죽법 단점**

오븐스프링(팽창)이 적기 때문에 2차 발효를 충분하게 해야 한다.

2-8. 냉동반죽법

1차 발효를 끝낸 반죽을 냉동저장(-18~-25℃) 후 필요시마다 꺼내 사용하는 방법이다. 급속냉동(-40℃) 후 냉동저장(-25~-18℃)으로 급속냉동, 완만해동과 선입선출을 준수한다. 냉동반죽법에는 도우컨디셔너를 사용하여 관리한다. 반죽온도는 통상 20℃이다.

■ 냉동반죽의 종류

가. 벌크냉동반죽 : 반죽을 크게 분할한 후 냉동한 반죽

나. 분할냉동반죽 : 반죽을 다양한 무게로 분할 및 둥글리기 하여 냉동한 반죽

다. 성형냉동반죽 : 반죽에 충전물을 넣고 성형한 반죽

라. 발효냉동반죽 : 2차 발효 공정까지 마친 후 냉동한 반죽

마. 반제품냉동빵 : 오븐에서 반쯤 구운 상태에서 냉동한 반죽

바. 완제품냉동 : 완제품을 냉동 후 해동하여 바로 먹을 수 있다.

■ 제법

가. 배합표

재료	사용범위(%)	특징
밀가루	100	단백질 함량이 많은 12~15% 사용
물	57~63	식빵보다 2~4% 적게 사용
이스트	3.5~5.5	이스트양 2배 증가
이스트푸드	0~0.75	정상 사용
소금	1.8~2.5	정상 사용
설탕	6~10	1~8% 증가하여 이스트 손상방지
쇼트닝	3~5	1~2% 증가하여 이스트 손상방지
SSL(노화방지제)	0.5	신선함을 유지하기 위하여 첨가
산화제	아스코르빈산 40~80ppm / 브롬산칼륨 24~30pp	글루텐을 단단하게 하여 냉해에 의해 반죽이 퍼지는 현상을 막을 수 있다.

나. 믹싱 : 스트레이트법 또는 노타임 반죽법으로 믹싱을 하며 후염법을 이용한다.

다. 1차 발효 : 발효시간을 20분 정도로 짧게 하여 동해를 방지한다.

라. 분할 : 냉동할 반죽의 분할량이 크면 냉해를 입을 수 있다.

마. 정형 : 작업실 온도를 낮게 설정한다.

바. 냉동 : 급속냉동(-40℃), 이스트의 활동을 억제하기 위하여 급속냉동을 한다. 이스트 사멸에 주의한다.

사. 저장 : -25~-18℃에서 보관한다.

아. 해동 : 작업 전일에 냉장고(2~8℃)에서 15~16시간 정도 완만하게 해동한다.

자. 2차 발효 : 발효온도 30~33℃, 발효습도 80%로 스트레이트법보다 낮은 조건이다.

차. 굽기 : 냉동반죽의 컨디션에 따라 조절한다.

카. 냉각 : 구워진 빵을 35~40℃로 냉각한다.

■ **냉동반죽법 장점**

다품종 소량생산 가능하고 휴일에 작업대처가 가능하다. 운반이 편리하며 반죽의 저장성이 향상된다.

작업장의 설비와 면적이 줄어들고 계획생산이 가능하며 생산량을 조절할 수 있다.

■ **냉동반죽법 단점**

냉동 중 이스트 사멸로 가스 발생력 저하되고 많은 양의 산화제가 필요하다. 반죽이 끈적거리고 퍼지기 쉽다.

제품의 노화가 빠르고 향이 떨어지며 냉동저장의 시설비가 증가한다.

■ **냉동반죽의 가스보유력이 떨어지는 이유**

해동에서 탄산가스 확산에 의한 기포 수가 감소한다.

냉동에서 탄산가스 용해도 증가에 의한 기포 수가 감소한다.

냉동과 해동 및 냉동 저장에 따른 냉동반죽의 물성이 약화된다.

2-9. 오버나이트 스펀지법

– 12~24시간 발효한 스펀지법을 이용한 방법으로 발효시간이 긴 만큼 발효손실이 크다.

반죽의 신장성, 발효향, 맛, 저장성 등이 높아진다. 반죽온도 : 20~21℃

2-10. 찰리우드법(초고속 반죽법)

- 직접반죽법의 일종으로 초고속 믹서로 반죽하여 숙성하므로 플로어 타임 후 분할한다. 공정시간은 줄어들 수 있으나 발효향이 떨어질 수 있다.

③ 제빵 공정

제빵법은 시간과 노동력, 제조의 수량, 판매형태, 소비자 기호, 기계설비 등 생산적인 측면과 영업적인 측면을 고려하여 결정한다.

3-1. 제빵배합표 작성

배합표란 제품을 생산하는 데 있어 필요한 비율과 재료의 무게를 숫자로 표시한 것이다.
- **baker's %** : 밀가루 양을 100% 기준으로 하여 각 재료가 차지하는 양을 말하며 소규모 제과점에서 주로 사용한다.
- **true%** : 전체 재료량을 100%로 하고 각 재료가 차지하는 양을 %로 나타내는 것으로 대량생산 공장에서 사용한다.
- **각 재료의 무게(g)** : 분할 반죽무게(g) × 제품 수(개)
- **총 반죽무게(g)** : 완제품 무게(g) ÷ 1-분할손실(%)
- **총 재료의 무게(g)** : 분할 총 반죽무게(g) ÷ 1-분할손실(%)
- **밀가루 무게(g)** : 총 재료무게(g) × 밀가루 배합률(%) ÷ 총 배합률(%)

3-2. 재료계량

가. 배합표 작성에 따라서 재료의 무게를 신속하고, 정확하고, 깨끗이 계량한다.

나. 원료 전처리
- 가루재료들은 체를 쳐 준비해 둔다.

- **설탕, 소금** : 이스트와 닿지 않도록 계량한다.
- **생이스트** : 밀가루와 피복시킨 뒤, 잘게 부셔서 사용한다.
- **유지** : 실온에서 부드럽게 하여 사용한다.
- **물** : 실내온도에 따라 물의 온도를 조절해 반죽온도를 조절한다.

3-3. 반죽(믹싱)

가. 반죽

모든 재료를 혼합하여 글루텐을 형성한다.

반죽의 목적
- 다양한 재료를 분산하여 혼합한다.
- 글루텐을 형성하여 반죽에 신장성과 탄력성을 생성한다.
- 산소를 혼입하여 이스트를 활성시키며 반죽의 산화를 촉진한다.

나. 반죽의 물리적 성질
- **신장성** : 반죽이 늘어나는 성질(고무줄 같은 성질)
- **탄력성** : 물체가 외부 변형에도 원래 상태로 되돌아가려는 성질

다. 반죽의 6단계

1) **픽업 단계** : 밀가루+그 외 재료가 물(수분)과 수화되는 단계이다.(데니시 페이스트리)

2) **클린업 단계** : 밀가루+물이 한 덩어리로 반죽되고, 글루텐이 형성되는 시기로 유지를 투입한다.(흡수율을 높이기 위하여 소금을 넣기도 함. 후염법)

3) **발전 단계** : 탄력이 최대로 증가하며 반죽이 강하고 단단해지는 단계이다.

   (하스브레드류 : 바게트, 프랑스빵)

4) **최종 단계** : 탄력성과 신장성이 가장 좋으며 반죽이 부드럽다. 글루텐을 결합하는 마지막 단계로 최적의 상태이다. → 식빵, 단과자류로 대부분의 빵류

5) **렛다운 단계** : 탄력성을 잃고, 신장성이 커져 고무줄처럼 늘어나는 단계이다.

   → 햄버거빵, 잉글리시 머핀

6) **브레이크다운 단계** : 탄력을 완전히 잃어 빵을 만들 수 없는 단계이다. 오븐팽창이 이루어지지 않는다.

〈후염법 목적〉

반죽시간 단축, 반죽의 흡수율 증가, 반죽온도 감소, 조직을 부드럽게 함, 속색을 갈색
으로 만듦, 수화 촉진

3-4. 온도조절 계산

반죽의 온도 : 27℃는 이스트가 활성하기 적합한 온도이다.

반죽온도가 높으면 발효속도 촉진, 반죽온도가 낮으면 발효 속도가 지연된다. 주재료인
밀가루, 물의 온도나 작업실 온도에 따라 반죽온도에 영향을 미친다.

가. 스트레이트법에서의 반죽온도 계산

- **마찰계수** : (결과온도×3)−(실내온도+밀가루 온도+수돗물 온도)
- **사용할 물 온도** : (희망온도×3)−(실내온도+밀가루 온도+마찰계수)
- **얼음 사용량** : 물사용량×(수돗물 온도−사용할 물 온도)÷80+수돗물 온도

나. 스펀지도우법에서의 반죽온도 계산

- **마찰계수** : (결과온도×4)−(실내온도+밀가루 온도+수돗물 온도+스펀지 온도)
- **사용할 물 온도** : (희망온도×4)−(실내온도+밀가루 온도+마찰계수+스펀지 온도)
- **얼음 사용량** : 물 사용량×(수돗물 온도−사용할 물 온도)÷80+수돗물 온도

다. 반죽에 영향을 주는 요소

1) 반죽속도
- 고속 : 흡수율 높고 글루텐 발전속도 빠르며 발효시간 짧아진다. 이스트푸드 사
  용 시 기공이 좋아진다.
- 저속 : 기공이 열리고 속결이 거칠고 발효시간을 늘리면 부피가 커지며 껍질에
  줄무늬가 생길 수 있다.

2) 반죽시간
- 소금 : 클린업 단계에 넣으면 시간이 줄어든다.
- 설탕 : 설탕량이 증가하면 구조가 약해 반죽시간이 늘어난다.
- 유지 : 클린업 단계 이후에 넣으면 반죽시간이 줄어든다.

- 물 : 증가 시 반죽이 질어지며 반죽시간이 늘어난다.
- 밀가루 : 단백질 양이 증가하면 반죽시간이 늘어난다.
- 반죽온도 : 온도가 높을수록 반죽시간이 줄어든다.
- 탈지분유 : 탈지분유 양이 증가하면 단백질의 구조를 강하게 하여 반죽시간이 늘어난다.
- 기계내구성 : 반죽기의 회전속도가 느리고 반죽양이 많으면 반죽시간이 늘어난다.

3) 반죽의 흡수율

- 설탕 : 5% 증가에 흡수율은 1% 감소한다.
- 손상전분 : 1% 증가에 흡수율은 2% 증가한다.
- 밀단백질 : 단백질 1% 증가에 흡수율은 1.5~2% 증가한다.
- 탈지분유 : 1% 증가 시 흡수율은 0.75~1% 증가한다.
- 반죽온도 : 5℃ 증가할수록 흡수율은 3% 감소한다.
- 물 : 연수 사용 시 글루텐이 약해지고, 경수 사용 시 글루텐이 강해진다.
- 소금 : 픽업 단계에 넣으면 글루텐 흡수량의 약 8%를 감소하고 클린업 단계 이후 넣으면 물 흡수량이 많아진다.

라. 제빵적성 시험기계

- **아밀로그래프** : 굽기 공정에서 일어나는 밀가루의 알파-아밀라아제의 효과를 측정한다. 전분의 호화력을 그래프 곡선으로 나타내면 400~600B.U.이다. 일정량의 밀가루와 물을 섞어 25~90℃까지 1분에 1.5℃씩 올렸을 때 변화하는 혼합물의 점성도를 자동으로 기록한다.

- **익스텐소그래프** : 반죽의 신장성 및 신장 저항력을 측정하여 자동으로 기록하고 반죽의 점탄성을 파악한다.
  밀가루 중의 효소나 산화제, 환원제의 영향을 자세히 알 수 있다.

- **패리노그래프** : 반죽 시 밀가루의 흡수율을 측정하여 글루텐의 흡수율, 글루텐의 질, 반죽의 내구성, 믹싱시간을 측정하는 기계이다. 그래프 곡선이 500B.U.에 도달하는 시간과 떠나는 시간 등으로 밀가루 특성을 알 수 있다.

- **레오그래프** : 반죽이 기계적 발달을 할 때 일어나는 변화를 측정하는 기계이다. 밀가루 흡수율을 계산하는 데 적합하다.
- **믹소그래프** : 반죽하는 동안에 반죽형성 및 글루텐이 발달 정도를 측정하는 기계이다.

3-5. 1차 발효

가. 1차 발효 목적

– 반죽을 부풀리고, 풍미를 증가시키며 반죽의 발전과 글루텐을 숙성한다.

- **1차 발효 조건** : 27~28℃, 습도 75%가 가장 이상적이다.
– 이산화탄소의 발생, 알코올 생성, 향의 발달

나. 발효에 영향을 주는 요소

- **이스트양** : 이스트양이 과다하면 가스발생량이 많아지고, 당류가 충분할 때 이스트양과 발효시간은 반비례한다.

$$\frac{기존의\ 이스트양(Y) + 기존\ 발효시간(T)}{조절하고자\ 하는\ 발효시간(t)} = 가감하고자\ 하는\ 이스트양(y)$$

$$\frac{Y+T}{t} = y$$

- **이스트푸드** : 이스트에 영양소를 공급한다. 산화제 작용으로 단백질을 산화하여 반죽의 탄력과 신장성을 증가시켜 가스포집력을 개선한다.
- **반죽의 pH** : 발효속도는 pH 5 근처에서 최대가 되고, 이스트활동의 최적 농도는 pH 4.6~5.5이다.
- **온도** : 발효는 27℃에서 시작하여, 38℃에서 이스트의 활성이 최대가 된다. 0.5℃ 상승=15분 단축이라고 보면 된다.
- **삼투압** : 당 농도가 5% 이상 되면 이스트의 활성은 저해되고 소금이 초과되면 발효시간이 길어지고 부피가 작아진다.

다. 1차 발효 중 일어나는 생화학적 변화

– 효소는 생화학적 반응을 일으킨다.

– 맥아당은 말타아제에 의해 2개의 포도당으로 분해한다.

– 설탕은 인벌타아제에 의해 포도당과 과당으로 분해한다.

– 전분은 아밀라아제에 의해 덱스트린과 맥아당으로 분해한다.

– 반죽의 pH(수소이온농도)는 발효가 진행됨에 따라 pH 4.6으로 떨어진다.

– 포도당과 과당은 치마아제에 의해 이산화탄소, 알코올, 유기산으로 분해한다.

– 유당은 발효에 의해 분해되지 않고 잔류당으로 남아 캐러멜화 반응을 일으킨다.

라. 펀치(가스빼기)

– 1차 발효 중 반죽의 부피가 2/3 정도 진행될 때 발효촉진을 위해 반죽을 모아준다.

– 펀치의 목적

반죽온도를 균일하게 하여 신선한 산소를 공급해준다. 발효를 촉진하여 발효시간을 단축한다.

이스트의 활성과 산화, 숙성을 촉진한다.

마. 발효손실

발효손실이란 발효 뒤 반죽무게가 줄어드는 현상이다. 발효손실의 원인은 배합률, 반죽온도, 발효시간, 발효실 온습도에 해당한다. 1차 발효 손실률은 총 반죽무게의 1~2%이다.

3-6. 성형

가. 분할

– 기계분할 : 부피에 의해 분할(대규모 공장)

분할 속도는 분당 12~16회전으로 하며, 반죽이 분할기에 달라붙지 않도록 유동파라핀 용액을 바른다.

〈기계분할 반죽의 손상을 줄이는 법〉

피스톤식보다 가압식이 더 좋다.

스트레이트법보다 스펀지도우법이 손상이 적다.

밀가루의 단백질 함량이 높고 양질의 것이 좋다.

반죽은 흡수량이 최적이거나 약간 된 반죽이 좋다.

- **손분할** : 무게에 의해 분할(소규모 빵집)

  지나친 덧가루 사용은 빵 속에 줄무늬를 만든다. 반죽온도가 낮아지거나 반죽의 표면이 마르지 않도록 신경 쓴다.

나. 둥글리기

분할한 반죽을 손이나 기계로 둥글리는 것으로 환목기가 사용된다.

- **둥글리기 목적**

  분할로 흐트러진 글루텐 구조와 방향을 재정돈한다.

  분할에 의해 상처받은 반죽을 회복시킨다.

  반죽 절단면의 점착성을 줄여서 반죽 표면에 얇은 막을 형성하고 끈적거림을 제거한다.

- **반죽의 끈적거림을 제거하는 방법**

  적정량의 덧가루와 유화제를 사용하고 최적의 발효상태와 최적의 가수량을 유지한다.

다. 중간발효

정형 전 짧은 시간 동안 휴식을 갖게 하여 신장성을 회복시킨다.

〈대규모 공장에서는 오버헤드 프루퍼(overhead proofer)라고도 한다.〉

- **중간발효 목적**

  가스발생으로 반죽의 신장성을 회복시키며, 손상된 글루텐 조직의 구조를 재정돈한다.

  탄력성과 신장성을 회복시킴으로써 밀어펴기와 정형을 용이하게 만든다.

- **중간발효 방법**

  반죽 위에 비닐이나 젖은 헝겊을 덮어 마르지 않도록 하며, 조건이 안 맞는 경우 발효실에 넣기도 한다.

- **중간발효 조건** : 온도: 27~29℃, 습도: 75~80%, 시간: 10~15분, 부피: 1.7~2.0배

  〈낮은 습도 = 줄무늬가 생김. 높은 습도 = 표피가 끈적거려 덧가루 과다 사용〉

3-7. 정형 및 2차 발효

가. 정형

중간발효가 끝난 반죽을 일정한 모양으로 만드는 작업과정이다.

– 정형공정

　　밀기 : 반죽을 밀대로 일정하고 균일한 두께로 밀어 가스를 빼고 기포를 균일하게 분
　　　　　산한다.

　　말기 : 좌우 대칭을 잘 보고, 고르게 말거나 접는다.

　　봉하기 : 2차 발효 과정에서 벌어지지 않도록 이음매를 단단하게 봉한다.

– 넓은 의미의 성형 : 분할, 둥글리기, 중간발효, 정형, 팬닝

– 좁은 의미의 정형 : 밀기, 말기, 봉하기

– 정형 시 작업실 조건 : 온도: 27~29℃, 습도 75%

나. 팬닝

성형이 다 된 반죽을 틀이나 철판에 넣는 작업과정, 팬의 온도는 32℃

– 팬닝 방법

　　교차팬닝법, 스트레이트 팬닝법, 트위스트 팬닝법, 스파이럴 팬닝법

– 팬기름(이형제, 이형유)

　　팬기름 사용목적 : 반죽을 구운 후 팬과 제품이 잘 떨어지게 하기 위함이다.

　　팬기름 종류 : 유동파라핀, 면실유와 같은 식물유, 혼합유

　　팬기름이 갖춰야할 조건 : 무미, 무색, 무취, 산패에 잘 견디는 안정성이 높아야 하며 발연
　　　　　　　　　　　　　　점이 210℃ 이상으로 높아야 한다.

– 반죽의 적정 분할량 = 틀의 용적 ÷ 비용적

– 틀 용적의 결정

　　틀의 길이를 측정하여 용적을 계산하는 방법,

　　유채씨를 가득 채워 그 용적을 실린더로 재는 방법,

　　물을 가득 채워서 그 용적을 실린더로 재는 방법이 있다.

– 비용적 : 1g의 반죽이 차지하는 부피

　　　　　산형식빵 : 3.2~3.4㎤/g　　풀먼형 식빵 : 3.3~4㎤/g

다. 2차 발효

좋은 식감의 제품을 얻기 위하여 글루텐 숙성과 팽창을 도모하는 과정으로 성형에서 손
상된 반죽을 다시 회복시켜 완제품 부피의 70~80%까지 부풀린다.

빵의 종류, 이스트의 양, 제빵법, 반죽온도, 발효실 온습도, 숙성도, 성형할 때 손상도 등을 모두 고려하여 2차 발효 시간을 결정한다.

- **2차 발효의 목적** : 2차 발효 조건은 온도 32~40℃ 습도 85~95%이다.

  완제품 크기와 글루텐숙성을 위한 과정이며 식감을 만든다.

  알코올, 유기산 등을 생성시키고 반죽의 pH를 떨어뜨린다.

  반죽의 신장성 증가로 오븐스프링(팽창)이 잘 일어나도록 한다.

- **2차 발효 온습도**

  식빵류, 단과자류 : 38~40℃, 85~90%

  하스브레드류 : 32℃, 75~80%

  도넛류 : 32℃, 65~75%

  데니시 페이스트리 : 27~32℃, 75~80%

3-8. 굽기

가. 굽기 조건

껍질색과 풍부한 풍미를 가지며, 제빵공정에서 최종적 가치를 결정하는 가장 중요한 단계이다. 굽기 방식에는 복사(윗면), 대류(옆면), 전도(밑면)가 있다.

나. 굽기의 목적

껍질색을 내어 맛과 향을 향상하고 전분을 α화(호화)시키며, 발효에 의해 생긴 탄산가스를 열팽창시켜 부피를 만든다.

다. 굽기 중 반죽의 물리적 변화

- **오븐스프링(팽창)** : 반죽온도가 49℃에 도달하면 가스압 증가, 탄산가스가 증발하면서 반죽이 급격히 부풀어 처음 크기의 약 1/3 정도 팽창하는 것
- **오븐라이즈** : 반죽의 내부 온도가 60℃에 이르치 않은 상태로, 반죽의 온도와 부피가 조금씩 커진다.
- **단백질 변성** : 온도가 74℃가 넘으면 단백질이 굳기 시작하여 호화된 전분과 함께 빵의 구조를 형성한다.

– 전분의 호화 : 전분입자는 54~60℃에서 호화되기 시작하여, 70℃ 전후에 호화가 완료된다.

첫 번째 호화 : 약 60℃ / 두 번째 호화 : 74℃ / 마지막 호화 : 85~100℃

– 효소작용 : 전분이 호화와 함께 효소가 활성을 한다.

효소불활성온도 : α–아밀라아제 65~95℃, β–아밀라아제 52~72℃, 이스트는 60℃가 되면 사멸한다.

– 향의 발달 : 껍질에서 생성된 향은 빵 속으로 침투되고 흡수되어 형성된다.

– 캐러멜화 반응 : 당류가 160~180℃의 고온에 의해 껍질이 갈색으로 변하는 반응이다.

– 메일라드 반응 : 당류에서 분해된 환원당과 단백질류에서 분해된 아미노산이 결합하여 껍질이 연한 갈색으로 변하는 반응이다.

라. 굽기과정에서 생기는 반응

– 물리적 반응 : 반죽 안에 포함된 알코올의 휘발과 탄산가스의 열팽창 및 수분의 증기압이 일어난다.

– 화학적 반응 : 메일라드 반응과 캐러멜화 반응을 일으킨다.

– 생화학적 반응 : 60℃까지는 효소작용이 활발하고 60℃에 가까워지면서 이스트가 사멸 전분이 호화한다.

글루텐은 74℃부터 굳기 시작한다.

– 물의 분포와 이동 : 오븐에서 꺼내면 수분이 급격하게 이동한다.

마. 굽기 손실

중량이 줄어드는 현상

– 손실의 원인 : 발효 시 생성된 이산화탄소, 알코올 등의 휘발성 물질과 수분의 증발

– 손실을 주는 요인 : 배합률, 굽는 온도, 굽는 시간, 제품의 크기와 형태 등

– 굽기손실 계산법

$$굽기손실\ 비율(\%) = \frac{반죽무게(D\ W) - 빵\ 무게(B\ W)}{반죽무게(D\ W)}$$

- 제품별 굽기손실

　풀먼식빵 : 7~9%　단과자빵 : 10~11%　일반식빵 : 11~13%　하스브레드류 : 20~25%

- 굽기 중 변화에 따른 온도 순서

　1) 이산화탄소의 용해도 감소 49℃

　2) 전분의 호화 54℃~

　3) 이스트의 사멸 60℃

　4) 단백질 변성 74℃

　5) 알코올 증발 79℃

- 제품에 나타나는 결과

　높은 오븐온도 : 껍질색이 진하고, 빵의 부피가 작으며, 굽기손실이 적다.

　낮은 오븐온도 : 껍질색이 연하며, 두껍고 식감과 풍미가 떨어진다. 빵의 부피와 굽기
　　　　　　　　손실이 크다.

　과량의 증기 : 오븐팽창이 커 부피가 커지고, 표피에 수포가 생기기 쉽고 껍질이 질기다.

　부족한 증기 : 껍질색이 균열되고 균일하지 않으며 광택이 부족해진다.

바. 브레이크와 슈레드

- 브레이크(break)는 빵의 팽창력 등을 의미한다.
- 슈레드(shred)는 빵의 결, 탄력성을 말한다.

3-9. 냉각 및 포장

가. 냉각

곰팡이, 세균의 피해를 막는다. 바람이 없는 실내에서 냉각을 하며 포장을 용이하게 한다.

- **굽기 후** : 97~99℃(내부온도), 12%(껍질수분), 45%(빵 속) 유지
- **냉각 후** : 35~40℃(내부온도), 27%(껍질수분), 38%(빵 속) 유지
- **냉각방법**

　진공냉각 : 가장 빠른 방법으로 제품을 냉각할 수 있다.

　자연냉각 : 상온에서 냉각하는 것으로 소요시간은 3~4시간 소요된다.

터널식 냉각 : 공기배출기를 이용한 냉각으로 2~2.5시간이 걸린다.

공기조절식 냉각(에어컨디션식 냉각) : 온도 20~25℃, 습도 85%의 공기에 통과시켜서 90분간 냉각하는 방법이다.

- **냉각온도** : 35~40℃(통상 37℃)
- **냉각손실율** : 총 반죽무게 기준으로 2~3%
- **냉각온도에 따른 영향**

높은 온도에서 포장하면 포장지에 수분이 응축되어 곰팡이가 발생한다.

낮은 온도에서 포장하면 껍질이 건조하며 노화가 빨라 보존성이 떨어진다.

나. 포장

상품을 보호하기 위해 규격에 맞는 용기에 담는 것이다.

- **포장온도** : 온도 35~40℃ 수분 38%
- **포장목적** : 빵의 저장성과 상품의 가치를 높인다. 수분손실을 막아 노화를 늦추고 미생물의 오염을 방지하도록 한다.
- **포장용기의 조건** : 작업성이 좋고, 상품가치를 높여야 한다. 방수성이 있고 통기성이 없으며 위생적이어야 한다. 단가가 낮고 제품의 모양이 변형되지 않아야 한다.

3-10. 노화와 부패

가. 빵의 노화

빵의 속과 껍질이 화학적, 물리적 변화로 딱딱해지는 현상을 말한다.

소화흡수율이 떨어진다.

- **껍질의 노화** : 빵 속, 공기 중 수분이 껍질로 이동하여 흡수되는 현상이다.

껍질 수분 이동 14% → 36%

- **빵 속의 노화** : 빵 속 수분이 껍질로 이동하면서 건조해지는 현상이다.

빵 속 수분 이동 45% → 36%

– 노화지연방법

방습포장재를 사용한다.

저장온도를 − 18℃ 이하 또는 21~35℃로 유지시켜 보관한다.(냉동보관 및 실온보관)

유화제를 사용한다.(모노디글리세리드 계통)

물의 사용량을 높여 반죽의 수분함량을 38% 이상 증가시킨다.

나. 빵의 부패

제품에 곰팡이가 발생하여 변질되는 현상이다.

– 곰팡이 발생 방지방법

보존료를 사용하고 작업실, 작업도구, 작업자의 위생을 청결하게 한다.

곰팡이 발생을 촉진하는 물질을 제거한다.

4 제품별 제빵법

4-1. 프랑스빵

밀가루, 물, 이스트, 소금 기본 4가지 재료로 제조한다.

■ 제조공정 특징

가. 계량 : 비타민 C와 맥아를 사용하여 빵의 색과 풍미를 주며 반죽의 탄력, 구조력을 높여준다.

비타민 C 10~15ppm을 사용한다.

+ppm(part per million) : 1/1,000,000 백만 분의 1

나. 믹싱 : 팬 흐름을 막고 모양을 좋게 하기 위해서 발전 단계까지만 믹싱한다.

다. 2차 발효 : 온습도를 일반빵보다 낮게 한다. 온도: 30~33℃, 습도: 75~80%

라. 자르기 : 탄력이 강한 하드계열 반죽은 다른 부분이 터지는 것을 방지하기 위해서

칼집을 낸다.

마. 스팀 : 오븐에 넣기 전 충분히 물을 분사하여 준다.

바. 스팀의 목적 : 겉껍질에 광택, 거칠고 불규칙하게 터지는 것을 방지, 얇은 껍질 형성

4-2. 과자빵

식빵류보다 설탕, 유지, 계란의 함량이 높은 빵

■ 제조공정 특징

가. 계량 : 유지 사용량을 30% 이상 사용한다. 충전물 제품들은 유지 사용량을 10%
이하로 사용한다.

나. 1차 발효 : 식빵에 비해 짧게 한다.

다. 분할 : 대부분 50g 미만으로 분할한다.

라. 굽기 : 윗불 190~200℃ 아랫불 150℃ 12~15분으로 언더베이킹 한다.

■ 과자빵 종류

크림빵 : 일본식 단과자빵으로 크림을 싸서 끝부분에 4~5개의 칼집을 준다.

단팥빵 : 일본식 단과자빵으로 반죽 속에 단팥을 싸서 만든 빵이다.

스위트롤 : 대표적인 미국식 단과자빵으로 반죽을 밀어 펴서 계피설탕을 뿌리고 말아
서 막대형으로 만든 후 4~5cm 길이로 잘라 모양을 만든다.

4-3. 건포도식빵

일반 식빵에 밀가루 기준 50%의 건포도를 전처리하여 넣어 만든 빵

■ 제조공정 특징

가. 건포도 전처리 : 27℃의 물에 담그고 물기를 제거 후, 4시간 밀폐한 뒤 사용한다.
또는 건포도 무게의 12% 정도의 27℃가 되는 물에 버무려 4시간
정도 숙성한다.

나. 건포도 전처리 이유

- 빵 속의 수분 이동을 방지하고, 빵과 결합이 잘되게 한다.

- 건포도를 씹는 식감, 맛과 향이 살아나도록 한다.

다. 믹싱 : 최종 단계에서 전처리한 건포도를 넣고 으깨지지 않도록 저속 믹싱한다.

〈최종 단계 전 건포도 투입 시 이스트 활성이 떨어지고 반죽이 얼룩지며 빵의 껍질색이
  짙어짐〉

라. 분할 : 건포도 함량으로 인해 반죽중량을 20~25% 정도 늘려야 한다.

〈건포도 중량으로 인해 오븐스프링이 적기 때문〉

마. 성형 : 밀어펴기 할 때 건포도가 으깨지지 않도록 작업한다.

바. 굽기 : 분할 중량이 높아 굽기 온도를 낮추어 길게 굽는다.

4-4. 데니시 페이스트리

반죽에 충전용 유지를 감싸 접고 밀어, 2차 발효한 것이다.

■ 제조공정 특징

가. 계량 : 식빵과 비교하여 버터 계란 설탕 16% 사용량을 높인다.

나. 믹싱 : 반죽온도는 18~22℃이며 직접반죽법으로 발전 단계까지만 믹싱한다.

다. 냉장휴지 : 반죽을 한 뒤 냉장고에서 휴지하며, 밀고 접기 시 매회 휴지한다.

– 휴지목적 : 글루텐 연화로 밀어펴기 쉽고, 반죽과 유지의 굳기를 같게 한다.

라. 제조 시 유의사항

- 과도한 덧가루는 결을 좋지 않게 한다.

- 발효실 온습도와 작업장 온도는 유지의 녹는점 보다 낮게 한다. (약 20℃ 정도)

- 충전용 유지는 가소성이 뛰어나야 하며 반죽무게의 20~40% 정도 사용한다.

- 높은 온도에서 구워야 유지가 흐르지 않는다.

4-5. 잉글리시 머핀

- 이스트로 부풀려 내상이 벌집처럼 나온다.
- 이스트로 부풀린 영국식 머핀과 베이킹파우더로 부풀린 미국식 머핀으로 크게 나뉜다.
- 반죽의 흐름성을 좋게 하기 위해 수분함량을 높이고 믹싱을 렛다운 단계까지 하며,
  2차 발효 온습도를 일반 식빵에 비해 높게 설정한다.

4-6. 호밀빵

호밀가루를 넣어 배합한 빵

단백질이 부족하여 반죽과 완제품의 구조력을 약화시킨다.

■ 제조공정 특징

가. 믹싱 : 반죽온도는 25℃로 낮게 하며, 80%까지만 반죽한다.

- 호밀은 단백질 부족으로 글루텐 형성이 안 되고 신장성이 나쁘다.

나. 발효 : 식빵에 비해 약간 적게 발효해야 한다.

다. 제조 시 주의사항

- 호밀분이 증가할수록 흡수율을 증가시키고 반죽온도를 낮춰야 한다.
- 글루텐을 형성하는 단백질 함량이 적어 1차 발효 시간이 짧다.
- 불규칙한 터짐을 방지하기 위하여 윗면에 커팅이 필요하다.

4-7. 피자파이

- 피자를 대표하는 향신료로 오레가노를 사용한다.
- 이탈리아에서 빵에 토마토를 조미하여 만들기 시작하였다.
- **피자반죽 재료의 특성**

  밀가루는 단백질 함량이 높아야 충전물 소스가 흡수되지 않는다.

  유지는 식물성기름이나 쇼트닝을 사용하여 반죽이 끈적거리지 않도록 한다.

5 제품평가 및 원인과 결함

5-1. 제품평가

– 외부적 평가

부피 : 분할에 맞게 모양이 알맞게 부풀어야 한다.

균형 : 좌우대칭과 균형이 알맞아야 한다.

터짐성 : 터짐(break)과 찢어짐(shred)이 좋아야 한다.

껍질색과 특성 : 색상이 균일하고 반점과 줄무늬가 없어야 한다. 타지 않고 식욕을 돋
우는 색이어야 한다. 부드러운 껍질이 좋다.

– 내부적 평가

조직 : 탄력과 부드러운 느낌이어야 한다.

속결, 기공 : 기공과 조직이 일정해야 한다.

속색상 : 흰색을 띠고 윤기가 있어야 한다.

– 맛 평가

향 : 상쾌하고, 고소한 풍미여야 한다.

맛 : 제품 고유의 맛을 잘 살리고 만족스러운 식감이어야 한다.

5-2. 원인

가. 식빵류

– 빵 속 줄무늬 현상

- 과도한 덧가루 사용 • 반죽개량제의 과다 사용 • 건조한 중간발효 • 된 반죽
- 과량의 분할유 사용 • 표면이 마른 스펀지 사용 • 잘못된 성형기의 롤러 조절

– 빵 옆면이 찌그러짐

- 지친 반죽 • 오븐열이 고르지 못함 • 반죽양 과다 • 2차 발효 과다

– 빵 바닥이 움푹 들어감

- 2차 발효 과다 • 팬구멍이 없음 • 믹서 회전속도 느림 • 틀 뜨거움
- 정확한 팬 미사용 • 이형제 안 함

– 엷은 껍질색

  • 설탕사용 부족 • 2차 발효 습도가 낮음 • 효소제 과다 사용 • 연수 사용

  • 오래된 밀가루 사용 • 과숙성 반죽 • 굽기 시간의 부족 • 오븐 속의 습도와 온도가 낮음

– 짙은 껍질색

  • 설탕사용 과도 • 높은 오븐온도 • 2차 발효 습도가 높음 • 과도한 굽기

  • 지나친 믹싱 • 1차 발효 시간 부족 • 분유 소금 사용량 과도

– 윗면이 평평하고 모서리가 날카로움

  • 미숙성한 밀가루 사용 • 소금 과도함 • 과도한 믹싱 • 진 반죽 • 높은 습도

– 브레이크와 슈레드 부족

  • 발효부족 또는 과다 • 연수 사용 • 이스트푸드 사용 부족 • 높은 오븐온도

  • 진 반죽 • 오븐증기 부족

– 거친 기공과 조직이 나쁨

  • 발효 부족 • 부적당한 반죽 • 약한 밀가루 사용 • 이스트푸드 사용량 부족

  • 된 반죽 • 알칼리성 물 사용 • 진 반죽 • 낮은 오븐온도

나. 과자빵류

– 껍질색이 엷은 경우

  • 지나친 덧가루 사용 • 발효 과다 • 껍질 마름 • 저율배합 구성

– 껍질색이 진한 경우

  • 밀가루 질이 안 좋음 • 2차 발효 습도 부족 • 숙성되지 않은 반죽으로 정형

  • 발효 부족

– 껍질에 흰 반점

  • 반죽온도 낮음 • 숙성이 덜 된 반죽으로 정형 • 2차 발효 후에 찬 공기에 노출

– 제품 옆면에 주름

  • 진 반죽 • 중간발효 짧음 • 팬닝 간격이 좁음 • 굽기가 빠름

– 빵 속이 건조함

  • 설탕 부족 • 너무 된 반죽 • 굽는 온도가 낮아 오래 구움

  • 스펀지 발효시간이 너무 지나침

- **바닥이 거칢**

    •과다한 이스트 사용 •부족한 반죽 정도 •2차 발효실의 높은 온도

- **풍미 부족**

    •부적절한 재료 배합 •저율배합표 사용 •낮은 반죽온도와 오븐온도

    •과숙성 반죽 사용 •2차 발효실 높은 온도

다. 데니시 페이스트리

- **껍질색이 옅음**

    •덜 구워짐 •정형 중 발효가 진행됨 •캐러멜화 불충분

    •발효습도가 낮아 껍질 형성 •지나친 덧가루 •충전용 유지 부드러움

- **껍질색이 진함**

    •오븐온도가 높음 •설탕함량이 높음 •2차 발효 짧음 •분유, 소금 과다 사용

    •오래 구움 •숙성이 안 된 밀가루 사용

- **완제품이 단단하고 거칢**

    •접기, 밀어펴기가 과도함 •충전용 유지가 단단함 •설탕, 유지 함량이 낮음

    •계란 사용 많음 •밀가루의 단백질 함량 과다 •저배합율로 충전용 유지가 적음

- **제품의 부피가 작음**

    •이스트 사용량 적음 •발효가 지나친 반죽 •충전용 유지가 적절하지 않음

- **제품모양이 좋지 않음**

    •정형을 잘못함 •팬닝이 적절치 못함 •2차 발효 습도 시간이 지나침

- **껍질에 얼룩점이 생김**

    •덧가루 과다 사용 •2차 발효 과습 •오븐이 청결하지 않음 •필링이 새어나옴

라. 하드계열

- **부피가 작음**

    •적은 글루텐 함량 •발효시간이 짧음 •발효실 높은 습도 •적량보다 적은 재료

- **껍질색이 진함**

    •설탕의 과다 사용 •1차 발효 시간 짧음 •분유 과다 사용 •물 사용량이 적량보다 많음

- 껍질색이 연함
  - 설탕 사용량 부족 • 반죽의 기계적 손상 • 과도한 발효 • 덧가루 사용 과다
  - 낮은 오븐온도

5-3. 반죽숙성과 재료에 따른 제품의 결함

가. 어린 반죽

- **외형의 균형과 부피** : 예리한 모서리, 부피가 작다.

- **브레이크와 슈레드** : 찢어짐과 터짐이 적다.

- **구운 상태** : 위, 옆, 아랫면이 어둡다.

- **기공** : 거칠고 열리는 두꺼운 세포

- **껍질색과 특성** : 어두운 적갈색이며, 두껍고 질기며 기포가 형성된다.

- **조직과 속색** : 조직이 거칠고 무거우며 속색이 어둡다.

- **맛과 향** : 발효가 부족한 맛이며 생밀가루 냄새가 난다.

나. 지친 반죽

- **외형의 균형과 부피** : 둥근 모서리, 움푹 들어간 옆면, 부피가 크다.

- **브레이크와 슈레드** : 커진 뒤에 작아진다.

- **구운상태** : 연하다.

- **기공** : 거칠고 열린 얇은 세포

- **껍질색과 특성** : 두껍고 단단해서 잘 부서진다.

- **조직과 속색** : 조직이 거칠고 속색이 희며 윤기가 부족하다.

- **맛과 향** : 더 발효된 맛이며 쉰 냄새가 난다.

다. 설탕

- 과다 사용 시

외부평가 : 부피가 작고 어두운 적갈색이며 발효가 느리고 팬의 흐름성이 크다.
　　　　　윗부분이 완만하고, 모서리가 각지고 찢어짐이 작으며 껍질이 질기다.

내부평가 : 발효가 잘되면 달고, 좋은 향과 색이 난다.

– **적게 사용 시**

외부평가 : 부피가 작고 색이 연하다. 모서리가 둥글고, 팬의 흐름이 작다.

내부평가 : 가스 생성 부족으로 세포가 파괴된다. 회색 또는 황갈색을 띠고 향미가 적으며 발효에 의한 맛을 못 느낀다.

라. 쇼트닝

– **과다 사용 시**

외부평가 : 부피가 작아지며 진한 어두운 색의 윤기가 난다. 흐름성이 좋으며 모서리가 각진다. 브레이크와 슈레드가 작고 껍질은 거칠며 두꺼울 수 있다.

내부평가 : 기공은 거칠고 불쾌한 냄새와 기름기가 느껴진다.

– **적게 사용 시**

외부평가 : 부피가 작아지며 엷은 색 표면에 윤기가 없다. 모서리가 둥글며 브레이크와 슈레드가 크다. 껍질이 얇고 건조해질 수 있다.

내부평가 : 기공이 열리고 거칠다. 발효 냄새와 맛이 미숙하다.

마. 소금

– **과다 사용 시**

외부평가 : 부피가 작으며 검은 암적색이다. 예리한 모서리와 윗면이 편편하고 껍질이 두껍고 거칠다.

내부평가 : 거친 기공과 암갈색을 띠며 향이 없고 짠맛이 난다.

– **적게 사용 시**

외부평가 : 껍질은 얇고 부드러워짐. 부피가 크고 둥근 모서리와 브레이크와 슈레드가 크다.

내부평가 : 기공은 엷고, 회색이며 부드럽고 향이 많다.

바. 밀가루 단백질 함량

– **과다 사용 시**

외부평가 : 부피가 커지며 진한 색이다. 둥근 모서리에 비대칭이며 브레이크와 슈레드가 크고 껍질이 두껍다.

내부평가 : 기공은 크기가 좋지만 불규칙할 수 있고 흰색이며 향이 강하고 맛이 좋다.

- 적게 사용 시

    외부평가 : 모서리가 예리하고 브레이크 슈레드가 작다. 부피가 작아지며 엷은 색을
               띤다.

    내부평가 : 껍질이 엷고 기공은 세포가 파괴된다. 크림색이거나 어둡게 색이 나타나며
               향이 약하다.

5-4. 2차 발효 결함

- 2차 발효 시간이 지나친 경우

    • 산성이 과다해 향이 나쁨 • 부피가 과함 • 껍질색이 엷음

    • 기공이 거칢 • 저장성이 나쁨

- 2차 발효 시간이 덜 된 경우

    • 껍질색이 진한 적갈색 • 부피가 작음 • 옆면이 터짐

- 2차 발효 조건과 결과

    저온일 경우 : 발효시간이 길고 완제품의 겉면이 거칠어지며 풍미가 좋지 않다.

    고온일 경우 : 껍질이 질기고 오븐팽창이 나쁘다. 발효속도가 빠르며 반죽에 세균이
                번식하기 쉽다.

    습도가 낮을 때 : 팽창이 저해되고 윗면이 갈라진다. 얼룩과 광택이 좋지 않으며 껍질
                  형성이 빨라진다.

    습도가 높을 때 : 제품 윗면이 납작해지고 껍질에 수포, 반점, 줄무늬 등이 생기며
                  질겨진다.

    어린 반죽 : 속결이 조밀하며 부피가 작아진다. 껍질의 색이 진하고 붉은색이 될 수 있다.

    지친 반죽 : 부피가 크고 껍질색이 여리며 두꺼워진다. 기공과 조직이 거칠어진다.
              저장성이 나빠지고, 산이 생성되어 향이 강해진다.

제빵 이론 **기출문제**

스펀지도우법과 비교할 때 스트레이트법의 단점 : 노화가 빠르다. 발효내구성이 약하다. 잘못된 공정을 수정하기 어렵다.

비상반죽법의 필수 조치사항 :
반죽시간 20~30% 증가, 반죽온도 27℃→30℃ 증가, 1차 발효시간 15~30분
설탕 사용량 1% 감소, 물 사용량 1% 증가, 이스트 2배 증가↑

냉동반죽법은 -40℃로 급속냉동하여 -25~-18℃에서 저장한다.

01 스펀지도우법과 비교할 때 스트레이트법의 장점으로 알맞지 않는 것은?

가. 노화가 빠르다.

나. 제조장비가 간단하다.

다. 발효손실을 줄일 수 있다.

라. 발효공정이 짧고, 공정이 단순하다.

02 다음 중 비상반죽법의 필수 조치사항이 아닌 것은?

가. 반죽시간은 20~30%로 증가한다.

나. 반죽온도는 27℃→30℃로 증가한다.

다. 1차 발효시간은 40~50분이다.

라. 이스트는 2배 증량한다.

03 냉동반죽법으로 반죽을 제조할 때 냉동온도와 저장온도로 가장 알맞은 것은?

가. -20℃, -8~0℃

나. -20℃, 5~10℃

다. -40℃, 0~4℃

라. -40℃, -25~-18℃

정답 01 가 02 다 03 라

04 다음 중 제빵의 기본 공정을 빈칸의 순서대로 알맞게 나열한 것은?

> 제빵법 결정-(   )-(   )-(   )-반죽-1차 발효-성형-(   )-굽기-냉각-포장

가. 배합표 작성, 재료계량, 원료 전처리, 2차 발효
나. 재료검수, 재료계량, 원료 전처리, 2차 발효
다. 재료계량, 원료 전처리, 재료검수, 2차 발효
라. 배합표 작성, 원료 전처리, 재료계량, 2차 발효

05 베이커스 퍼센트(baker's percent)에 대한 설명으로 알맞은 것은?

가. 전체 재료의 양을 100%로 하는 것이다.
나. 밀가루의 양을 100%로 하는 것이다.
다. 수분의 양을 100%로 하는 것이다.
라. 밀가루, 물, 이스트, 소금의 합을 100%로 하는 것이다.

06 스트레이트법으로 반죽을 제조할 때 유지를 넣는 믹싱의 단계는?

가. 픽업 단계(pick up stage)
나. 클린업 단계(clean up stage)
다. 발전 단계(development stage)
라. 최종 단계(final stage)

해설 04
기본제조공정 : 제빵법 결정-배합표 작성-재료계량-원료 전처리-반죽-1차 발효-성형(분할,둥글리기,중간발효,정형,팬닝)-2차 발효-굽기-냉각-포장

해설 05
baker's % : 밀가루 양을 100% 기준으로 두고 각 재료가 차지하는 양을 말한다.
빵을 만드는데 필요한 비율과 재료의 양(무게)을 숫자로 표시한 것이다.

해설 06
클린업 단계
• 글루텐이 형성이 되는 시기로 볼에서 깨끗하게 떨어지며 유지를 투입한다.
• 글루텐의 결합이 적어 글루텐 막이 두껍고 찢어지며 거칠다.

정답 04 가 05 나 06 나

해설 07

데니시 페이스트리, 브리오슈 :
27~32℃, 75~80%
식빵류, 단과자빵류 : 38~40℃,
85~90%
하스브레드류 : 32℃, 75~80%
도넛 : 32℃, 65~75%

해설 08

밀가루, 물, 이스트, 소금으로 구조
형성물질과 빵의 기본 4가지로 구
성되어 있다.

해설 09

생이스트는 1g당 50억~100억 마
리의 세포를 함유한다.
이산화탄소,알코올, 여러 종류의
산과 열을 생성한다.
생화학적으로 반죽을 조절하고 풍
미를 형성한다.
발효속도 조절 = 온도, 먹이, 물, 이
스트양, pH

해설 10

크림빵, 단팥빵, 스위트롤, 커피케
이크 등 식빵류보다 설탕, 유지, 계
란의 함량이 높은 빵을 말한다.

07 다음 중 하스브레드의 2차 발효실 온도와 습도로 알맞은 것은?

가. 38~40℃, 85~90%

나. 27~32℃, 85~90%

다. 38℃ 전후, 75~80%

라. 32℃, 75~80%

08 제빵에서 반죽을 제조할 때 주재료로 쓰이는 재료가 아닌 것은?

가. 밀가루　　　　　나. 물

다. 이스트　　　　　라. 설탕

09 제빵용 이스트에 대한 설명이 아닌 것은?

가. 28~32℃에서 활성이 최대이다.

나. 이스트 사멸온도는 60℃에서 시작된다.

다. 글루텐을 강화시킨다.

라. 생화학적으로 반죽을 조절한다.

10 과자빵에 대한 설명 중 틀린 것은?

가. 과자빵의 종류로는 데니시 페이스트리, 팽 오레쟁 등이 있다.

나. 높은 온도에서 짧게 구워준다.

다. 빵 속에 크림류 등을 넣어 먹는 간식용 빵이다.

라. 식빵류보다 설탕, 유지, 계란의 함량이 높은 빵을 말한다.

정답　07 라　08 라　09 다　10 가

11 다음 중 렛다운(let down) 상태까지 믹싱하는 제품으로 적당한 것은?

가. 우유식빵, 건포도식빵

나. 잉글리시 머핀, 햄버거빵

다. 프랑스빵, 데니시 페이스트리

라. 크림빵, 소보로빵

12 다음 중 제품평가를 할 때 외부적 평가 항목이 아닌 것은?

가. 부피   나. 균형

다. 껍질색   라. 기공

13 스펀지도우법에서 스펀지 반죽의 온도와 본반죽의 온도는?

가. 24도-27도   나. 24도-24도

다. 27도-30도   라. 20도-24도

14 제빵의 마찰계수를 구하는 공식 중 a~c에 알맞은 것은?

> 마찰계수 = (a×3)-(b+c+물 온도)

가. a : 결과 반죽온도 b : 실내온도 c : 밀가루 온도

나. a : 희망 반죽온도 b : 실내온도 c : 밀가루 온도

다. a : 결과 반죽온도 b : 이스트 온도 c : 밀가루 온도

라. a : 희망 반죽온도 b : 이스트 온도 c : 밀가루 온도

해설 11

잉글리시 머핀처럼 햄버거빵 또한 반죽에 흐름성을 부여하기 위해 가수율이 높고 믹싱을 렛다운 단계까지 오래하며 2차 발효 시 온습도를 높게 설정한다.

해설 12

외부적 평가
- 부피 : 분할에 대한 모양이 알맞게 부풀어야 한다.
- 균형 : 좌우대칭과 균형이 알맞아야 한다.
- 껍질색 : 색상이 균일하고 반점과 줄무늬가 없어야 한다. 식욕을 돋우는 색상이어야 하며 타지 않아야 한다.
- 껍질특성 : 얇으면서도 부드러운 껍질이 좋다.
- 터짐성 : 옆면에 적당한 터짐(break)과 찢어짐(shred)이 좋아야 한다.

해설 13

스펀지 만들기 - 반죽온도 : 24℃
본반죽 만들기 - 반죽온도 : 27℃

해설 14

마찰계수 : 반죽 중 마찰에 의해 상승된 온도
(결과온도×3)-(실내온도+밀가루온도+수돗물 온도)

해설 15

발효속도는 pH 5 근처에서 최대가 된다.
이스트 활동의 최적은 pH 4.6~5.5 이다.

해설 16

배합재료를 균일하게 분산하고 혼합시킨다.

해설 17

성형이 다 된 반죽을 틀이나 철판에 채우는 작업과정이다.
팬닝을 할 때 팬의 온도는 32℃가 적당하다.

15 발효(가스발생력)에 영향을 주는 요소에 대한 설명으로 알맞지 않은 것은?

가. 이스트양이 많으면 가스발생량이 많아진다.

나. 반죽온도가 0.5℃ 상승할 때마다 발효시간은 15분 단축된다.

다. 이스트 활동의 최적은 pH 2.6~3.5이다.

라. 발효의 당 농도가 5% 이상 되면 이스트의 활성이 저해되기 시작한다.

16 다음 중 중간발효 공정의 목적과 다른 것은?

가. 둥글리기 과정에서 손상된 글루텐 조직의 구조를 재정돈한다.

나. 가스 발생으로 반죽의 유연성을 회복시킨다.

다. 탄력성과 신장성을 회복시킴으로써 정형과정의 밀어펴기를 쉽게 한다.

라. 배합재료를 균일하게 분산하고 혼합시킨다.

17 반죽을 팬닝할 때 적당한 팬의 온도는?

가. 27℃   나. 32℃

다. 38℃   라. 43℃

정답 15 다 16 라 17 나

18 굽기 공정 중 오븐 안에서 일어나는 반죽의 변화로 알맞지 않는 것은?

가. 반죽온도가 49℃에 도달하면 오븐팽창이 일어난다.

나. 오븐라이즈는 반죽의 내부온도가 아직 60℃에 이르지 않은 상태로 부피가 조금씩 커진다.

다. 온도가 50℃가 넘으면 단백질 열변성이 일어나 글루텐 응고가 시작된다.

라. 60℃가 되면 이스트가 사멸하기 시작한다.

19 제조공정 중 가장 마지막 단계인 빵을 포장할 때 제품의 적당한 포장온도는 무엇인가?

가. 30~35℃   나. 35~40℃

다. 25~30℃   라. 20~25℃

20 하스브레드(hearth bread)인 프랑스빵의 2차 발효실 습도는?

가. 60%   나. 75%

다. 85%   라. 90%

21 건포도 식빵을 제조할 때 건포도를 믹싱의 최종 단계 전에 넣을 때 일어나는 현상이 아닌 것은?

가. 반죽이 얼룩진다.

나. 이스트의 활력이 떨어진다.

다. 반죽이 거칠어져 정형하기 어렵다.

라. 빵의 껍질색이 밝아진다.

정답 18 다 19 나 20 나 21 라

22 빵의 분류에 대한 설명이 틀린 것은?

가. 식빵류 : 팬에 넣어 굽는 빵, 직접 굽는 빵, 평철판에 넣어 굽는 빵

나. 과자빵류 : 일반적 과자빵(단팥, 소보로빵류), 스위트류 과자빵, 고배합류 과자빵

다. 특수빵류 : 두 번 굽는 제품, 찌는 제품, 튀기는 제품

라. 조리빵류 : 공장에서 대량생산하는 제품

23 다음 중 제빵법을 결정할 때 고려할 사항으로 보기 어려운 것은?

가. 제조량   나. 노동력
다. 소비자 기호   라. 상권분석

24 밀가루 무게(g)를 구하는 공식은?

가. 총 재료의 무게(g) × 밀가루 배합률(%) / 총 배합률(%)

나. 총 재료의 무게(g) − 밀가루 배합률(%) / 총 재료의 무게(g)

다. 총 재료의 무게(g) + 밀가루 배합률(%) / 총 배합률(%)

라. 총 재료의 무게(g) ÷ 밀가루 배합률(%) / 총 재료의 무게(g)

정답 22 라 23 라 24 가

25 다음 중 식빵을 냉각하는 가장 빠른 방법은 무엇인가?

가. 자연냉각

나. 터널식 냉각

다. 공기조절식 냉각(에어컨디션식 냉각)

라. 냉장냉각

해설 25

자연냉각 : 상온에서 냉각하는 것으로 3~4시간 소요된다.

터널식 냉각 : 공기배출기를 이용한 냉각으로 2~2.5시간이 걸린다.

공기조절식 냉각(에어컨디션식 냉각) : 온도 20~25℃, 습도 85%의 공기에 통과시켜 90분간 냉각하는 방법이다.

정답 25 다

CHAPTER 3

제과제빵 기계 및 작업환경 관리

1 제과제빵 기계

1-1. 구성요소

가. 제과제빵에서 사용하는 기계

– 믹서기

수직형(버티컬) 믹서 : 소규모 제과점에서 사용하며 케이크와 반죽이 모두 가능한 믹서이다.

수평형 믹서 : 대량생산 시 사용한다.

스파이럴 믹서 : 나선형 훅이 고정되어 있는 제빵 전용 믹서(프랑스빵 사용)이다.

– 믹서기 부대기구

믹싱볼 : 반죽을 하기 위한 볼이다.

휘퍼 : 제과용으로 공기포집을 위해 사용한다.

비터 : 블렌딩법과 같이 유연감을 위해 사용한다.

훅 : 제빵용으로 글루텐 형성을 위해 사용한다.

– 발효기 : 1차, 2차 발효 시 온습도를 조절하는 기계이다.

– 디바이더(분할기) : 일정한 크기로 분할하는 기계이고, 기계분할은 공간분할로 반죽 손상이 많다.

- **라운더(둥글리기)** : 분할된 반죽이 둥글리기가 되어 만들어지는 기계이다.
- **오버헤드 프루퍼(중간발효)** : 대규모 공장에서 사용하는 중간발효기이다.
- **성형기(몰더)** : 중간발효가 끝나면 가스를 빼면서 밀어 편 후에 모양을 만드는 기계이다.
  〈성형기에 통과시킬 때 아령 모양으로 나타난다면 압력이 강한 것〉
- **파이롤러** : 반죽을 균일한 두께로 어려움 없이 밀 수 있는 기계로 페이스트리, 도넛류, 쿠키류 제조에 사용한다.
- **도우컨디셔너** : 자동 조절 장치에 급속냉동, 냉장, 완만해동, 2차 발효 등을 할 수 있는 기계이다.
- **오븐** : 2차 발효가 완료된 뒤 반죽의 최종 단계로 제품에 맞는 온도를 세팅하여 굽는다. 오븐 내 매입 철판 수로 제품 생산능력을 계산한다.
- **오븐종류**
  데크오븐 : 소규모 제과점에서 주로 사용하며 입출구가 같은 오븐이다.
  터널오븐 : 대량생산 공장에서 주로 사용하며 입출구가 서로 다르고, 온도조절이 쉽다.
  컨벡션오븐 : 바람을 순환시켜 굽는 오븐이며 하드계열과 쿠키류를 구울 때 적당하다.
- **튀김기** : 도넛 등 튀김용 제품을 만들 때 사용하는 기계로서 일정한 온도를 유지할 수 있어 편리하다.
- **냉동냉장고** : 각 재료들의 적정 온도로 보관할 수 있다.
- **식빵슬라이서** : 식빵을 일정한 두께로 자를 때 사용한다.

나. 제과제빵에서 사용하는 도구

- **전자저울** : 용기를 올려 영점을 맞추고, 필요한 각 재료의 무게를 정확하게 잰다.
- **온도계** : 반죽과 재료의 온도를 측정하여 사용한다.
- **고무주걱** : 믹싱볼에 반죽을 깨끗이 모으고 담을 때 사용한다.
- **나무주걱** : 반죽을 힘있게 섞을 때 사용한다.
- **붓** : 마른 붓으로는 덧가루를 털고, 제품에 계란물을 바를 때도 사용한다.
- **스크래퍼** : 분할 시 반죽을 자르거나 재료를 펴줄 때 사용한다.
- **스패출러** : 크림류를 바르면서 모양과 수평을 맞춰주는 용도로 사용한다.

- **돌림판** : 턴테이블이라고도 하며 케이크를 아이싱하거나 크림을 짤 때 사용한다.
- **스파이크 롤러** : 피자나 파이류를 만들 때 반죽바닥에 구멍을 뚫어주는 도구이다.
- **파이칼** : 반죽을 커팅할 때 사용하는 도구이다.
- **팬** : 반죽을 만들어 적정한 팬에 팬닝 후 굽는다.
- **디핑포크** : 템퍼링한 초콜릿에 담갔다 빼거나 모양을 낼 때 사용한다.
- **모양깍지** : 다양한 모양을 낼 수 있는 도구이다.
- **짤주머니** : 반죽과 크림류 등을 짜 넣을 때 사용하는 주머니이다.
- **데포지터** : 쿠키류 성형 시 반죽을 일정하게 짜주는 기계이다.

2 작업환경 관리

가. 제품관리
- **유통기한** : 유통기한은 섭취 날짜가 아닌 제조일로부터 소비자에게 판매할 수 있는 기간이다.
- **유통기한에 영향을 주는 요인**

  내부적 요인 : 원재료, 제품의 배합 및 조성, 수분함량 및 수분활성도, pH 및 산도, 산소의 이용성

  외부적 요인 : 제조공정, 위생수준, 포장 재질 및 방법, 저장·유통·진열 조건, 소비자 취급
- **유통기한 표시**

  식품의 용기 포장에 지워지지 않는 잉크나 각인 등으로 잘 보이도록 한다.

  냉동보관과 냉장보관을 표시한다. 제품의 품질 유지에 필요한 온도를 함께 표시한다.

  00년, 00월, 00일/0000년, 00월, 00일/0000, 00, 00까지 표기하며 유통기한이 1년 이상인 경우 '제조일로부터 ~년까지'로 표시해야 한다.
- **저장** : 실온저장, 냉장저장, 냉동저장으로 세 가지 저장법이 있다.

실온제품 : 1~35℃, 상온제품 : 15~25℃, 냉장제품 : 0~10℃, 냉동제품 : −18℃ 이하를 말하며 보통 5℃ 이하로 유지하되 「식품의 기준및규격」, 「축산물의 가공기준 및 성분규격」에서 정한 경우 그 조건을 따른다.

나. 생산관리

경영기구에 있어서 사람(man), 재료(material), 자금(money)의 3요소를 유효적절하게 사용하여 좋은 물건을 저렴한 비용으로 필요한 물량을 필요한 시기에 만들어 내기 위한 관리 또는 경영을 위한 수단과 방법을 말한다.

- **기업활동의 구성요소**
    - 제1차 관리 : 사람(man), 재료(material), 자금(money)
    - 제2차 관리 : 방법(method), 시간(minute), 기계(machine), 시장(market)
- **생산활동의 구성요소(5M)** : 사람(man), 기계(machine), 재료(material), 방법(method), 관리(management)
- **생산관리의 목표** : 납기관리, 원가관리, 품질관리, 생산량관리
- **생산계획** : 수요예측에 따라 생산의 여러 활동을 계획하는 일을 생산계획이라고 한다. 상품의 종류, 수량, 품질, 생산시기, 실행예산 등을 구체적으로 계획하는 것을 말한다.
- **1인당 생산가치** : 생산가치÷인원 수
- **생산시스템의 분석** : 생산시스템을 생산량과 비용의 측면에서 분석하여 문제 해결의 방안을 종합적으로 평가하는 데 활용할 수 있다.
- **고정비** : 매출액의 증가나 감소에 관계없이 일정 기간에 일정액이 소요되는 비용이다.
- **변동비** : 매출액의 증감에 따라 비례적으로 증감하는 비용이다.
- **매출액** : 생산량×가격
- **손익분기점** : 손실과 이익의 분기점이 되는 매출액이다.
- **매출액에 의한 손익분기점** : 고정비÷(1−변동비÷매출액)=고정비÷(1−변동비율)= 고정비÷한계이익률

- **판매수량에 의한 손익분기점** : 고정비 ÷ (판매가격 − 변동비 ÷ 판매량)

  = 고정비 ÷ 제품 1개당 한계이익

- **생산계획** : 인원계획, 설비계획, 제품계획, 합리화 계획, 교육훈련계획
- **원가관리** : 직접비 = 직접재료비 + 직접노무비 + 직접경비 / 제조원가 = 직접비 + 제조간접비

  총원가 = 제조원가 + 판매비 + 일반관리비

  〈개당 제품의 노무비 = 사람의 수 × 시간 × 시간당 노무비 ÷ 제품의 개수〉

- **원가를 계산하는 목적** : 이익 산출, 가격 결정, 원가관리
- **이익계산방법** : • 이익 = 가격 − 원가 • 총이익 = 매출액 − 총원가

  • 순이익 = 총이익 − (판매비 + 관리비)

- **원가 절감방법**

  • 원료비 원가절감 : 구매관리는 철저히, 가격과 결제방법을 합리화하며, 선입선출관리로 불량률을 최소화하여 수율을 높인다. 원재료의 배합설계와 제조공정 설계를 최적상태로 하여 생산수율을 향상한다.

  • 노무비 절감 : 교육, 훈련을 통한 직업윤리를 함양하여 생산 능률을 향상하고, 생산 소요시간, 공정시간을 단축시킨다. 생산기술 측면에서 제조방법을 개선하고, 설비를 쉬게 하고 작업 중 가동이 정지되지 않도록 한다.

  • 작업관리를 개선, 불량률 감소시켜 절감 : 작업자의 태도와 기술수준이 낮은 경우 전문가를 통한 기술개선 지도 및 교육훈련, 연수기회를 부여하여 자기계발을 유도한다.

- **작업의 표준화** : 관리자의 필요인식으로 숙련자 작업자의 동의를 구해 현장적용에 문제가 있을 시 협의를 하여 수정하고 확정하는 과정이다.

다. 위생관리

- **개인위생관리** : 일일건강상태, 복장관리, 손위생관리, 위생화 또는 안전화 착용, 작업복 등 매일 점검한다.

- **개인위생복장**

  • 머리-모자 : 긴 머리는 묶고, 매일 감으며, 모자는 머리카락이 보이지 않게 착용한다.

  • 외상 : 항균 반창고를 붙이고, 물이 들어가지 않도록 보호대를 사용한다.

- 화장, 장신구, 마스크 : 화장과 향수는 제품의 맛과 향에 영향을 주며, 장신구 착용은 세균증식의 원인이 된다. 마스크는 코까지 덮는다.
- 상의, 토시 : 흰색의 면소재 상의를 입고, 자주 갈아입도록 한다. 목둘레와 소매가 늘어지지 않도록 한다.

  토시와 옷은 매일 세탁하며 건조 후 사용한다.
- 앞치마 : 세척 소독 후 건조하여 착용하고, 전처리용, 조리용, 배식용, 세척용으로 구분하여 사용한다.
- 하의 : 몸에 편한 복장이어야 하고, 매일 세탁하며 외출복과 구분지어 보관, 관리한다.
- 신발 : 미끄럽지 않아야 하며, 외부용 신발과 구분하여 착용해야 한다.

— 개인위생관리법

- 건강진단 : 「식품위생 분야 종사자의 건강진단 규칙」에 따라 매년 1회의 건강검진을 받아야 한다.

  (완전 포장된 식품, 식품첨가물을 운반하거나 판매하는 일에 종사하는 사람은 제외한다.)
- 식품영업에 종사하지 못하는 질병의 종류 : 결핵, 피부병 또는 화농성 질환, 후천성 면역결핍증

  (성매개감염병에 관한 건강진단을 받아야 하는 직업에 종사하는 사람만 해당한다.)
- 업무종사자의 제한 : 콜레라, 장티푸스, 파라티푸스, 세균성이질, 장출혈성 대장균 감염증, A형간염

— 설비위생관리

- 조도기준 : 작업자는 조명 · 채광 · 온도 · 습도 및 작업공간 크기에 따라 작업효율이 달라진다.
- 계량, 반죽, 조리, 정형 : 표준조도 200lux 한계조도 150~300lux
- 발효 : 표준조도 50lux 한계조도 30~70lux
- 굽기, 포장, 장식(기계작업) : 표준조도 100lux 한계조도 370~150lux
- 장식(수작업), 마무리작업 : 표준조도 500lux 한계조도 300~700lux
- 창의 면적은 바닥면적을 기준으로 하여 30%가 적당하다.(채광상 바닥 면적의 10% 이상이 되도록 한다)

- 창문틀은 45° 이하의 각도로 하며 창의 면적은 벽 면적의 70%로 한다.
- 벽면은 타일의 재질로 청소와 관리가 편리해야 한다.
- 작업장에는 해충이 들어오지 않도록 방충·방서시설을 갖추어야 한다.
  모든 물품은 바닥에서 15cm, 벽에서 15cm 떨어진 곳에 보관하도록 한다.
- 제과제빵 공정의 방충·방서용 금속망은 30mesh가 적당하다.
- 배수가 잘되어야 하며 배수관의 최소 내경은 10cm 정도가 좋다.
- 주방의 환기는 소형의 환기장치를 여러 개 설치하여 공기오염 정도에 따라 가동률을 조절한다.

– 작업장 주변 환경관리

- 건물외부 : 건물외부는 오염원과 해충의 유입이 방지되도록 설계, 건설, 유지·관리되어야 하며 배수가 잘되도록 해야 한다.
- 자재 반입문 : 자동셔터문을 이용한다. 작업자가 현장에 입실할 경우 반드시 손소독기와 발바닥 소독기를 사용해 소독해야 한다.
- 탈의실 : 작업장 내부가 아닌 외부에 옷을 갈아입을 수 있는 공간이 정해져 있어야 한다.
  교차오염 방지를 위해 일반 외출 복장과 깨끗한 위생 복장을 구분하여 보관해야 한다.
- 발바닥 소독기 : 현장 출입문과 자재 반입문에 설치하고 현장에 입실할 경우 발바닥 소독기를 사용하여 소독한 후 입실해야 한다.

– 작업장설비 및 기기관리

- 작업대 : 스테인리스 스틸 등의 재질로 설비한다.
- 냉장·냉동기기 : 냉동실은 −18℃ 이하, 냉장실은 5℃ 이하의 온도를 유지하며, 온도계를 외부에 보기 쉬운 위치에 설치한다. 1일 1회 또는 주 1회씩 사용 정도에 따라 청소하고 소독한다.
- 믹서기 : 믹싱볼과 부속품은 분리한 후 음용수에 중성 세제 또는 약알칼리성 세제를 전용 솔에 묻혀 세정한 다음 깨끗이 헹구어 건조한 후 엎어서 보관한다.
- 발효기 : 사용 후 습기를 제거하고 정기적으로 청소한다. 물을 빼고 건조한다.

- **오븐** : 전용세제를 이용하여 그을음을 깨끗이 닦아주고 부패를 방지하기 위해 주 2회 이상 청소한다.
- **튀김기** : 따뜻한 비눗물을 팬에 붓고 10분간 끓여 내부를 깨끗이 씻은 후 건조한 뒤 뚜껑을 덮어둔다.
- **파이롤러** : 사용 후 헝겊 위나 가운데 스크래퍼 부분의 이물질을 솔로 깨끗이 털어 낸다.

– 생산공장 시설의 배치

작업용 바닥 면적은 장소를 이용하는 사람 수에 따라 달라지며, 판매장소의 면적 3 : 공장의 면적 1의 비율로 구성되어야 한다. 공장의 소요 면적은 주방설비의 설치 면적과 기술자의 작업을 위한 공간 면적으로 이루어진다.

– 작업환경 위생지침서

작업장의 위생관리 현황을 파악, 관리하기 위해 작성하는 서식으로 업장별 및 구획별 작업장 위생에 대한 세부내역을 기록하는 것이다.

– 교차오염 정의

오염된 식품이나 조리기구의 균이 비오염된 식재료 및 기구에 섞이거나, 종사자의 접촉으로 인해 오염된 미생물이 비오염된 구역으로 유입되는 것이다.

– 교차오염이 발생하는 경우

칼과 도마를 혼용할 경우, 맨손으로 식품을 취급한 경우, 손씻기가 부적절한 경우

– 교차오염 방지법

식품취급 등의 작업은 바닥으로부터 60cm 이상에서 실시하여, 오염된 물이 튀지 않도록 한다. 세척용기는 어육류, 채소류로 구분해서 사용하며, 충분히 세척 · 소독 후 사용한다. 식품취급 작업은 손을 세척 · 소독한 후에 하며, 고무장갑을 착용하고 작업을 하는 경우는 장갑을 손에 준하여 관리한다.

일반구역과 청결구역으로 구역을 설정하여 전처리, 조리, 기구세척 등을 별도의 구역에서 한다.

라. 공정관리

- 공정관리의 정의

제조공정 관리에서 필요한 제품 공정서와 공정 흐름도를 작성하고 위해요소 분석을 통해 중요 관리점을 결정하며 결정된 중요 관리점에 대한 세부적인 관리계획을 수립하여 공정을 관리하는 것을 말한다.

- 공정별 위해요소 파악 및 예방

위해요소는「식품위생법」제4조 '위해 식품 등의 판매 등 금지'의 규정에서 정하고 있는 인체의 건강을 해할 우려가 있는 생물학적·화학적 또는 물리적 인자나 조건을 말한다.

제과제빵 기계 및 작업환경 관리 **기출문제**

01 반죽의 상태를 수시로 확인할 수 있고, 주로 소규모 제과점에서 사용하는 믹서는?

가. 버티컬 믹서　　나. 수평형 믹서
다. 스파이럴 믹서　라. 에어 믹서

02 다음 중 포장공정, 데커레이션 공정의 적합한 조도(룩스 : Lux)는 무엇인가?

가. 50lux　　나. 100lux
다. 200lux　라. 500lux

03 생산활동의 구성요소에 해당하지 않는 것은?

가. 사람(man)　　나. 재료(material)
다. 기계(machine)　라. 기술(skill)

04 다음 중 제과용으로 공기를 넣어 부피를 형성하는 믹서용 기구로 알맞은 것은?

가. 믹싱볼　나. 휘퍼
다. 비터　　라. 훅

정답　01 가　02 나　03 라　04 나

05 식빵 반죽을 제조할 때 둥글리기 공정에 사용하는 기계는?

    가. 분할기(divider)

    나. 라운더(rounder)

    다. 성형기(moulder)

    라. 오버헤드 프루퍼(overhead proofer)

06 다음 중 오븐의 생산능력은 무엇으로 계산하는가?

    가. 오븐의 소모 전력량

    나. 오븐 내 매입 철판 수

    다. 오븐의 크기

    라. 오븐의 종류

07 오염된 식품이나 조리기구의 균이 비오염된 식재료 및 기구에 섞이거나, 종사자의 접촉으로 인해 오염된 미생물이 비오염된 구역으로 유입되는 것에 관한 설명으로 맞는 것은?

    가. 공정관리

    나. 교차오염 정의

    다. 공정별 위해요소 파악

    라. 작업환경 위생지침서

08 다음 중 유연한 반죽을 만들 때 사용하는 믹서용 기구로 알맞은 것은?

    가. 믹싱볼   나. 휘퍼

    다. 비터   라. 훅

정답   05 나   06 나   07 나   08 다

해설 05
• 라운더(rounder) : 분할된 반죽이 둥글리기가 되어 만들어지는 기계이다.
• 라운더의 종류 : 우산형 라운더, 절구형 라운더, 벨트식 라운더, 인테그라형 라운더

해설 06
2차 발효 완료 뒤 반죽의 최종 단계로 제품에 맞는 온도를 세팅하여 굽는다.
오븐 내 매입 철판 수로 제품 생산능력을 계산한다.

해설 07
교차오염 정의
오염된 식품이나 조리기구의 균이 비오염된 식재료 및 기구에 섞이거나, 종사자의 접촉으로 인해 오염된 미생물이 비오염된 구역으로 유입되는 것이다.

해설 08
믹서용 기구
• 믹싱볼 : 반죽을 하기 위해 재료들을 넣는 스테인리스 볼로 여러 가지 크기가 있다.
• 휘퍼 : 제과용으로 공기를 넣어 부피를 형성한다.
• 비터 : 유연한 반죽을 만들 때 사용한다.
• 훅 : 제빵용으로 강력분을 사용할 때 글루텐을 형성한다.

해설 09

반죽을 일정하게 힘을 들이지 않고 밀 수 있으며 페이스트리, 도넛류, 쿠키류 등에 사용된다.

해설 10

유통기한의 표시: 00년, 00월, 00일/0000년, 00월, 00일/ 0000, 00, 00까지 표기하며 유통기한이 1년 이상인 경우 '제조일로부터 ~년까지'로 표시해야 한다.

해설 11

제1차 관리: 사람(man), 재료(material), 자금(money)
제2차 관리: 방법(method), 시간(minute), 기계(machine), 시장(market)

해설 12

제1차 관리: 사람(man), 재료(material), 자금(money)
제2차 관리: 방법(method), 시간(minute), 기계(machine), 시장(market)

09 **반죽을 균일한 두께로 어려움 없이 밀 수 있는 기계는 어떠한 것인가?**

가. 파이롤러 　　　　　나. 도우컨디셔너

다. 오버헤드 프루퍼 　　라. 디바이더

10 **제품관리에서 유통기한에 대한 설명으로 보기 어려운 것은?**

가. 유통기한은 섭취가 가능한 날짜가 아닌 식품 제조일로부터 소비자에게 판매가 가능한 기한을 말한다.

나. 식품의 용기 포장에 지워지지 않는 잉크나 각인 등으로 잘 보이도록 한다.

다. 00일, 00월, 00년을 차례대로 표시한다.

라. 냉동보관과 냉장보관을 표시해야 한다.

11 **기업활동의 구성요소 중 2차 관리에 해당하지 않는 것은?**

가. 사람(man) 　　　　나. 방법(method)

다. 시간(minute) 　　　라. 기계(machine)

12 **기업활동의 구성요소 중 1차 관리에 해당하지 않는 것은?**

가. 사람(man) 　　　　나. 자금(money)

다. 재료(material) 　　라. 기계(machine)

정답 09 가 10 다 11 가 12 라

13 믹서기에 사용하는 기구를 알맞게 설명한 것은?

가. 믹싱볼 : 반죽을 하기 위해 재료들을 넣는 스테인리스 볼로 여러 가지 크기가 있다.

나. 휘퍼 : 유연한 반죽을 만들 때 사용한다.

다. 비터 : 제빵용으로 강력분을 사용할 때 글루텐을 형성한다.

라. 훅 : 제과용으로 공기를 넣어 부피를 형성한다.

14 대량생산 공장에서 주로 사용하며 입출구가 서로 다르고, 온도조절이 쉬운 기계는?

가. 터널오븐   나. 데크오븐

다. 컨벡션오븐   라. 튀김기

15 설비위생관리 기준에서 맞지 않는 것은?

가. 제과제빵 공정의 방충·방서용 금속망은 50mesh가 적당하다.

나. 작업장에는 해충이 들어오지 않도록 방충·방서시설을 갖추어야 한다.

다. 창의 면적은 바닥면적을 기준으로 하여 30%가 적당하다.

라. 벽면은 타일의 재질로 청소와 관리가 편리해야 한다.

해설 **13**
- 휘퍼 : 제과용으로 공기를 넣어 부피를 형성한다.
- 비터 : 유연한 반죽을 만들 때 사용한다.
- 훅 : 제빵용으로 강력분을 사용할 때 글루텐을 형성한다.

해설 **14**
- 데크오븐 : 소규모 제과점에서 주로 사용하며 입출구가 같은 오븐이다.
- 터널오븐 : 대량생산 공장에서 주로 사용하며 입출구가 서로 다르고, 온도조절이 쉽다.
- 컨벡션오븐 : 바람을 순환시켜 굽는 오븐이며 하드계열과 쿠키류를 구울 때 적당하다.
- 튀김기 : 도넛 등 튀김용 제품을 만들 때 사용하는 기계로서 일정한 온도를 유지할 수 있어 편리하다.

해설 **15**
제과제빵 공정의 방충·방서용 금속망은 30mesh가 적당하다.

정답 13 가 14 가 15 가

CHAPTER 4

재료과학

1 탄수화물

– 탄소(C), 수소(H), 산소(O)의 세 원소로 이루어지는 화합물이다. 소화가 되는 탄수화물인 당질과 소화가 되지 않는 탄수화물인 섬유소로 분류된다.

1-1. 단당류

가. 포도당(glucose)

제일 기본이 되는 당이다. 과즙, 꽃, 혈액 등에 존재한다.

포도의 20%, 동물의 혈액 내 0.1%, 160~180도 온도에서 캐러멜 상태가 된다.

나. 과당 (fructose)

과일이나 꿀에 존재한다.

설탕의 가수분해로 얻으며, 용해성이 크고 결정화가 어렵다. 점도가 포도당, 자당보다 약하다.

다. 갈락토오스(galactose)

유당의 구성당으로 포유류의 유즙에 존재한다.

포도당보다 단맛이 덜하며 물에 잘 녹지 않는다.

1-2. 이당류

단당류 2분자가 결합한 당이다.

가. 맥아당, 엿당(maltose)

포도당+포도당으로 엿기름, 발아 중의 곡류에 존재한다.

산과 효소에 쉽게 가수분해되며, 체내전분을 소화하는 중간산물로 존재한다.

나. 유당, 젖당(lactose)

포도당+갈락토오스로 포유동물의 유즙 중에 존재한다.(성장과 뇌신경조직에 중요)

단맛이 가장 적고, 이스트에 분해되지 않는다.

다. 자당(sucrose)–설탕

포도당+과당으로 사탕무, 사탕수수 줄기에 존재한다.

비환원당으로 효모에 쉽게 발효된다. 전화당=설탕이 가수분해하여 생성된 포도당과 과당의 동량 혼합물이다.

1-3. 다당류

분자량이 크고 복잡하기 때문에 물에 용해되지 않고 단맛이 없다.

가. 전분(starch)

포도당 다분자이고 아밀로오스와 아밀로펙틴으로 구성되며 무미, 무취, 무맛이다.
곡류, 감자류 등 식물에 존재한다.

나. 섬유소(cellulose)

포도당 다분자이고 소화되지 않고 체외로 배설된다. 불용성 식이섬유는 배변에 도움을 준다.

다. 글리코겐(glycogen)

포도당 다분자이며 에너지로 이용된다. 동물의 간, 근육에 저장된 동물성 전분이다.

라. 덱스트린(dextrin)-호정

가용성 전분이라고 하며, 전분을 가수분해 시 맥아당으로 분해되기까지 만들어진 중간 생성물이다. 팽창식품, 엿, 조청에 함유되어 있다.

마. 한천(agar)

홍조류 우뭇가사리에서 추출한 안정제로 고온에 강하며 겔(gel)이 형성되어 양갱, 잼류 제조 시 사용한다.

바. 이눌린(inulin)

과당의 다수 결합체로 돼지감자, 달리아 뿌리에 존재한다.

- **상대적 감미도(용해성) 순서**

  과당(175) > 전화당(125) > 자당(100) > 포도당(75) > 맥아당, 갈락토오스(32) > 유당(16)
- **5탄당** : 식물계에 펜토오스 형태로 존재하고 환원력이 강하며 효모에 의해 발효되지 않는다.
- **6탄당** : 동 · 식물계에 분포하고 환원력이 강하며 효모에 의해 발효된다.

2 전분의 호화와 노화

생전분 → 물+가열 → α-전분, 호화전분 → 수분상실 → β-전분, 노화전분

2-1. 호화

수분과 혼합 후 온도가 높아지면 팽윤되어 콜로이드 상태가 되는 현상이다.
- **온도** : 감자전분, 밀가루(60℃), 옥수수전분(80℃), 곡류(90℃ 이상)
- **영향요인** : 전분의 종류에 따라 다르며 입자가 작을수록 온도가 높다.
  수분 함량이 많고 알칼리성일 때 호화가 촉진되며 온도가 높을수록 호화시간 이 단축된다.

2-2. 노화

실온에 놔두면 딱딱해지는 상태이다.(α–전분 → β–전분)

- **온도** : 최적온도 : −7℃~10℃(냉장), **지연온도** : −18℃ 이하
- **노화원인** : 전분의 종류, 수분함량, 온도, pH
- **노화지연 방법** : −18℃ 냉동보관, 유화제 첨가, 양질의 재료사용 및 적절한 공정관리, 포장관리

2-3. 전분의 구조

가. 아밀로오스

- **분자량** : 80,000~320,000개
- **결합형태** : 포도당이 직쇄구조(α–1, 4 결합)
- **곡물조성** : 일반적 곡물 20~30%
- **효소반응** : β–아밀라아제에 의해 맥아당으로 분해된다.
- **요오드 용액** : 청색 반응
- **호화 및 노화** : 빠르다.

나. 아밀로펙틴

- **분자량** : 1,000,000개 이상
- **결합형태** : 포도당이 측쇄구조(α–1, 4, β–1, 6 결합)
- **곡물조성** : 찹쌀, 찰옥수수 100%, 일반적 곡물 70~80%
- **효소반응** : 약 52%만 맥아당으로 분해된다.
- **요오드 용액** : 적자색 반응

❸ 지방(지질)

- 높은 열량을 내는 에너지원
- 글리세롤 1분자와 지방산 3분자의 에스테르 결합
- 유기 용매에 녹는 중성지방질로 여러 종류의 트리글리세라이드의 혼합물

3-1. 지방산과 글리세린

가. 지방산

지방산은 지방 전체의 94~96%를 구성하며, 탄소의 수는 4~24개의 짝수로 이루어진다. 말단에 한 개의 카르복실기(–COOH)를 가진다.

- **포화지방산(단일결합–고체)** : 탄소수가 증가할수록 융점이 높아지고 물에 녹기 어렵다.
  종류 : 팔미트산(라드), 스테아르산(천연 동식물성유)
- **불포화지방산(이중결합–액체)** : 이중결합 수가 증가할수록 산화속도가 빠르고 융점이 낮아진다.
  종류 : 올레산, 리놀레산, 리놀렌산, 아라키돈산

나. 글리세린

글리세롤은 무색, 무취, 감미를 가진 시럽 형태의 액체로 비중은 물보다 크고, 물에 잘 녹으며 3개의 수산기(–OH)를 가진 알코올로 글리세롤이라고도 한다.

- **빵 · 과자에 유용한 특성** : 식품의 보습, 크림 제조 시 물과 기름의 분리억제 안정성, 용매작용

3-2. 단순지방

지방산과 각종 알코올로 이루어진 에스테르 결합이다.

- **가. 중성지방** : 글리세롤 1분자 + 지방산 3분자의 에스테르 결합
- **나. 왁스류** : 지방산과 알코올이 1:1로 에스테르 결합된 고체형태

3-3. 복합지방

단순지방에 인산, 당, 단백질 등이 결합되어 있는 물질이다.

가. 인지질(지방산+글리세롤+인), 레시틴(천연유화제, 난황, 대두 함유), 세팔린, 스핑고미엘린

    : 대부분 뇌와 신경조직에 존재한다.

나. 당지질(지방산+갈락토오스+스핑고신) : 세포의 구성성분

다. 지단백질(중성지방+단백질+콜레스테롤+인지질) : 지질의 운반작용

3-4. 유도지방

단순지방, 복합지방의 가수분해 생성물이다.

가. 콜레스테롤

동물의 뇌와 근육, 신경조직에 다량 함유되어 있다.

담즙산을 합성하는 물질이며 과잉 섭취 시 동맥경화, 고혈압 등의 원인이 된다.

비타민 D, 칼슘, 인의 흡수를 증진한다.

나. 에르고스테롤

효모, 곰팡이, 버섯류, 어류 말린 것에 함유되어 있다.

생체 내 콜레스테롤로 전환되어 작용한다.

다. 고급지방산

카로티노이드, 비타민 E, 비타민 K

3-5. 지방의 화학적 성질

가. 비누화값(감화가)

식용유지의 평균 분자량에 반비례한다. (저급 지방산이 많을수록 감화가 높음)

나. 요오드가

불포화지방산의 양을 나타내고 유지 내의 이중결합이 많을수록 요오드가 상승한다.

– 건성유(130 이상: 아마인유, 들기름, 호도유, 송실유)

– 반건성유(100~130: 참기름, 콩기름, 면실유)

– 불건성유(100 이하 : 올리브유, 피마자유, 동백유, 땅콩유)

다. 산가

식용유지의 정제 정도, 산패 정도를 나타내는 수치로 변질된 유지는 산가가 높다.

라. 산패

유지식품을 저장할 때 좋지 않은 냄새와 맛을 갖게 되는 현상이다.

– **산패 원인** : 산화에 의한 산패, 가수분해에 의한 산패

– **냄새의 흡착** : 유지류는 주변의 냄새를 잘 흡착한다.

– 유리된 지방산이 분자량이 적은 저급 지방산이면 휘발성의 좋지 않은 냄새가 난다.

– 유리지방산의 함량이 높은 유지는 발연점이 낮다.

마. 산화에 의한 산패

– **자동산화** : 공기 중 산소에 의해 자연발생적으로 서서히 일어나는 산화, 유지의 화학적 · 물리적 성질들이 급격히 변화하여 산패가 발생한다.

 특징 : 래디컬 연쇄반응(초기반응, 연쇄반응, 종결반응)

– **가열산화** : 공기 중에서 유지를 고온에서 가열할 때 일어나는 변화

바. 유지 산패에 영향을 미치는 인자

– **온도** : 온도가 높을수록 반응속도가 촉진된다.

– **산소** : 산소의 양이 적어도 반응이 일어난다.

– **금속** : 구리 > 철 > 니켈 > 주석

– **광선** : 자외선, 청색과 자색의 가시광선은 유지의 산화를 촉진한다.

– **지방산의 조성** : 유리지방산은 자동산화를 촉진한다.(불포화지방산이 포화지방산보다 빠름)

사. 항산화제 : 유지의 산화속도를 억제하여 주는 물질이다.

– **천연 항산화제** : 토코페롤(비타민 E)

– **합성 항산화제** : BHA, BHT, PG

3-6. 제과제빵 사용 유지특성

가. 가소성(파이, 페이스트리) : 상온에서 유지가 고체형태를 유지하는 성질

나. 유화성(반죽형 케이크) : 유지가 물을 흡수 보유하는 능력

다. 크림가(버터크림, 반죽형 케이크) : 공기를 포집할 수 있는 능력

라. 산화안정성(건과자류, 튀김) : 산화지연, 장기간 유통이 긴 과자류

마. 쇼트닝작용(비스킷, 크래커) : 글루텐 형성을 방해하는 연화작용

바. 향 : 버터의 고유의 향미, 쇼트닝 무색, 무미, 무취

4 단백질

– 열량 영양소, 구성 영양소, 조절 영양소
– 탄소(C) 53%, 산소(O) 23%, 질소(N) 16%, 수소(H) 7%, 황(S)이나 인(P) 1%의 비율을 가지고 있다.

4-1. 단백질 구성

가. 아미노산의 기본구조 : 아미노기와 카르복시기를 가진 유기화합물

나. 아미노산 종류
– **중성 아미노산** : 아미노기 1개+카르복시기 1개(대부분의 단백질)
– **산성 아미노산** : 아미노기 1개+카르복시기 2개(아스파트산, 글루탐산, 글루타민)
– **염기성 아미노산** : 아미노기 2개+카르복시기 1개(라이신, 히스티딘)
– **황함유 아미노산** : 황함유(시스테인, 시스틴, 메티오닌)
– **필수 아미노산 8종** : 트립토판, 발린, 루신, 이소루신, 트레오닌, 메틸오닌, 리신, 페닐알라닌

다. **단백질 구조** : 20여 종의 아미노산들이 수백, 수천 개 모여 단백질의 구조형성

- **1차 구조** : 아미노산들이 긴 사슬(폴리펩타이드 사슬) 형태를 이룬 펩타이드 결합
- **2차 구조** : 긴 폴리펩타이드 사슬이 결합해 형성된 입체적 나선구조, 병풍구조, 무작정코일 형태
- **3차 구조** : 2차 구조가 구부러지고 접히면서 형성된 다양한 입체적 형태로 구상구조
- **4차 구조** : 3차 구조가 2개 이상 다시 결합하여 고분자 형성

라. **단백질의 조성분류**

- **단순단백질** : 아미노산으로만 구성되는 단백질

  알부민 : 오브알부민(계란), 락트알부민(우유), 혈청알부민

  히스론 : 염기성 단백질로 동물에 존재(적혈구)

  글로불린 : 미오신, 액틴, 혈청글로불린, 릭토글로불린(우유), 글리시닌(두류)

  글루텔린 : 글루테닌(밀), 오리제닌(쌀)

  프롤라민 : 글리아딘(밀), 제인(옥수수), 호르테인(보리)

  프로타민 : 연어

  알부미노이드 : 동물 보호조직에 존재. 콜라겐, 엘라스틴

- **복합단백질** : 단순 단백질에 다른 성분이 결합한 단백질

  핵단백질 : 단백질＋핵산, 뉴클레오히스톤, RNA, DNA와 결합하며 동식물의 세포에 존재한다.

  당단백질 : 단백질＋당(알칼리에만 용해됨), 뮤신(타액)

  인단백질 : 단백질＋인산(에스테르 결합으로 형성), 산카세인(우유), 오보비텔린(난황), 오보뮤신(난백)

  지방단백질: 단백질＋지방, LDL, HDL

  색소단백질: 단백질＋색소, 헤모글로빈, 헤마틴, 엽록소(포유류, 무척추동물의 혈액, 녹색식물에 존재)

  금속단백질 : 단백질＋철(페라틴), 망간, 구리(티로시나아제), 아연(인슐린)

- **유도단백질** : 단순단백질과 복합단백질로부터 가열, 산알칼리나 효소 등의 작용에 의해 구조 · 구성이 변화한다.

1차 유도단백질(변성단백질) : 젤라틴, 프로테안, 메타프로테안, 응고단백질

2차 유도단백질(분해단백질) : 프로테오스, 펩톤, 펩타이드

마. 밀가루 글루텐

- **글루텐의 구성** : 글루테닌과 글리아딘으로 구성된다.

- **글루텐의 성질** : 탄력성, 신장성, 응집성

- **젖은 글루텐 함량(%)** = 젖은 글루텐 무게÷밀가루 무게×100

- **건조 글루텐 함량(%)** = 젖은 글루텐 함량÷3

5 효소

5-1. 효소반응에 영향을 주는 요소

가. 온도 : 효소의 최적 활성온도 30~40℃에서 최대활성을 갖는다.

나. pH : 펩신(2.0) 제빵용 이스트(4.6~4.8) 리파아제(7.0)

다. 수분영향

5-2. 탄수화물 분해효소

가. 단당류(치마아제) : 이산화탄소, 알코올, 열량

나. 이당류

- **설탕(인벌타아제)** : 포도당+과당

- **맥아당(말타아제)** : 포도당+포도당

- **유당(락타아제)** : 포도당+갈락토오스

다. 다당류

- **섬유질(셀룰라아제)** : 포도당

- **이눌린(이눌라아제)** : 이눌린 → 과당
- **전분(알파아밀라아제)** : 전분 → 덱스트린(내부효소, 액화효소)

　(베타아밀라아제) : 전분, 덱스트린 → 맥아당(외부효소, 당화효소)

5-3. 지방 분해효소

가. 리파아제 : 지방 → 글리세롤＋지방산으로 분해된다.

나. 스테압신 : 췌액에 존재한다.

5-4. 단백질 분해효소

단백질을 분해하는 효소의 총칭을 프로테아제라하며 아미노산을 생성한다.

가. 펩신 : 위액에 존재한다.

나. 레닌 : 위액에 존재하며 단백질응고 효소로 치즈 제조에 이용한다.

다. 트립신 : 췌액에 존재한다.

라. 에렙신 : 장액에 존재한다.

6 제과제빵에 사용하는 재료특성

6-1. 밀가루

- 밀가루는 제과 · 제빵 반죽의 구조형성을 하는 기본재료이며, 단백질 함량에 따라 강력분, 중력분, 박력분의 3종류로 분류된다.
- **밀특성** : 밀알은 과피와 내배유(배유), 배아(씨눈)로 되어 있다.

가. 껍질층 : 밀알의 약 13~14.5%에 해당하며 단백질 19%, 회분 5.5~8%, 지방 6%를 함유한다. 가축의 사료 등에 이용된다.

나. 내배유 : 밀의 83~85%에 해당하며 회분은 0.3%로 밀가루의 구성 주재료 부위이다. 전체 단백질의 70~75%를 차지한다.

다. 배아 : 밀알의 약 2~3%, 지방 9.4%, 회분 4.1~5.5%, 지질, 단백질, 비타민 E를 함유한다.

– 밀의 분류 : 밀알의 단단한 정도에 따라 경질밀, 연질밀 나뉘며 색과 재배기간에 따라도 세분화된다.

구분	강력분	듀럼분(세몰리나)	중력분	박력분
밀의 경도	경질밀(거친 느낌)	경질밀	중질, 경질+연질	연질밀(고운 느낌)
단백질 함량	12~15%	11~12.5%	9~11%	7~9%
수분 흡수율	높음	높음	중간	낮음
점성과 탄력성	높음	높음	중간	낮음
용도	빵용, 특수빵, 페이스트리	스파게티, 마카로니	과자빵류 및 다목적용(면류)	케이크, 쿠키

■ 밀가루 첨가제

가. 표백 : 밀가루의 어두운 색과 카로티노이드계 색소를 제거한다.

　　– 자연표백 : 공기 중 산소에 의한 표백

　　– 인공표백제 : 산소, 이산화염소, 염소가스, 과산화벤조일, 과산화질소 등

나. 숙성 : 저장기간을 줄이고, 숙성 기간에 따라 흡수율에 차이를 보이며, 숙성기간이 짧을수록 케이크 반죽의 수분결합력과 점성이 낮아진다.

　　– 숙성제 : 밀가루를 산화시켜 반죽의 탄력을 증가시킨다.

　　　　　산소, 염소가스, 비타민 C, 브롬산칼륨, 아조디카본아미드 등

　　– 온도 24~27℃, 습도 60%의 통풍이 잘 되는 저장실, 3~4주 숙성, 청결한 보관창고

■ 밀가루의 성분

가. 탄수화물 : 전분, 섬유소, 펜토산 중 다당류인 전분이 밀가루 무게의 70~75%를 차지한다.

전분 + 물과 결합 →굽기 과정 중 호화(60℃)되어 구조형성에 중요한 역할을 한다.

나. 단백질 : 비글루텐 단백질(15%) – 알부민, 글로불린, 펩티드, 아미노산

글루텐 단백질(85%) – 글리아딘(신장성), 글루테닌(탄력성)

– 글루텐은 빵에 구조형성을 하고, 단백질 함량이 높을수록 흡수율은 증가한다.

다. 지방 : 밀가루의 약 1.5~2%에 해당하고 주로 배아부분에 함유되며, 산화로 인한 밀가루의 특성이 나빠진다.

라. 회분 : 제분공장의 점검기준이다.

– 밀가루의 1% 이하로 껍질 부위에 회분함량이 많다.

– 제분율이 같을 경우에 경질밀의 회분함량이 높다.

마. 수분 : 10~14% 정도 밀가루에 함유한다.

수분 함량이 높은 경우에는 해충의 번식, 세균, 곰팡이 형성으로 저장성이 떨어진다.

바. 효소 : 전분을 분해하는 아밀라아제와 단백질을 분해하는 프로테아제가 있다.

■ 제분

밀의 내배유의 껍질부위와 배아 및 내배유 부위의 전분을 고운 밀가루로 만드는 것이다.

가. 제분공정 : 밀의 불순물 제거 및 세척, 과피 분리, 부실한 밀을 제거 후 분쇄 → 체질 → 정선(껍질과 입자 분류)과정 2차 연속 → 표백 → 저장 → 영양 강화 → 포장

나. 제분율 : 제분과정 중 밀의 무게에 대한 밀가루의 무게비를 제분율이라 한다.

제분율이 낮을수록 껍질부위가 적고 색깔이 희며 회분함량은 감소된다.

– 투입한 밀에 대한 생산된 밀가루양의 비율(%) = 밀가루/밀×100

다. 제분에 의해 밀가루의 단백질 1%와 회분 20~25%가 감소하며 탄수화물과 수분은 증가한다.

■ 밀가루 품질의 물리적 실험

가. 아밀로그래프 : 알파–아밀라아제 효소 활성도를 측정하는 일종의 점도계이다.

밀가루와 물의 현탁을 저어주면서 일정한 속도(1.5℃/분)로 온도가 상승할 때 점도 변화를 자동적으로 기록하는 장치로 밀가루의 호화 정도를 측정하여 호화개시 온도, 최고점 온도, 최고점도 등을 기록한다.

제빵용 밀가루의 곡선 높이는 400~600B.U.가 적당하다.

나. 패리노그래프 : 반죽의 점탄성, 믹싱시간, 믹싱 내구성을 측정하는 기계이다.

강력분, 박력분의 판별 및 밀가루의 경도에 필요한 단백질 흡수율 및 글루텐의 질을 측정한다.

곡선의 높이가 500B.U.에 도달해서 곡선이 떨어지기 시작하는 시점으로 특성이 측정된다.

다. 익스텐소그래프 : 반죽의 신장성과 신장에 대한 저항을 측정하는 기계이다.

패리노그래프의 결과를 보완해 주는 것으로 일정한 경도의 반죽의 신장성, 인장항력을 측정하여 기록한다.

라. 믹사트론 : 새로운 밀가루의 정확한 흡수와 믹싱시간을 정확히 측정하는 기계로 계량 및 시간의 오판 등 잘못된 사항을 계속 점검할 수 있는 장점이 있다.

마. 레오그래프 : 밀가루의 흡수율을 계산하는 데 적합하다.

- **기타 가루**

  가. 호밀가루 : 호밀을 제분한 가루로 호밀빵 제조 시 독특한 향이 나고 색상이 향상되며 조직의 특성을 보인다.

  호밀의 단백질은 글루텐 형성능력이 낮아서 구조력이 약하다.

  펜토산 함량이 높고 물 흡수율이 약 10배이므로 반죽을 끈적이게 한다.

  회분 함량이 많을수록 호밀가루의 색은 어둡고 단백질 함량도 많다.

  – 백색 호밀가루 = 0.5~0.65%   – 중간색 호밀가루 = 0.65~1.0%

  – 흑색 호밀가루 = 1.0~2.0%

  나. 활성글루텐(건조글루텐)

  제조 : 밀가루+물+믹싱 혼합 → 전분과 수용성 물질을 제거한 젖은 글루텐 → 저온에서 진공으로 분무 · 건조하여 미세하게 분말화 한다.

  기능 : 단백질이 75~80% 정도 함유되어 있으므로 활성글루텐 1% 사용 시 약 2.3%의 수분 조절이 필수이다.

  가스 생성력과 보유력이 증가한다.

6-2. 물

■ 제빵에서의 물의 기능

① 밀단백질과 결합하여 글루텐을 형성한다.

② 반죽 내 효소에 활성을 제공한다.

③ 반죽의 온도와 반죽되기를 조절한다.

④ 설탕, 소금, 분유 등 각 재료를 분산시킨다.

⑤ 굽기 과정 중 높은 온도에서 전분과 결합하여 호화를 돕는다.

■ 빵 반죽에서 물의 흡수율

① 전분 : 무게의 50%

② 손상전분, 밀단백질: 약 2배

③ 코코아는 자기 무게의 1.5배

④ 설탕 5% 증가 시 흡수율 1% 감소

⑤ 탈지분유 1% 증가 시 흡수율 1% 증가

⑥ 반죽온도 5℃ 상승 시 흡수율 3% 감소

■ 물 경도에 따른 분류

가. 경수(180ppm 이상)

글루텐을 경화시키고 발효속도를 지연시킨다. 센물, 온천수, 광천수, 바닷물

조치사항 - 흡수율 증가, 이스트푸드 감소, 소금 감소, 이스트 증가

나. 일시적 경수(180ppm 이상)

가열하면 탄산염이 침전되고 연수가 된다.

조치사항 - 끓이거나 약산을 가하여 여과한다.

다. 영구적 경수(180ppm 이상)

가열해도 경도에 변화가 없어 이온수지 교환으로 경도를 조절한다.

조치사항 - 효소 첨가, 이스트 증가, 제빵개량제 감소

라. 아경수(120~180ppm)

제빵에 가장 적합한 물이며 글루텐을 경화시키며 이스트에 영양을 공급한다.

마. 연수(0~75ppm)

글루텐을 연화시켜 끈적거리게 하고 가스보유력이 떨어진다. 단물, 빗물

조치사항 - 제빵개량제, 소금 증가시키며 흡수율 2% 정도 감소

바. 알칼리수(pH 8 이상)

글루텐이 약해지고 발효가 지연된다.

조치사항 - 산 첨가

사. 산성수(pH 7 이하)

빈약한 가스를 보유한다.

조치사항 - 알칼리제 첨가

■ 자유수와 결합수

가. 자유수

용매로서 작용하고, 표면장력과 점성이 크다. 분자량에 비해 비등점과 융점이 높고 증발열이 크다.

나. 결합수

식품의 구성성분에 강하게 흡착되어 있거나 수소결합에 의해 밀접하게 결합하고 있는 형태의 물용매로서 작용하지 않는다. 효소의 활성이나 곰팡이 같은 미생물의 생육에 이용되지 못한다.

0℃ 이하에서도 잘 얼지 않으며, 대기층에서 100℃ 이상 가열해도 제거되지 않는다.

6-3. 소금

소금의 구성원소는 NaCl(염화나트륨)로 나트륨과 염소로 이루어져 있다.

① 제품의 향을 부여하고 짠맛과 함께 나쁜 향들을 상쇄하는 효과를 얻을 수 있다.

② 이스트 활동과 관련되어 발효속도를 조절한다.

③ 글루텐을 강화시키는 작용을 한다.

④ 유지와 만나면 고소한 맛이 증가되고 설탕과 만나면 감미도가 올라간다.

⑤ 방부효과가 있다.

6-4. 제빵개량제(이스트푸드)

산화제나 환원제의 작용이 이루어진다.

반죽강화제, 속질연화제로 사용되며 물의 경도 조절, 이스트 영양분 공급, 반죽의 숙성, pH 조절을 한다.

가. 물 조절제

칼슘염과 마그네슘염을 첨가하여 물의 경도를 높여 제빵에 적합한 상태로 만든다.

나. 이스트의 먹이공급

이스트의 먹이인 질소를 공급하여 활성을 높인다.

다. 반죽 조절제

단백질 강화 및 가스보유력을 증진시키고 제품의 부피를 크게 하여 반죽의 물리적 성질을 조절하는 작용을 한다.

- 브롬산칼륨, 요오드칼륨, 과산화칼슘, 아조디마본아미드, 아스코르브산
- 효소제 : 암모늄염
- 분산제 : 전분, 밀가루

6-5. 감미제

■ **제과제빵 감미제 기능**

가. 제과에서의 기능

- 수분 보습효과로 노화를 지연시킨다.
- 단맛을 제공하며 당밀, 꿀 같은 경우 독특한 향미를 부여한다.
- 밀단백질을 연화시켜 제품의 조직, 기공, 속을 부드럽게 한다.

– 갈변반응

캐러멜화 : 설탕은 160℃~180℃에서 캐러멜화가 시작되고 갈색으로 변하는 반응이다.

마이야르반응 : 아미노산과 환원당이 가열에 의해 반응하여 갈색의 멜라노이딘을 만드는 반응이다.

나. 제빵에서의 기능

– 이스트의 먹이를 제공하여 발효가 진행된다.

– 잔류당에 의해 단맛이 나고, 알코올 생성으로 향이 부여된다.

– 단백질 연화작용으로 속결과 기공을 부드럽게 만든다.

– 수분 보습효과로 노화지연 및 저장성을 도와준다.

■ 감미제 종류

가. 설탕

사탕수수, 사탕무를 정제하여 만든 것이다.

결정이 생긴 즙을 원심 분리하여 가라앉은 설탕 결정(원당)과 액즙(당밀)을 분리한다.

– **입상형당** : 자당이 알갱이 형태를 이룬 것이다.

– **변형당** : 커피슈가, 각설탕, 과립상당 등 특성에 맞게 제조한다.

– **함밀당** : 당밀을 분리하지 않고 함께 굳힌 설탕, 흑설탕

– **액당** : 고도로 정제된 자당 또는 전화당이 물에 녹아 있는 용액

– 자당으로 감미도가 100인 고열량 식품

나. 분당(슈가파우더)

설탕 입자를 분쇄하여 걸러 낸 당류이며, 수분 흡수로 인한 덩어리 방지를 위해 전분 3% 정도 첨가한다.

다. 전화당

설탕이 가수분해되어 포도당과 과당이 동량 혼합되어 있다.

제품표면에 광택을 줄 수 있어서 아이싱 재료로도 사용된다.

라. 당밀

설탕을 만드는 공정 중 원당을 분리하고 남은 부산물이며, 특유의 단맛과 향이 난다. 럼주는 당밀을 발효하여 만든 술이다.

마. 포도당

전분을 가수분해하여 만들며 이스트가 영양원이고 설탕보다 좋은 효과가 있다.

바. 물엿

전분을 가수분해하여 만들기 때문에 덱스트린, 맥아당, 포도당을 함유한다. 당의 재결정 방지 효과가 있으며 점성과 보습성이 뛰어나다.

사. 맥아시럽

원료는 발아시킨 보리이며, 빵에 사용하면 가스 생산 증가, 껍질색 개선, 수분 함유 증가, 향이 발생한다.

아. 유당

이스트에 의해 발효되지 않기 때문에 반죽에 잔류당으로 남아 갈변반응을 일으켜 껍질색이 진해진다. 유산균에 의해 유산이 생성되고 감미도는 16으로 낮고 결정이 잘 형성된다.

자. 그 외 감미제

- 아스파탐(설탕의 200배 감미)   - 올리고당(설탕의 30% 정도 감미)
- 이성화당(고과당 물엿, 시럽 상태)   - 꿀, 천연감미제(단풍당), 캐러멜색소

6-6. 이스트

- 출아법에 의해 증식하며 생이스트 1g 중에 약 50~100억 개의 작은 세포들로 구성되어 있는 유기물이다.
- 이스트의 학명은 사카로미세스 세레비지에이다.
- 정지온도는 10℃ 이하, 최적조건은 28~32℃, 사멸온도는 60℃이다.

■ **이스트의 종류**

가. 생이스트

압착효모라고도 하며 수분 70~75%, 고형질 25~30%, 저장온도는 0~10℃이다.

나. 활성 건조이스트

수분 7.5~9.0%, 고형질 90% 이상이다.

– **사용방법** : 이스트 양의 4배 되는 물(35~40℃)에 5~10분 수화 후 사용한다.

– **장점** : 발효의 균일성, 계량용이, 보관의 편의와 경제성

다. 불활성 건조이스트

빵과자류의 영양강화제로 사용한다.

라. 인스턴트 건조이스트

물에 풀지 않고 직접 다른 건조재료와 사용할 수 있다.

– **이스트의 기능** : 팽창 및 pH를 낮추고 풍미형성을 발달시키며 이산화탄소 가스를
보유할 수 있도록 글루텐을 조절한다.

■ **이스트 효소**

가. 프로테아제

단백질 분해하는 작용을 한다.

나. 인벌타아제

설탕을 포도당과 과당으로 분해한다.

다. 말타아제

맥아당을 2분자의 포도당으로 분해한다.

라. 치마아제

빵 반죽 발효를 최종적으로 담당하는 효소이며 포도당과 과당을 이산화탄소, 알코올,
유기산으로 분해한다.

마. 리파아제

세포액에 존재하는 효소이며 지방을 지방산과 글리세린으로 분해한다.

■ 이스트 번식 조건

영양분(당,질소,무기질), 산소(호기성), 온도 28~32℃, 최적 pH 4.5~4.8

6-7. 유지

지방산의 종류에 따라 상온에서 고체지방(fats)과 액체기름(oils)으로 분류한다.

■ 유지의 종류(특성)

가. 버터

우유의 유지방(크림)을 가공하여 유지방이 80% 이상인 가소성 제품으로 온도변화에 의해 액체상태로 녹으면 고체로 환원이 잘 되지 않는다. 기름에 물이 분산되는 유중수적형(W/O)이며, 일반 쇼트닝 제품에 비해 융점이 낮고, 가소성 범위가 좁다.

나. 마가린

동·식물성 경화유지이며, 유중수적형(W/O)이다. 버터의 대용품으로 사용되고 유화제, 식염 등이 첨가되어 버터의 성질과 풍미가 있다.

다. 쇼트닝

무색, 무취, 무미로 크림성과 쇼트닝성 기능이 좋고 제품의 윤활작용을 한다.

라. 유화쇼트닝

유화제를 6~8% 첨가한 쇼트닝의 기능을 높인 것으로 제품의 노화지연과 크림성이 증가된다.

마. 라드

쇼트닝성으로는 좋으나 크림성은 나쁘다. 융점이 낮아 입에서 잘 녹고 산패하기 쉽다.

바. 액체유

식물성 유지로 콩, 옥수수 등에서 추출하고 발연점이 높아 튀김유로 사용된다.

■ 제과제빵에서 유지의 기능

가. 크림성

반죽에 포집된 공기는 굽기 과정에서 팽창하여 좋은 결과를 얻게 된다.(버터 이용 케이크)

나. 가소성

가소성이 높다는 것은 온도에 따른 변화가 적은 것을 의미한다.(파이, 페이스트리 등)

다. 쇼트닝성

유지가 반죽 얇은 막을 형성하고, 제품을 바삭하며, 부서지기 쉽게 하는 성질이다.(크래커, 식빵)

라. 산화 안정성

유지는 공기중 산소에 의한 산패에 잘 견디는 성질이 있어야 한다.(비스킷, 파이, 튀김)

마. 유화성

유지가 물을 흡수하여 보유하는 능력이다.(파운드케이크 등)

- **유화액** : 서로 성질이 달라 섞일 수 없는 두 액체가 서로 혼합된 상태로 분산매, 분산질, 유화제의 3부분으로 구성된다.

- **유화액의 종류**

  수중유적형(O/W) : 흔히 볼 수 있는 유화상태의 식품(마요네즈, 크림)

  유중수적형(W/O) : 분산매인 기름에 물방울들이 분산질로 산포되어 있는 것(버터)

바. 저장성 향상

유지는 수분 증발을 방지하고 노화를 지연시키므로 빵류에 비하여 유지 함량이 높은 케이크 등의 제품이 노화 속도가 느리고 부드러움과 향의 손실이 적다.

- **발연점**

  기름을 비등점(끓는점, 비점) 이상으로 계속 가열하면 일정 온도에서 푸른 연기를 내기 시작하는 온도점을 말한다. 올리브유(175℃), 라드(194℃), 면실유(223℃)

6-8. 계면활성제

- 계면활성제는 서로 섞이지 않는 물과 기름이 분리되지 않게 하기 위해 친화력을 가진 유화제가 필요하다.
- 액체의 표면장력을 줄일 수 있는 물질로 세척, 삼투, 기포, 유화, 분산 능력이 있다.
- 반죽의 기계내성이 향상되고 글루텐의 탄성과 신전성이 커져 빵의 부피가 커지며 노화를 지연시켜 준다.

■ **화학적 구조**

가. 친수성(hydrophilic) 그룹 : 유기산 등 극성기-물에 용해

나. 친유성(lipophilic) 그룹 : 지방산 등 비극성기-기름에 용해

다. 친수성-친유성의 균형 수치 : HBL=친수성 부분/계면활성제 분자×100÷5

HBL 10(계면활성제 중 친수성이 50%)

HBL 9 이하(친유성) → 기름에 용해(모노글리세리드=HBL 2.8~3.5)

HBL 11 이상(친수성) → 물에 용해(폴리솔베이트60=HBL 15)

■ **주요 계면활성제**

가. 천연유화제 : 레시틴(노른자), 우유 단백질, 젤라틴 등(젤라틴: 난황보다 유화성이 낮음)

나. 인공유화제

- **모노디글리세리드** : 밀가루 기준 0.5% 사용, 기공과 속결 개선, 부피의 증가, 노화지연 효과가 있다.

- **모노디글리세리드 DATE** : 친수성기 1:친유성기 1, 유지에도 녹고 물에도 분산된다.

- **아실락테이트** : 밀가루 기준 0.35%, 쇼트닝 기준 3% 사용한다.

- **기타 유화제** : 프로필렌글리콜 모노디글리세리드는 빵 제품에 효과적인 유화제이다.

SPANS(Sorbitan fatty esters) - 케이크의 전체적인 질을 향상한다.

6-9. 우유와 유제품

■ 우유의 성분

가. 지방(3.65%)

유지방의 비중(0.92~0.94%) 카로틴, 레시틴, 세파린, 비타민 A, D, E 등을 포함한다.

나. 단백질(3.4%)

– 카세인 : 대표적 우유 단백질 3% 함유, 산이나 레닌에 응고 커드를 형성한다.

– 락토알부민 / 락토글로불린 : 0.5%씩 함유되어 있으며, 열에 약해 응고된다.

– 라이신 및 필수 아미노산이 고루 함유되어 있다.

다. 유당(4.75%)

이스트에 의해 발효되지 않고 유산균에 의해 유산 생성, 향과 풍미 개선, 수분 보유제 역할로 노화방지에 효과가 있다.

라. 미네랄(0.7%)

미네랄이 골고루 함유되어 있으며, 칼슘과 인이 1/4을 차지하며 골격을 형성하는 기본 무기질이다.

마. 효소

리파아제(지방 분해), 아밀라아제(전분 분해), 락타아제(유당 분해) 등

바. 비타민

비타민 A, 리보플라빈, 티아민이 풍부하며, 비타민 D와 E는 결핍되어 있다.

사. 비중 : 1.030

아. 산도 : pH 6.6

자. 형성 : 물에 기름이 분산된 수중유적형(O/W)이다.

■ 우유의 종류

가. 우유 : 아무것도 넣지 않고 살균, 냉각 후 포장한 것이다.

나. **탈지우유** : 지방을 제거한 것이다.

　다. **음용우유** : 커피, 초콜릿 등을 혼합하여 맛을 낸 것이다.

　라. **가공우유** : 칼슘이나 비타민 등을 강화한 것이다.

■ 유제품의 종류

　가. **시유** : 수분 88%, 고형질 12%로 가공 살균한 일반 우유이다.

　나. **분유** : 수분 5% 이하로 전지분유, 탈지분유, 대용분유가 있다.

　다. **농축우유** : 수분을 27%까지 낮추고 고형질 함량을 높인 제품이다. 연유도 우유를 농축하고 당을 첨가하여 만든 것이다.

　라. **생크림** : 우유 지방함량이 18% 이상이면 생크림이다.

　　오버 런(over run): 거품을 낸 후 크림의 부피를 본다.

$$증량률(오버 런) = \frac{B-A}{B} \times 100$$

　마. **발효유** : 우유나 탈지우유에서 젖산균을 이용하여 응고시킨 것이다. (요구르트)

　바. **치즈** : 우유의 단백질인 카세인을 레닌으로 응고, 숙성시킨 것이다.

　사. **버터** : 생크림을 세게 휘저어 유청을 분리한 뒤 굳힌 것이다.

■ 우유의 가공

원유 → 원유의 검사 → 표준화와 균질화 → 살균

■ 살균

　가. **저온살균법** : 65℃에서 30분

　나. **고온순간살균법** : 75℃에서 15초

　다. **초고온순간살균법** : 135℃에서 2~3초

■ 우유의 기능

　가. 제품의 영양가를 높이고 향과 풍미를 개선한다.

　나. 단백질과 유당은 오븐 속에서 멜라노이딘 반응에 의해 갈색의 껍질색을 낸다.

다. 유당은 수분보유제 역할을 한다.

라. 밀가루의 흡수율을 높인다.(분유 1% 증가 시, 물 1% 증가)

6-10. 계란

– 계란에는 수분 75%, 단백질 11%, 지방 11.5%가 들어 있다. 단백가 100인 우수한 영양식품으로 비타민 C를 제외한 다른 비타민류와 무기질인 인과 철이 풍부하게 함유되어 있다.

■ 계란의 구성

가. 구성 비율

껍질(10%) : 노른자(30%) : 흰자(60%)

나. 특징

– **껍질** : 탄산칼슘 95%

– **노른자** : 수분 50% : 단백질 16% : 지방 32%(레시틴 함유–천연유화제)

– **흰자** : 수분 88.9% : 단백질 11% : 지방 0.3%

(pH 9.0 기포성과 열응고성, 항세균물질: 콘알부민, 비오틴: 흡수방해)

■ 계란의 종류

가. 생계란 : 냉장 온도에서 저장하며 위생적 처리로 살모넬라 감염에 주의해야 한다.

나. 냉동계란 : 21~27℃에서 18~24시간 해동하거나 흐르는 물에서 5~6시간 해동한다.

다. 건조계란 : 주로 분무 건조법을 사용하고 보관이 용이하며 품질이 균일하다. 기포력은 저하된다.

■ 계란의 기능

가. 결합제 : 단백질의 열응고성에 의한 농후화제 역할(커스터드 크림)

나. 팽창 작용(기포성) : 휘핑에 의한 공기포집력이 크고 열에 의해 팽창(머랭, 스펀지케이크)

다. 쇼트닝효과(유화성) : 노른자의 레시틴은 천연유화제의 역할, 지방(30% 함유)은 부드
　　　　　　럽게 한다.(쿠키 등)

　　라. 색의 변화 : 노른자의 황색 색소는 식욕을 돋우는 속색을 형성한다.

　　마. 영양가 및 풍미향상

■ **신선한 계란 판별법**

　가. 광택이 없는 거친 껍질

　나. 6~10% 식염에 가라앉음

　다. 밝은 불에 비쳤을 때 속이 밝고 노른자가 구형

　라. 난황계수가 클수록 신선함(신선란: 0.361~0.442)
　　　난황계수 : 계란을 깼을 때 노른자 높이를 노른자의 폭으로 나눈 값이다.
　　　　　= 높이 ÷ 지름

6-11. 안정제

　물과 기름, 기포, 콜로이드의 분산과 같이 상태가 불안정한 화합물에 첨가해 상태를 안정시키는 물질이다.

■ **안정제 종류**

　가. 한천

　해조류인 우뭇가사리로부터 추출하여 건조한 것으로 찬물에 24시간 이상 담갔다가 사용한다.

　끓는 물에 용해, 산에 약하며, 양갱, 젤리, 광택제, 통조림류에 사용된다.

　나. 젤라틴

　동물의 껍질이나 연골 조직의 콜라겐을 정제한 것이며, 찬물에 30분 이상 불려 사용한다.

　일반적으로 10~16℃에서 응고되고, 용해 온도는 35℃ 이상이다. 무스, 바바루아, 젤리류에 사용된다.

다. 펙틴

식물의 조직 속에 존재하며 과실류, 귤류의 껍질, 사탕무에 다량 함유되어 있다.

잼, 젤리, 아이스크림류에 사용된다.

– 펙틴의 겔화 : 펙틴의 농도, 당, 산의 일정한 배합에 의해 이루어진다.

라. 알긴산

해초류에서 추출하며, 뜨거운 물에 용해한다. 1% 농도로 단단한 교질이 되며, 식품의 안정제, 농화제, 분산제로 사용된다.

마. C.M.C

셀룰로오스로부터 만든 제품이며, 냉수에 진한 용액으로 용해되나 산에 약하다.

용해성이 좋고 가격이 경제적이다. 아이스크림, 아이스셔벗, 빵, 라면 등에 사용된다.

바. 로커스트 빈검

로커스트 빈 나무 껍질의 수지를 채취하고, 찬물에 녹지만 뜨겁게 해야 효과적이다.

산에 저항이 크며, 0.5% 농도에서 진한 액체상태이고, 5% 농도에서 진한 페이스트가 된다. 청량음료, 냉과, 유제품, 햄류에 사용된다.

사. 전분

옥수수, 밀가루 농후화제로 파이 충전물에 사용된다.

■ 안정제를 사용하는 목적

가. 아이싱의 끈적거림과 부서짐을 방지한다.

나. 젤리, 무스 등 제조에 사용하며 파이 충전물의 농후화제로도 사용한다.

다. 머랭의 수분 배출을 억제한다.

라. 토핑의 거품을 안정시킨다.

마. 흡수제로 노화지연 효과가 있다.

6-12. 화학팽창제

– 베이킹파우더(baking powder)

– 반죽을 부풀리는 물질로 중조, 산성물질, 분산제를 섞어서 제조한다.

– 색이 희고 쓴맛이 없는 제품으로 만들 수 있다.

– 사용량은 3~6%이고 계란, 쇼트닝의 양이 증가하면 사용량을 줄인다.

가. 구성 및 기능

– **중조** : 이산화탄소 가스 발생(탄산수소나트륨, 소다)

– **산작용제** : 반죽조절, 효소활성의 저해, 황산화제로의 역할, 보존성 증가(산성인산염, 황산염)

– **분산제** : 취급과 계량이 용이하고 흡수제 역할을 하며 중조와 산작용제를 격리한다.
(전분, 밀가루)

나. 중화가

산에 대한 탄산수소나트륨의 백분비로 유효 가스를 발생시키고 중성이 되는 양이다.

$$중화가 = \frac{증조}{(산화용제) \; 인산염의 \; g수} \times 100$$

다. 원리

탄산수소나트륨 → 이산화탄소 + 물 + 탄산나트륨

■ 기타팽창제

가. 탄산수소나트륨(중조)

단독 또는 베이킹파우더의 형태로 사용하며 반죽을 팽창시킨다.

과다하면 소다맛, 쓴맛이 나고 노란색 반점이 생긴다.

나. 암모늄염

물을 만나면 가스가 발생하고 밀가루의 단백질을 부드럽게 한다.

다. 이스파타

염화암모늄과 중조를 혼합한 형태로 찜류나 만주류에 사용한다.

6-13. 향료와 향신료

– 뇌신경을 자극하여 특유의 방향을 느끼게 함으로써 식욕을 증진하는 첨가물이다.
– **성분** : 천연, 합성, 조합향료

가. 수용성(에센스) 향료

알코올성 향료로 휘발성이 크기 때문에 굽지 않는 제품에 사용한다.

나. 지용성(오일) 향료

비알코올성 향료로 굽는 제품에 사용한다.

다. 유화 향료

조합 향료에 유화제를 사용한다.

라. 분말 향료

유화 원료를 건조 또는 진공건조한 것으로 취급이 용이하다.

– **향신료** : 식물의 꽃, 씨, 줄기, 열매, 껍질, 잎, 뿌리 등에서 광범위하게 추출해 낸 천연식물성 물질이다. 향신료는 주재료에서 나는 불쾌한 냄새를 막아주고 풍미를 향상시키며 제품의 보존성을 향상시킨다.

■ 향신료종류

가. 계피(나무껍질) : 과자, 떡, 케이크에 이용한다.

나. 정향(줄기,꽃봉오리) : 도넛의 향신료로 이용한다.

다. 넛메그(씨앗) : 도넛의 향신료로 이용한다.

라. 올스파이스(씨앗) : 자메이카 후추

마. 박하(잎) : 박하유와 박하뇌가 사용된다.

바. 메이스(씨앗의 가종피) : 넛메그와 같은 식물이다.

사. 오레가노(잎) : 피자나 스파게티 소스에 이용한다.

6-14. 초콜릿

- 카카오나무 열매인 카카오빈을 발효하여 카카오버터, 설탕, 유제품 등을 섞어서 가공한 것이다.

  보관온도 : 15~20℃, 습도 : 45~50%

■ 제조 공정

가. 1차 가공 : 정선 → 볶기 → 껍질제거 → 분쇄

나. 2차 가공 : 혼합 → 정제 → 정련 → 온도조절(템퍼링) → 정형 → 냉각틀 제거 →
포장 → 숙성

포장 : 굳힌 초콜릿을 틀에서 제거하면 즉시 포장한다. 포장실은 온도(18℃ 정도)와 습도가 낮아야 한다.

숙성 : 포장한 초콜릿은 온도 18℃, 상대습도 50% 이하의 저장실에서 7~10일간 숙성시켜 카카오버터의 조직이 안정되게 한다. 유통 중 블룸현상이 줄어든다.

■ 초콜릿의 원료

가. 카카오매스

카카오콩의 외피, 내피를 제거한 후 부순 것으로 순수한 카카오의 쓴맛이며, 자체 풍미, 지방함량, 껍질 혼입량에 따라 품질이 달라진다.

- **카카오버터** : 카카오매스에서 분리한 천연 식물 지방이며, 초콜릿의 풍미를 결정하는 중요한 원료이다. 식으면 굳는 성질을 이용하여 커버처용으로 사용한다.

- **코코아가루** : 카카오매스를 압착하여 카카오버터와 카카오박으로 분리한 후 카카오박을 분말로 만든 것이다.

  천연코코아(산성) = 알칼리 처리를 안 한 것으로 코팅용 초콜릿에 적합하다.

  더치코코아(중성) = 알칼리 처리를 한 것으로 케이크 제조에 적합하다.

나. 감미제

설탕과 분당을 사용하지만 포도당이나 물엿으로 설탕의 일부로 대치하기도 한다.

다. 우유

밀크초콜릿의 원료로 전지분유, 탈지분유, 크림파우더 등을 사용한다.

우유의 풍미와 신선도가 초콜릿의 품질에 중요하다.

라. 유화제

카카오버터의 수분은 1% 이하이므로 친유성 유화제를 사용한다.

마. 향

바닐라향을 0.05~0.1% 사용한다.

■ 초콜릿의 종류

가. 다크초콜릿

다크초콜릿은 카카오버터에 설탕, 레시틴, 바닐라를 섞어서 만든 것이다.

카카오 함량은 30~80% 정도이며 높을수록 쓴맛이 강해진다.

나. 밀크초콜릿

다크초콜릿과 전지분유를 섞은 것이다.

다. 화이트 초콜릿

코코아가루와 카카오매스 성분이 없는 흰 초콜릿이고, 다른 초콜릿보다 빨리 굳는 성질이 있다.

라. 가나슈

초콜릿에 데운 생크림을 넣고 혼합하여 부드럽게 만든 초콜릿이다.

마. 커버처 초콜릿

카카오버터의 함량이 30% 이상으로 흐름성이 있어 초콜릿 몰드용으로 사용한다.

바. 코팅용 초콜릿

식물성 기름과 설탕을 혼합하여 제조하며, 템퍼링작업 없이 사용할 수 있다.

■ 템퍼링

카카오버터가 가장 안정한 상태로 굳을 수 있도록 온도를 조절하여 지방 형태를 바꾸는 공정으로 광택이나 조직이 단단해져 블룸생성이 방지되며 안정한 상태가 된다.

가. 템퍼링 온도

- **다크** : 45~50℃ → 27℃ → 31~32℃
- **밀크** : 45℃ → 26℃ → 29~30℃
- **화이트** : 40℃ → 25℃ → 27~28℃

나. 템퍼링 방법

- **수냉법** : 따뜻한 물과 얼음물을 번갈아가며 중탕하여 가온하는 방법이다.
- **대리석법** : 초콜릿을 따뜻하게 녹인 후 대리석 위에 초콜릿 전체 양의 2/3를 부어 온도를 내리고 온도가 내리면 나머지 1/3과 섞어 적절한 최종 온도에 맞춰 사용한다.

■ **블룸**

가. 팻블룸 : 템퍼링 작업이 나쁘면 지방이 분리되어 블룸 현상이 생긴다.

나. 슈거블룸 : 초콜릿의 표면에 흰 무늬 또는 흰 반점이 생기거나 흰 가루를 뿌린 듯한 것이 꽃과 닮아서 붙은 이름이다. 보관이 잘못되거나 습기가 생길 때 나타난다.

6-15. 주류

- 제과제빵에서 잡내 제거 및 향을 부여하기 위하여 사용한다.
- 술 제조 방법에 따라 분류한다.

가. 증류주

과실, 곡류 등을 발효하여 만든 술을 증류한 술이다.

종류 : 브랜디(포도), 위스키(곡류), 럼(당밀)

나. 발효주(양조주)

과실, 곡류 등을 발효하여 만든 술로 알코올 도수가 낮다.

종류 : 포도주, 맥주, 청주, 막걸리

다. 리큐르(혼성주)

증류주, 양조주에 과일, 견과 등을 담가 그 맛과 향을 들인 술로 알코올 도수가 높다.

종류 : – 오렌지 리큐르(큐라소, 트리플섹, 쿠앵트로, 그랑 마니에르)

– 커피 리큐르(칼루아, 크렘드모카)

– 체리 리큐르(마라스키노, 체리마리에느, 키르슈) 등

■ 술의 종류

가. 포도주

포도를 발효하여 만든 양조주로 적포도주와 백포도주(껍질 제거)가 있다.

나. 맥주

보리나 홉으로 만든 양조주이다.

다. 위스키

밀, 호밀, 옥수수 등 곡류를 발효하여 증류한 증류주이다.

라. 브랜디

포도 및 과실을 원료로 만든 증류주이다.

마. 럼주

사탕수수 원액에서 설탕을 만들고 남은 당밀을 발효하여 증류한 것을 숙성시킨 증류주로 숙성기간에 따라 라이트, 미디엄, 헤비로 나뉜다.(제과에서 주로 사용)

재료과학 **기출문제**

01 전분의 호화에 관한 설명 중 잘못된 것은?

　가. 전분 현탁액을 $60℃$ 이상으로 가열하면 전
　　　분은 팽윤하여 본래 무게의 3~25배의 물
　　　을 흡수한다.

　나. 호화의 온도는 범위로 표현한다.

　다. 호화에 의해 전분의 점도는 증가한다.

　라. 일반적으로 곡류 전분은 서류(감자류) 전분
　　　보다 호화 온도가 낮다.

02 일반적으로 분유 100g의 질소함량이 4g이라면 몇 g
의 단백질을 함유하고 있는가?

　가. 10g　　　　　　　나. 15g

　다. 25g　　　　　　　라. 35g

03 밀가루 반죽의 글루텐에 관한 설명 중 맞는 것은?

　가. 글루텐은 글리아딘과 글로불린으로 형성된다.

　나. 글루텐은 밀가루에 물을 넣고 반죽하면 형
　　　성되는 단백질이다.

　다. 오래 치댈수록 글루텐은 끊어져 부드러운
　　　반죽이 된다.

　라. 박력분은 글루텐 함량이 많아서 많이 부푸
　　　는 식빵 제조에 적합하다.

정답　**01** 라　**02** 다　**03** 나

해설 01

전분의 호화 온도는 전분의 종류,
전분 입자의 크기에 따라 다르다.
대개 곡류 전분의 호화온도가 서류
(감자류) 전분의 호화온도보다 높
은편이며 한 종류의 식물에서 얻은
전분이라 하더라도 입자크기가 작
은 것이 큰 것보다 더 높은 온도에
서 호화되기 시작한다.

해설 02

식품의 단백질 함량 = 단백계수 ×
질소함량
일반식품은 단백계수 6.25를 곱하
고, 밀의 경우는 5.7을 곱한다.
따라서 6.25×4 = 25g

해설 03

밀가루에 물을 붓고 반죽하면 글루
테닌의 탄력성과 글리아딘의 점성
이 결합하여 글루텐이라는 점탄성
의 망상구조를 형성한다.

해설 04
밀가루 반죽의 팽창제 역할을 하는 것은 공기, 수증기, 이산화탄소 3가지이다. 밀가루 반죽 중의 물이나 우유 등 액체는 가열 시에 수증기가 되면서 부피 팽창을 하여 팽창제 역할을 한다. 화학적 팽창제인 베이킹파우더, 베이킹소다와 생물적 팽창제인 이스트는 밀가루 반죽에서 이산화탄소를 발생시켜 팽창제 역할을 한다.

해설 05
식물성 기름은 올레산이나 리놀레산 같은 불포화지방산을 많이 함유하고 있으며, 동물성 지방은 스테아르산이나 팔미트산 같은 포화지방산 함량이 식물성 기름보다 상대적으로 많다.

해설 06
효소는 살아있는 생물에 한해서만 가지고 있다.

해설 07
단백질 1%는 수분 2%를 흡수하므로 13%의 단백질을 가진 밀가루보다 12% 단백질을 가진 밀가루가 수분을 2% 덜 흡수한다.

04 다음 중 밀가루 제품의 팽창에 관여하는 기체와 그 기체를 제공하는 급원의 연결이 잘못된 것은?

　가. 수증기-물

　나. 이산화탄소-팽창제

　다. 공기-체 치기

　라. 이산화탄소-우유

05 식물성 기름에 가장 많이 함유되어 있는 지방산은?

　가. 올레산과 부티르산

　나. 올레산과 리놀레산

　다. 스테아르산과 부티르산

　라. 스테아르산과 리놀레산

06 다음 중 자체에 효소를 갖고 있는 것은?

　가. 감자가루　　　　나. 생이스트

　다. 전분　　　　　　라. 밀가루

07 단백질 함량이 13%인 밀가루의 흡수율이 66%였다면 단백질 함량이 12%인 밀가루의 흡수율은?

　가. 62%　　　　　　나. 64%

　다. 66%　　　　　　라. 68%

08 이스트푸드를 사용하는 가장 중요한 이유는?

가. 반죽온도를 높이기 위해

나. 정형을 쉽게 하기 위해

다. 빵 색을 내기 위해

라. 반죽의 성질을 조절하기 위해

09 유지의 융점에 대한 설명이다. 틀린 것은?

가. 융점이 범위값을 갖는 것은 동질이상현상
　　도 관련이 있다.

나. 지방산의 탄소 수가 증가할수록 융점이 높다.

다. 지방산의 불포화도가 높을수록 융점이 높다.

라. 융점이 낮은 기름은 실온에서 액체형이다.

10 다음 중 가소성을 가진 유지가 아닌 것은?

가. 버터　　　　　　　　나. 마가린

다. 쇼트닝　　　　　　　라. 올리브유

11 전분의 호화에 영향을 주는 인자가 아닌 것은?

가. 수분　　　　　　　　나. pH

다. 색소　　　　　　　　라. 염류

12 100g의 밀가루에서 얻은 젖은 글루텐이 39g일 때 이 밀가루의 단백질 함량은?

가. 2%　　　　　　　　나. 8%

다. 13%　　　　　　　　라. 20%

해설 08
이스트푸드의 기능은 이스트의 영양소로 발효를 촉진하며, 빵 반죽과 빵의 질을 개량한다.

해설 09
유지류의 융점은 각각의 트리글리세라이드를 구성하는 지방산의 종류에 따라 영향을 받는다. 지방산의 불포화도가 높을수록, 이중결합 수가 증가할수록 융점은 낮아진다.

해설 10
가소성이란 외부에서 힘을 주었을 때 파괴되지 않으면서도 연속적이고 영구적으로 변형될 수 있는 성질을 말한다. 가소성을 나타내는 유지는 버터, 쇼트닝, 마가린이 있다.

해설 11
전분의 호화에 영향을 미치는 인자로는 전분의 종류, 수분, pH, 염류가 있다.

해설 12
단백질 함량
• 젖은 글루텐 함량(%)= 젖은 글루텐(g)÷밀가루(g)×100이므로 39÷100×100=39%
• 건조 글루텐 함량(%) = 젖은 글루텐 함량÷3이므로 39÷3=13%

13 계란의 무게가 껍질무게를 포함해서 60g이다. 노른자 900g을 사용하려면 몇 개의 계란이 필요한가?

가. 15개 나. 20개

다. 35개 라. 50개

14 우유 단백질 중 카세인의 함량은?

가. 25~30% 나. 55~60%

다. 75~80% 라. 95% 이상

15 다음 향료 중 굽는 제품에 사용하지 않는 것은?

가. 에센스류 향료 나. 오일류 향료

다. 분말류 향료 라. 유화 향료

16 다음 중 발연점이 가장 높은 유지는?

가. 쇼트닝 나. 옥수수유

다. 라드 라. 면실유

17 계란 성분 중 마요네즈에 이용되는 것은?

가. 글루텐 나. 레시틴

다. 카세인 라. 모노글리세리드

18 다음 중 이스트푸드의 구성성분이 아닌 것은?

가. 암모늄염 나. 질산염

다. 칼슘염 라. 전분

정답 13 라 14 다 15 가 16 라 17 나 18 나

19 다음 중 냉수에 녹는 안정제는?

　가. 한천　　　　　　　나. 젤라틴

　다. 일반 펙틴　　　　　라. 시엠시(C.M.C)

20 초콜릿을 템퍼링한 효과에 대한 설명 중 틀린 것은?

　가. 입안에서의 용해성이 나쁘다.

　나. 광택이 좋고 내부 조직이 조밀하다.

　다. 팻 블룸(fat bloom)이 일어나지 않는다.

　라. 안정한 결정이 많고 결정형이 일정하다.

21 다음 중 베이킹파우더의 제조에 사용되는 성분이 아닌 것은?

　가. 중탄산나트륨　　　　나. 산

　다. 전분　　　　　　　　라. 에탄올

22 다음의 당류 중에서 상대적 감미도가 두 번째로 큰 것은?

　가. 과당　　　　　　　　나. 자당

　다. 포도당　　　　　　　라. 맥아당

23 다음 혼성주 중 오렌지 껍질이나 향이 들어 있지 않는 것은?

　가. 쿠앵트로　　　　　　나. 큐라소

　다. 그랑 마니에르　　　　라. 마라스키노

해설 **19**

시엠시는 셀룰로오스로부터 만든 제품으로 냉수에 진한 용액으로 용해된다.

해설 **20**

초콜릿의 템퍼링(온도조절) 효과는 카카오 버터가 가장 안정한 상태(베타형)로 굳을 수 있도록 온도조절에 의해 지방 형태를 바꾸는 공정으로 광택이나 조직이 단단해져 블룸생성이 방지되며, 안정한 상태가 된다.

해설 **21**

베이킹파우더는 중탄산나트륨에 그것을 중화시킬 산을 넣은 후 활성이 없는 가루인 전분을 건조제 또는 증량제로 채워 만든 것이다.

해설 **22**

당도를 비교하면 과당(175)>설탕(자당)(100)>포도당(75)>맥아당(32)

해설 **23**

혼성주는 리큐르라고도 하며 증류주에 과실 및 열매의 향을 더한 것으로 오렌지 리큐르는 쿠앵트로, 큐라소, 그랑 마니에르, 트리플섹 등이 있다. 체리 리큐르에는 마라스키노, 체리 마리에느가 있고 커피 리큐르에는 칼루아, 크렘드모카 등이 있다.

정답 **19** 라 **20** 가 **21** 라 **22** 나 **23** 라

24 발효제품인 식빵에 설탕 100g은 발효성 탄수화물(고형질)을 기준으로 고형질 91%인 포도당 몇 g과 같은가?

가. 88g
나. 91g
다. 100g
라. 115g

25 글루텐 구성 요소중 탄력성을 나타내는 것은?

가. 글루테닌
나. 글리아딘
다. 알부민
라. 글로불린

영양학

1 영양소 정의와 작용

영양소는 식품에 포함된 양분의 요소로 영양작용을 하는 물질이 성장을 돕고 신체를 유지시키며 생명과정을 조절하고 에너지를 공급하는 역할을 한다.

음식은 탄수화물, 지방, 단백질, 무기질, 비타민, 수분 등의 영양소를 공급한다. 이 영양소들은 체내에서 세포와 조직의 구성 및 유지, 에너지 공급, 체내 대사과정 조절과 보완작용을 하므로 균형 있는 영양소의 섭취가 매우 중요하다.

1-1. 생리작용의 조절

체내 대사과정 조절, 촉진

1-2. 에너지 공급

가. 열량 영양소

– 탄수화물(60~70%, 300~350g), 지방(15~20%), 단백질(15~20%, 체중 1g당 1g)

– 체온유지를 위한 에너지 공급, 칼로리, 에너지를 발생시키는 3대 영양소

나. 대사작용, 소화흡수 과정, 성장지속을 위해 에너지 필요

1-3. 신체구성 영양소

가. 수분(65%) : 충분한 수분 공급이 중요하다.

나. 단백질(16%) : 섭취한 단백질로부터 합성하며 단백질 공급은 중요하다.

다. 지방(14%) : 뇌 52%, 간 23%, 근육·심장·폐·신장 등 14~17% 함유(30% 이상 고도비만)

라. 탄수화물(1%) : 대부분 열량으로 사용한 후 간과 근육 내 글리코겐, 혈액 내 포도당으로 존재한다.

마. 무기질(4~5%) : 뼈와 치아, 근육 체액 등에 함유되어 있다.

1-4. 영양소의 분류

6대 영양소는 탄수화물, 지방, 단백질, 무기질, 비타민, 물이다.

가. 열량 영양소 : 탄수화물, 지방, 단백질

나. 구성 영양소 : 단백질, 무기질, 물 - 몸의 체조직인 혈액, 근육, 뼈, 피부, 모발, 장기 등을 구성한다.

다. 조절 영양소 : 단백질, 무기질, 비타민, 물 - 각종 생체반응을 조절하는 영양소이다.

1-5. 에너지 권장량

가. 성인 남녀 1일 에너지 권장량

– 남자 : 2,500kcal

– 여자 : 2,000kcal

나. 16~19세 남녀 1일 에너지 권장량

– 남자 : 2,600kcal

– 여자 : 2,100kcal

② 탄수화물

탄소(C), 수소(H), 산소(O)로 구성, 소화가 되는 당질과 소화되지 않는 섬유소로 분류된다.

2-1. 탄수화물의 분류

가. 단당류 : 포도당, 과당, 갈락토오스

나. 이당류 : 설탕(자당), 맥아당, 유당

다. 다당류 : 전분, 한천, 펙틴, 글리코겐, 섬유소 등

2-2. 탄수화물의 기능

가. 에너지 공급원 : 1g당 4kcal, 체내 흡수형태→포도당, 체내 저장형태→글리코겐, 간
과 근육

소화흡수율 98%, 1일 총열량 섭취량의 65%

나. 혈당 유지 : 혈액 속에 포도당이 0.1% 함유, 정상인 혈액은 80~120mg / 100ml

다. 단백질 절약작용 : 탄수화물 섭취 부족 시 체단백질 분해 심화로 단백질이 낭비된다.

라. 지방 대사에 관여 : 섭취 부족 시 지방의 산화가 불충분하여 케톤체를 다량 생성한다.

마. 섭취 과잉증 : 비만증(체지방 축적), 소화불량

바. 섭취 결핍증 : 체중감소, 발육불량

사. 당뇨병 : 인슐린의 감소 및 활성의 저하요인으로 혈액 내 혈당이 증가하여 질환이
발생한다.

3 지방

3-1. 지방의 분류

가. 단순지질

– 글리세롤 1분자와 지방산 3분자의 에스테르 결합(중성지방)

– 유지, 글리세롤의 에스테르, 글리세라이드, 왁스 등

– 지방산의 종류와 크기에 따라 특성이 결정된다.

나. 유도지질

단순지질과 복합지질의 가수분해 생성물이다.(지방산, 스테롤, 지용성 비타민 등)

– 콜레스테롤 : 동물성

뇌신경과 간에 존재하고 담즙의 주성분이며 비타민 D_3전구체이다. 과잉섭취 시 고농도로 혈관벽에 침착하여 동맥경화의 원인이 된다.

– 에르고스테롤 : 자외선 받으면 비타민 D_2를 생성한다.

다. 복합지질

인지질(노른자, 대두에 존재), 당지질 등

3-2. 지방의 기능

가. 에너지의 급원 : 1일 총열량의 20% 섭취, 1g당 9kcal 열량 발생, 소화 흡수율 95%

나. 흡수촉진 : 지용성 비타민(A, D, E, K)의 소화와 흡수를 촉진한다.

다. 체온유지 및 내장기관 보호, 피부윤택, 성기능 호르몬 형성

라. 세포의 구성성분 : 인지질, 당지질, 콜레스테롤 → 뇌, 신경계통에 많이 함유되어 있다.

마. 섭취 과잉증 : 케톤증, 비만, 동맥경화증, 간경화증, 고지혈증, 심장병

바. 섭취 결핍증 : 필수 지방산 부족, 체중감소, 성장 부진, 신체 쇠약 등

4 단백질

4-1. 단백질의 분류

가. 단순단백질

아미노산으로만 구성된다.(알부민, 글로불린, 글루테린, 글리아딘, 알부미노이드, 히스톤, 프로타민)

나. 복합단백질

단순단백질에 인산, 지질, 당질, 금속, 핵, 색소 등이 결합한 것이다.

다. 유도단백질

단백질이 가수분해되어 생성된 중간산물이다.(펩톤, 펩티드)

■ 영양학적 분류

가. 완전단백질

필수 아미노산이 골고루 충분히 들어있는 단백질이다.

- 우유(카세인, 락토알부민), 대두(글리시닌), 계란(알부민, 글로불린, 비텔린)
- 계란은 단백가 및 생물가가 100으로 가장 우수하여 단백가의 기준이 된다.

나. 불완전단백질

생물가가 낮은 지질단백질이다.(성장 지연, 체중 감소)

- 육류(젤라틴), 옥수수(제인)

다. 부분적 불완전단백질

생명은 유지시키나 성장·발육 지연, 체중감소

- 필수 아미노산 부족 : 밀(글리아딘), 보리(호르데인), 쌀(오리제인)
- 쌀(리신, 트레오닌 부족)+콩, 육류, 빵(리신 부족)+우유

4-2. 단백질의 기능

가. 에너지 급원

1g당 4kcal 생성, 소화흡수율 92%, 1일 총열량의 15%(성인 남자 75g, 성인 여자 60g)

나. 체조직 구성

뇌, 뼈, 근육, 피부, 모발, 손톱, 혈관벽의 주성분 등 새로운 조직의 합성과 보수

다. 효소, 호르몬, 항체 형성

라. 체내 대사과정 조절

산, 알칼리의 평형, 수분평형을 유지하는 완충작용을 한다.

마. 필수 아미노산

리신, 이소류신, 류신, 메티오닌, 페닐알라닌, 트레오닌, 트립토판, 발린 8종

아동의 경우 알기닌, 히스티딘이 추가된다.

바. 섭취 과잉증

체온, 혈압의 상승, 신경과민, 불면증 및 사고력 저하가 있다.

사. 섭취 결핍증

마라스무스—에너지, 단백질 부족, 콰시오카—단백질이 부족한 상태이다.

4-3. 단백질의 영양가

1일 섭취량 : 에너지 총 권장량의 15~20%, 체중 1kg당 1g

가. 생물가

생물가 = 체내 보유된 질소량÷섭취질소의 양×100

나. 단백가

단백가 = 가장 부족한 아미노산÷표준 아미노산 양×100

다. 섭취 과잉증

체중 증가, 요독(신장에 부담), 부종

라. 섭취 결핍증

성장장해, 세균감염 증가, 발음장애, 마라스무스(에너지와 영양부족)

마. 완전단백질

필수 아미노산이 균형 있게 함유되어 있는 단백질

(우유-카세인, 계란-알부민, 대두(콩)-글리시닌)

5 무기질

5-1. 무기질의 기능

- 무기질은 인체를 구성하는 유기물로 체중의 약 4~5%(칼슘 1.8%, 인 1%, 무기질 1%)를 차지한다.
- 무기질은 쉽게 흡수되고 각 조직으로 자유롭게 이동하며, 신장에서 쉽게 배설된다.
- **다량무기질** : 칼슘, 인, 마그네슘, 황(하루 100mg 이상 필요한 무기질), 전해질(나트륨과 칼륨)

가. 경조직의 구성

뼈, 치아(Ca, P, Mg)

나. 연조직의 구성

근육, 체액, 피부, 장기, 혈액의 고형분 등

다. 생체 기능의 조절

- 체액과 혈액의 산과 알칼리의 평형을 조절한다.
- pH와 삼투압 조절, 체내 대사작용을 조절한다.
- **알칼리성** : 나트륨, 칼륨, 칼슘, 마그네슘(채소, 과일, 우유 등)

– **산성** : 염소, 인, 황(곡류, 육류, 계란)

라. 효소의 작용 조절

보조인자인 금속이온이 효소를 활성화한다.

마. 혈액응고

바. 신경흥분의 전달

칼슘의 피브린으로 전환한다.

5-2. 무기질의 종류와 결핍증

가. 칼슘(Ca)

– 체중의 약 2% 함유, 골격과 치아 구성, 심장·근육의 수축 이완작용, 혈액응고

– **공급원** : 우유와 유제품, 멸치, 다시마, 미역, 고춧잎

– **결핍증** : 구루병, 골다공증, 골연화증

– **흡수촉진** : 비타민 D, 유당 / – **흡수방해** : 옥산살(초콜릿), 수산(시금치)

나. 인(P)

– 체중의 약 1% 함유, 칼슘과 결합하여 골격과 치아 구성(80%), DNA와 RNA의 성분

– 뼈의 석회화(인1:칼슘:1=흡수율 가장 좋음), 세포의 분열과 재생, 신경자극 전달

– **흡수촉진** : 비타민 D / – **흡수방해** : 다량의 칼슘, 마그네슘, 철

다. 마그네슘(Mg)

– 칼슘, 인과 함께 골격과 치아구성, 체액의 알칼리성 유지, 신경안정, 근육이완

– **공급원** : 코코아, 견과류, 두류, 녹색 채소

– **결핍증** : 신경 및 근육경련

– **흡수방해** : 다량의 칼슘

라. 나트륨(Na)

– 산·알칼리의 균형 유지, 세포 외액의 삼투압 유지, 신경자극을 전달한다.

　염화나트륨 필요량 : 성인 1일 8~10g

    – **과잉증** : 부종, 고혈압

마. 칼륨(K)

– 산 · 알칼리의 균형 유지, 삼투압 유지, 신경자극을 전달하며 세포 내액에 존재한다.

– **공급원** : 과일, 채소, 곡류, 육류

– **결핍증** : 심근마비, 심장근육의 약화, 무기력

바. 염소(Cl)

– 위산(HCl)을 형성하고 체액의 삼투압을 조절하며 염화나트륨(NaCl)의 구성성분이다.

– **공급원** : 소금

– **결핍증** : 설사, 구토, 경련

사. 황(S)

– 함황 아미노산에 존재한다.(시스틴, 시스테인, 메틸오닌)

– 피부, 연골, 골격, 심장판막의 결합조직의 성분으로 피부, 모발, 손톱에 존재한다.

– **공급원** : 육류, 우유, 계란, 두류

아. 철(Fe)

– 헤모글로빈(혈색소)성분, 조직에 산소를 공급한다.

– **공급원** : 간, 난황, 배아, 조개류, 해조류

– **결핍증** : 빈혈 / – **과잉증** : 심부전, 간 손상

– **흡수촉진** : 비타민 C, 구리, 트립토판, 유기산 등 / – **흡수방해** : 인산수산, 칼슘

자. 아연(Zn)

– 인슐린 합성 → 당질대사, 인슐린 감소 → 당뇨병

– **공급원** : 해산물, 육류, 치즈, 땅콩

– **결핍증** : 빈혈, 유산, 성장정지, 피부염, 탈모증

차. 구리(Cu)

– 헤모글로빈의 합성을 촉매하고 많은 효소의 구성성분이며 철의 흡수를 증대한다.

– **공급원** : 동물 내장, 어패류, 계란, 굴 등

– **결핍증** : 저혈색소성 빈혈, 백혈구 수 감소

카. 요오드(I)

– 갑상선호르몬(티록신)을 형성하며 기초대사를 촉진한다.

- **공급원** : 해산물, 해조류 등
- **결핍증** : 갑상선 부종, 어린이 크레틴병, 근육 약화 / **– 과잉증** : 바세도우병

타. 불소(F)

– 골격과 치아의 기능을 강화한다.

- **공급원** : 수돗물, 차
- **결핍증** : 충치, 우치 / **– 과잉증** : 반상치→백색반점→갈색반점

파. 망간(Mn)

– 골격을 형성하고 생식 · 중추신경 기능에 관여하며 효소를 활성화한다.

- **공급원** : 견과류, 전곡, 두류

하. 셀레늄(Se)

– 항산화 작용(비타민 E와 상호작용), 수은과 카드뮴 중독에 방어작용을 한다.

- **결핍증** : 심장 손상 / **– 과잉증** : 모발, 손톱 빠짐 증세

거. 코발트(Co)

– 비타민 B_{12}의 구성성분이며 조혈작용에 관여한다.

- **공급원** : 채소, 간, 어류
- **결핍증** : 악성빈혈

너. 카드뮴(Cd)

- **중독증** : 이타이이타이병

더. 수은(Hg)

- **중독증** : 미나마타병

6 비타민

- 에너지 대사, 물질대사에 필수적인 영양소
- 지용성 비타민과 수용성 비타민으로 나눈다.
- 비타민은 미량으로 현저히 영양을 지배하는 유기화합물이며, 체내에서 만들어지지 않고 체외에서 반드시 섭취해야 하는 물질이다.

■ 기능

- 보조효소(조절소)
- 대사촉진
- 영양소의 완전 연소
- 호르몬의 분비 조절
- 항산화제로 작용 등

6-1. 지용성 비타민과 수용성 비타민

가. 지용성 비타민

비타민 A, D, E, K

- 유기용매에 용해된다.
- 전구체 존재하며 열에 안정적이다.
- **필요량** : 매일 공급 불필요
- 결핍증이 서서히 나타난다.
- 배출되지 않고 간 또는 지방조직 등 체내에 저장된다.

나. 수용성 비타민

비타민 B 복합체, 비타민 C(아스코르빈산)

- 물에 용해된다.
- 전구체가 없으며 열에 약하다.

- **필요량** : 매일 공급 필요
- 결핍증이 바로 나타난다.
- 소변으로 쉽게 배출된다.

6-2. 지용성 비타민의 종류와 결핍증

가. 비타민 A
- 산·알칼리에 안정, 공기·자외선에 불안정하다.
- 시각 작용물질의 성분으로 지방과 함께 섭취 시 비타민 A의 효력이 발생한다.
- **공급원** : 생선간유, 뱀장어, 노른자, 우유, 치즈
- **결핍증** : 야맹증, 각막건조, 시력저하, 결막염

나. 비타민 D
- 칼슘과 인의 흡수를 촉진하고 뼈의 성장에 관여한다.
- 열에 안정적이고 알칼리에 불안정하다.
- **공급원** : 간유, 난황, 버터, 일광건조식품(말린 버섯, 생선, 과일류), 비타민 D는 자외선
  을 통해 생성할 수 있다.
- **결핍증** : 소아(구루병), 성인(뼈연화)
- **전구체** : 콜레스테롤(간유, 동물의 피하) → 자외선 → 비타민 D_3
  에르고스테롤(효모, 맥각, 버섯) → 자외선 → 비타민 D_2

다. 비타민 E(토코페롤)
- 항불임성 인자 비타민(열에 안정), 항산화제
- 철의 흡수 촉진→빈혈 방지, 뇌하수체 전엽호르몬의 기능 항진
- **공급원** : 곡물의 배아, 두류, 식물성 기름, 녹황색 채소, 난황, 간유 등
- **결핍증** : 빈혈, 노화현상 촉진

라. 비타민 K
- 열에 안정하고 알칼리, 빛에 불안정하다.

– 피브리노겐 → Ca+비타민K → 피브린 → 혈액응고

– 혈액응고 비타민, 항출혈성 비타민

- **공급원** : 녹황색 채소, 대두, 해초, 계란, 간 등
- **결핍증** : 출혈(혈액응고 지연)

6-3. 수용성 비타민의 종류와 결핍증

가. 비타민 B_1(티아민)

– 항신경성 비타민

– 말초신경계의 기능에 관여하며, 쌀을 주식으로 하는 한국인 식생활에 부족하기 쉬운 비타민이다.

- **공급원** : 현미, 보리, 돼지고기, 두류(마늘의 알리신은 흡수율을 높임)
- **결핍증** : 각기병, 피로, 권태, 식욕감퇴, 신경통, 정신불안 등

나. 비타민 B_2(리보플라빈)

– 빛에 파괴되며 성장을 촉진하는 비타민이다.

- **공급원** : 내장, 효모, 쌀겨, 우유, 계란 등
- **결핍증** : 구순염, 구각염, 설염, 시력 약화

다. 비타민 B_6(피리독신)

– 항피부염 비타민이며 당질, 단백질, 지방의 대사에 관여한다.

- **공급원** : 효모, 밀, 옥수수, 간
- **결핍증** : 피부염, 신경염, 빈혈, 체중 감소

라. 비타민 B_{12}(코발라민)

- **항빈혈성 비타민** : 적혈구 생성(악성빈혈증 예방), 성장 촉진
- **공급원** : 동물성 식품, 육류, 노른자, 간
- **결핍증** : 악성빈혈, 간질환, 기력 부진, 체중 감소

마. 비타민 C(아스코르빈산)

- 성장에 필수적이며, 질병에 대한 저항력을 증강한다.
- 비타민 A, E, 필수 지방산의 항산화 보완제(피로회복에 도움)
- 세포 내 산화, 환원에 관여하고 칼슘, 철의 흡수를 증가시킨다.
- **공급원** : 딸기, 레몬, 풋고추, 무잎 등 신선한 과일과 채소
- **결핍증** : 괴혈병, 피부염

바. 니아신

- 항펠라그라성 비타민이며 열에 강하고 알칼리에 안정적이다.
- 옥수수를 주식으로 하고 육류를 보충할 때 필수 아미노산인 트립토판이 니아신을 생성한다.
- **공급원** : 단백질, 육류, 두류, 간, 계란흰자 등
- **결핍증** : 펠라그라 피부병, 소화기 장애

사. 판토텐산

- TCA 회로에서 에너지 대사, 조효소로 지방산의 합성과 분해에 관여한다.
- **공급원** : 효모, 고구마

아. 비오틴

- 여러 효소의 구성성분이다.
- **공급원** : 소간, 땅콩
- **결핍증** : 탈피, 권태, 근육통, 식욕감퇴

자. 엽산

- 항빈혈성 인자이며 핵산합성에 필요하다. 헤모글로빈을 합성한다.
- **공급원** : 두부, 치즈, 밀, 노른자, 간
- **결핍증** : 거대적 혈구성, 빈혈

차. 콜린

- 아미노산, 레시틴, 아드레날린을 합성하며 간장을 보호한다.(지방축적 방지)
- **결핍증** : 지방간, 체중 감소, 신장의 출혈성 변성

■ **열에 대한 비타민의 안정도**

비타민 E > 비타민 D > 비타민 A > 비타민 B > 비타민 C

7 물

물은 체내의 약 2/3(60~70%)를 차지하며, 생명 유지에 절대적인 물질이다.

7-1. 물의 기능

- 분비액의 주성분(침, 위액, 담즙, 위액 등)
- 대사과정의 촉매작용
- 체온 조절 및 유지
- 내장 기관을 외부의 충격으로부터 보호
- 영양소 및 노폐물의 운반

7-2. 물 부족 시 결핍

- 체중의 1% 부족 시 – 갈증
- 체중의 4~5% 부족 시 – 피로, 무력감, 식욕감퇴, 소변량 감소
- 체중의 6~10% 부족 시 – 두통, 호흡곤란, 언어장애
- 체중의 11~15% 부족 시 – 정상 생활 불가
- 체중의 20% 이상 부족 시 – 생명의 위험초래

8 소화와 흡수

음식물에 들어있는 영양소를 체내에서 쉽게 이용할 수 있는 상태로 만드는 과정이다.

8-1. 소화 및 소화효소

가. 구강(타액)

– **효소명** : 프티알린(아밀라아제)

– **기질작용** : 탄수화물(맥아당, 덱스트린)

나. 위(위액)

– **효소명** : 펩신, 레닌, 리파아제

– **기질작용** : 단백질, 카세인(치즈), 지방(지방산)

– **흡수** : 물, 알코올

다. 췌장(췌액)

– **효소명** : 아밀롭신(아밀라아제), 트립신, 스테압신

– **기질작용** : 탄수화물, 단백질, 지방

라. 십이지장(담즙)

– **기질작용** : 생성(간), 저장(담낭), 분비(십이지장)

마. 소장(소장액)

– **효소명** : 말타아제, 인벌타아제

– **기질작용** : 맥아당(포도당), 자당(포도당, 과당), 유당(포도당, 갈락토오스), 펩티드(아미노산), 지방(지방산)

– **흡수** : 섭취에너지의 95%

바. 대장

소화효소가 없고 연동운동으로 배설기관으로 작용한다.

8-2. 흡수경로

가. 문맥계

– 수용성 성분(탄수화물, 단백질, 수용성 비타민, 무기질)

– 소장의 융모에 있는 모세혈관 → 문맥 → 간 → 전신으로 순환

나. 림프계

– 지용성 성분(지방, 지용성 비타민)

– 소장의 융모에 있는 림프관, 유미관 → 정맥 → 심장 → 전신으로 순환

CHAPTER 5

영양학 **기출문제**

해설 01

수분의 체내 함유비율은 약 65%이며 마른 사람의 함유비율은 약 70% 정도로 높다. 인체를 구성하는 수분은 대부분 우리가 마시는 수분과 음식물 속의 수분에서 공급된 것이다. 체내 수분을 일정량 유지하는 것이 중요하다.

해설 02

단백질은 우리 몸의 체조직을 구성한다.(뇌, 뼈, 근육, 피부, 모발, 손톱, 혈관벽의 주성분 등 새로운 조직의 합성과 보수)

해설 03

• 구성 영양소 : 단백질, 지방, 무기질, 물
• 조절 영양소 : 단백질, 비타민, 무기질, 물
• 열량 영양소 : 탄수화물, 단백질, 지방
• 체온조절 영양소: 물

해설 04

• 당질(탄수화물): 22×4kcal = 88kcal
• 지방(지질): 18×9kcal = 162kcal
• 단백질: 41×4kcal = 164kcal
따라서 414kcal

01 물은 우리 몸에서 영양소와 배설물의 운반과 체온을 조절하는데 우리 몸의 몇 %가 물인가?

가. 45% 나. 65%
다. 80% 라. 90%

02 다음 영양소 중 우리 몸의 체조직을 구성하는 영양소는?

가. 당질 나. 지방
다. 단백질 라. 비타민

03 다음 영양소와 주요 기능의 연결이 바르게 된 것은?

가. 단백질, 무기질–구성 영양소
나. 지방, 단백질–조절 영양소
다. 탄수화물, 무기질–열량 영양소
라. 지방, 비타민–체온조절 영양소

04 콩에는 당질 22%, 지질 18%, 단백질 41%이 들어있다. 콩 100g의 열량은?

가. 300kcal 나. 350kcal
다. 414kcal 라. 520kcal

정답 01 나 02 다 03 가 04 다

05 탄수화물은 체내에서 어떤 작용을 하는가?

가. 열량을 낸다

나. 골격 형성

다. 혈액 구성

라. 체작용 조절

06 우리 몸을 구성하는 무기질이 차지하는 비율은?

가. 체중의 5% 정도

나. 체중의 20% 정도

다. 체중의 35% 정도

라. 체중의 50% 정도

07 칼슘의 흡수를 촉진하는 비타민은?

가. 비타민 A

나. 비타민 B_1

다. 비타민 E

라. 비타민 D

08 비타민의 기능에 해당하는 것은?

가. 호르몬의 주 구성요소

나. 보조 효소

다. 열량원

라. 신체 구성요소

09 소장에서 정장작용을 하는 이당류는?

가. 자당

나. 유당

다. 맥아당

라. 포도당

정답 05 가 06 가 07 라 08 나 09 나

해설 05

탄수화물은 열량영양소로 대부분 열량으로 사용 후 간과 근육 내 글리코겐, 혈액 내 포도당으로 존재한다.

해설 06

뼈, 치아 등 경조직 구성과 근육, 피부, 체액, 혈액, 장기 등 연조직을 구성하며 무기질 함량은 체중의 약 4~5%이다.

해설 07

비타민 D는 항구루병성 비타민으로 결핍 시 유아기에 구루병, 임산부, 노인은 골다공증과 골연화증이 발병할 수 있다. 칼슘과 인의 흡수력을 증강시키고 혈액 내 인의 양을 일정하게 유지한다. 자외선에 의해 콜레스테롤은 비타민 D3, 에르고스테롤은 비타민 D2로 변한다. 간유, 버터, 동물의 내장, 노른자, 표고버섯 등에 함유되어 있다.

해설 08

• 비타민은 성장·생명유지에 필요한 유기영양소이다.
• 3대 영양소 즉 탄수화물, 지질, 단백질의 대사에 필요한 조효소 역할을 한다.
• 조효소란 보조효소를 말하며 효소의 작용에 필수불가결한 역할을 한다.
• 비타민은 체내에서 합성되지 않으므로 음식물에서 섭취해야 한다.

해설 09

유당은 정장작용을 하여 유당을 분해하는 소화 효소인 락타아제가 부족할 경우 유당불내증이 생길 수 있다.

지용성 비타민 A, D, E, K는 지방의 흡수와 운반을 돕고, 지용성 용매에 녹으며 체내에 축적되어 매일 공급할 필요는 없다.

일반적으로 세균은 Aw 0.85 이하에서는 생장할 수 없고, 효모는 Aw 0.8 이하에서 생장할 수 없으며, 곰팡이는 건조한 환경에서도 잘 자라므로 생육 가능한 수분활성의 한계는 Aw 0.6 정도이다.

단백질의 필수 아미노산은 이소류신, 류신, 발린, 트레오닌, 페닐알라닌, 트립토판, 메티오닌, 리신 8종으로 아동일 경우 히스티딘이 추가된다.

담즙은 간에서 생성되어 담낭에 저장되었다가 십이지장으로 배출되어 소장에서 지방의 소화와 흡수를 돕는다.

10 유지의 도움으로 흡수, 운반되는 비타민으로만 구성된 것은?

가. 비타민 A, B, C, D

나. 비타민 B, C, E, K

다. 비타민 A, C, E, K

라. 비타민 A, D, E, K

11 다음은 수분활성에 관한 설명이다. 맞는 것은?

가. 세균은 Aw 0.85 이하에서는 보통 생장할 수 없다.

나. 곰팡이는 Aw 0.7에서는 생육이 불가능하다.

다. 비효소적 갈변반응은 단분자층에서 가장 활발히 일어난다.

라. 유지의 산화를 방지하려면 수분이 전혀 없어야 한다.

12 음식물을 통해서 얻어야 하는 아미노산과 거리가 먼 것은?

가. 메티오닌   나. 리신

다. 트립토판   라. 글루타민

13 지방의 소화와 흡수를 돕는 것은?

가. 비타민 D   나. 스테로이드

다. 위액   라. 담즙

14 곡류 단백질, 특히 밀가루에 부족하면서 우유에 많이 들어 있는 필수 아미노산은?

가. 티로신
나. 발린
다. 리신
라. 메티오닌

15 설탕이나 이눌린을 가수분해하면 공통적으로 생성되는 단당류는?

가. 포도당
나. 갈락토오스
다. 과당
라. 만노오스

16 콜레스테롤에 관한 설명 중 잘못된 것은?

가. 뇌와 신경조직에 많이 들어 있다.
나. 비타민의 전구체이기도 하다.
다. 여러 호르몬의 시작 물질이다.
라. 식물성 스테롤이다.

17 노인의 경우 필수 지방산의 흡수를 위하여 다음 중 어떤 종류의 기름을 섭취하는 것이 좋은가?

가. 콩기름
나. 돼지고기
다. 쇠기름
라. 닭기름

해설 14
리신은 밀가루에 부족하고 우유에 많기 때문에 빵과 우유를 함께 먹으면 필수 아미노산을 골고루 섭취하게 된다.

해설 15
설탕은 가수분해 시 포도당과 과당으로 분해되고, 이눌린의 분해효소는 이눌라제로 이눌린을 과당으로 분해한다.

해설 16
콜레스테롤은 지방의 한 종류로 동물성 스테롤로 뇌신경, 간에 많으며 담즙의 주성분이다. 비타민 D3 전구체이고 과잉 섭취 시 고농도 혈관벽에 침착하여 동맥경화의 원인이 된다.

해설 17
필수 지방산인 리놀레산, 리놀렌산, 아라키돈산은 불포화도가 높은 식물성 기름에 많이 함유되어 있다.

정답 **14** 다 **15** 다 **16** 라 **17** 가

18 비타민에 관한 설명 중 틀린 것은?

　가. 비타민 A는 결핍 시 야맹증에 걸리고 주요 급원은 소간, 생선간유 등이다.

　나. 비타민 C는 결핍 시 괴혈병에 걸리고 주요 급원은 딸기, 감귤류, 토마토, 양배추 등이다.

　다. 비타민 D는 결핍 시 구루병에 걸리며 칼슘과 인의 대사와 관계가 깊다.

　라. 니아신은 결핍 시 빈혈에 걸리며 적혈구 형성과 관계가 깊다.

19 성장기 어린이, 임산부, 빈혈환자 등 생리적 요구가 높을 때 흡수율이 높아지는 영양소는?

　가. 나트륨　　　　　나. 아연
　다. 철분　　　　　　라. 칼륨

20 기초대사량은 신체구성성분 중 무엇과 관계가 있는가?

　가. 근육의 양　　　　나. 골격의 양
　다. 혈액의 양　　　　라. 피하지방의 양

21 다음 중 단백질의 분해효소는?

　가. 프티알린　　　　나. 치마아제
　다. 스테압신　　　　라. 프로테아제

정답 **18** 라　**19** 다　**20** 가　**21** 라

22 수분 64g, 당질 31g, 섬유질 1g, 단백질 2g, 지방 1g, 무기질 1g이 들어 있는 식품을 섭취하였을 때 발생하는 총열량은?

가. 141kcal

나. 145kcal

다. 176kcal

라. 204kcal

해설 22

당질, 지질, 단백질은 열량원으로 1g당 당질 4kcal, 지질 9kcal, 단백질 4kcal의 열량을 내므로 (31×4)+(2×4)+(1×9)=141kcal

23 다음 중 조절 영양소는?

가. 탄수화물, 지방

나. 무기질, 비타민

다. 단백질, 지방

라. 탄수화물, 비타민

해설 23

• 조절 영양소는 체내 생리 작용을 조절하고 대사를 원활하게 하는 영양소로 무기질, 비타민, 물이 있다.

• 열량영양소는 에너지원으로 이용되는 영양소로 탄수화물, 지방, 단백질이 있다.

• 구성영양소는 근육, 골격, 효소, 호르몬 등 신체구성의 성분이 되는 영양소로 단백질, 무기질, 물이 있다.

24 곡류가 에너지원으로 중요하게 여겨지는 이유와 가장 거리가 먼 것은?

가. 재배가 용이하다.

나. 다량의 전분함유로 단위 g당 에너지 생산량이 가장 높다.

다. 소화흡수가 비교적 용이하다.

라. 주성분이 전분이며 다량 섭취가 가능하다.

해설 24

단위 g당 에너지 생산량이 가장 높은 것은 지방이다. 지방은 9kcal/g, 탄수화물과 단백질은 각각 4kcal/g의 열량 에너지원이다.

25 유당 불내증의 원인은?

가. 대사과정 중 비타민 B군의 부족

나. 변질된 유당의 섭취

다. 우유 섭취량의 절대적인 부족

라. 소화액 중 락타아제의 결여

해설 25

유당은 우유와 유제품에 많이 포함되어 있는 당분으로 포도당과 갈락토오스로 결합된 이당류로서 위와 장에서 쉽게 흡수된다. 유당 불내증은 유당을 소화시키는 데 필요한 효소인 락타아제가 부족해서 유당의 소화가 어려운 증상이다.

정답 22 가 23 나 24 나 25 라

식품위생학

1 식품위생 및 미생물

식품위생법에서는 식품위생을 식품, 첨가물, 기구 또는 용기, 포장을 대상으로 하는 모든 위생이라고 정의한다.

세계보건기구(WHO)의 정의는 식품의 생육, 생산, 제조에서부터 최종적으로 소비자에게 섭취되기까지의 전 과정에 걸친 식품의 안정성, 보존성 악화 방지를 위한 모든 수단이다.

1-1. 식품위생의 목적

식품영양상의 질적 향상을 도모하고 국민 보건의 향상 및 증진에 기여하며, 식품으로 인한 위생상의 위해를 방지한다.

1-2. 식품위생법

가. 식품위생법 구성

식품위생법(법률), 식품위생법 시행령(대통령령), 식품위생법 시행규칙(보건복지부령)

나. 집단급식소

영리를 목적으로 하지 않으면서 특정 다수인에게 계속하여 음식물을 공급하는 급식시설이다.

집단급식소는 1회 50명 이상에게 식사를 제공하는 급식소를 말한다.

다. 식품, 식품첨가물의 성분에 관한 규격 고시

식품의약청 안전청장이 고시하며 수출 시에는 수입업자가 요구한다.

라. 허위표시, 과대광고의 범위

- 각종 감사장, 상장, 체험기기 등을 이용하거나 주문쇄도, 단체추천 등의 유사광고
- **과대포장** : 내용물의 2/3에 미달되는 것

마. 제품검사 필요 제품

인삼제품류, 건강보조식품, 타르색소와 타르계 색소제제, 보존료와 보존료제제

타르색소 사용 시 환원성 미생물에 의한 오염으로 퇴색이 될 수 있다.

바. 조명시설

- **객석 및 객실** : 30lux 이상(유흥주점 : 10lux 이상)
- **조리장** : 50lux 이상 촉광 저절장치를 설치해서는 안 된다.

사. 신고대상 영업

식품제조가공업, 즉석판매제조 가공업, 식품운반업, 식품 소분판매업, 식품냉동판매업, 용기포장류 제조업, 휴게음식점 제조업, 일반음식점 영업

아. 조리사

- 기술자격을 얻은 후 시 · 도지사의 면허를 받아야 한다.
- 식품접객영업자와 집단급식소의 운영자는 조리사를 두어야 한다.
- 조리사 명칭은 조리사가 아니면 사용하지 못한다.
- **조리사를 두어야 하는 영업** : 집단급식소, 식품접객업 중 복어조리 · 판매하는 영업
- **조리사 결격사유**

    정신질환자, 감염병환자, 마약이나 그 밖의 약물중독자, 조리사 면허취소 처분 받은 뒤 취소 날로부터 1년이 지나지 아니한 자

– 조리사 면허 취소

정신질환자, 감염병환자, 마약이나 그 밖의 약물중독자, 조리사 면허취소 처분 받은 뒤 취소 날로부터 1년이 지나지 아니한 자, 교육을 받지 아니한 경우, 식중독이나 그 밖에 위생과 관련한 중대한 사고 발생에 직무상의 책임이 있는 경우, 면허를 타인에게 대여하여 사용하게 한 경우, 업무정지 기간 중에 조리사의 업무를 하는 경우

– 위반사항

식중독, 중대사고 발생시 : 1차 업무정지 1월, 2차 업무정지 2월, 3차 면허취소

면허대여 : 1차 업무정지 2월, 2차 업무정지 3월, 3차 면허취소

교육불이행 시 : 1차 시정명령, 2차 업무정지 15일, 3차 업무정지 1월

업무정지 기간 중 조리사 업무 시 : 면허취소

취소처분을 받고 1년이 지나야 면허를 받을 자격이 주어진다.

조리사 면허의 취소처분 면허증 반납은 특별자치시장, 특별자치도지사, 시장, 군수, 구청장에게 한다.

자. 건강진단

완전 포장된 식품운반, 판매자는 제외

정기 건강진단 : 매년 1회 실시

수시 건강진단 : 전염병 발생 또는 우려가 있을 때

차. 위생교육

– 영업자, 식품위생 관리인, 영양사와 조리사를 제외한 종업원

– 교육내용 : 식품위생, 개인위생, 식품위생시책, 식품의 품질관리 등

– 교육시간 : 신규접객업 6시간, 식품위생관리인 12시간, 영업자 3년마다 4시간, 식품위생관리인 매년 4시간

카. 행정처분

– 영업허가 취소 및 당해제품 폐기 처분, 유독 · 유해물질이 들어 있거나 묻어있는 것 병원미생물에 오염된 식품 제조판매, 병육 등의 판매금지 위반

– 영업허가 취소 : 영업자가 정당한 사유 없이 6월 이상 휴업, 영업 정지기간 중 영업

- **품목허가 취소** : 품목제고 허가 받은 자가 정당한 사유 없이 2년간 미제조
- **1차 시정명령** : 조리사 없이 영업
- **1차 영업정지(30일)** : 미성년자 주류 판매

1-3. 식품 관련 영업허가 업종 및 기관

가. 식품영업허가 업종
- 식품접객업(휴게음식점, 일반음식점, 유흥주점, 단란주점, 위탁급식, 제과점)
- 용기포장류제조업
- 식품보존업(식품조사처리업, 식품냉동냉장업)
- 식품소분판매업
- 식품운반업
- 식품첨가물제조업
- 즉석판매제조가공업
- 식품제조가공업

나. 식품 관련기관
- **관할 시장**

  일반음식점 영업 중 모범업소 지정
- **시장 · 군수 또는 구청장/특별자치도지사**

  단란주점 · 유흥주점 · 식품운반업 영업허가, 조리사 면허의 취소처분 · 면허증 반납
- **식품의약품안전처장**

  식품첨가물 제조업 공전 작성, 식품조사처리업 허가, 식품위생수준 및 자질의 향상을 위하여 조리사 및 영양사에게 교육을 받을 것을 명할 수 있는 자, 유전자 재조합 식품 등의 표시 중 표시의무자, 표시대상 및 표시방법 등에 필요한 사항
- **식품의약품안전처**

  우리나라 식품위생행정을 과학적으로 뒷받침하는 중앙기구로 시험, 연구업무를 수행하는 기관이다.

판매를 목적으로 하는 식품에 사용하는 기구, 용기, 포장의 기준과 규격을 정한다.

– 식품위생검사기관

보건복지부장관이 정하는 검사시설과 인력을 갖춘 연구기관·단체, 지방식품의약품 안전청(식약청), 국립검역소, 시·도 보건환경연구원, 시·도지사, 국립수산물 검사소

1-4. 미생물

가. 미생물의 특성

단세포 균사로 이루어져 있고 발효 식품의 제조·가공에 이용되기도 하면서 식품의 변질·부패·식중독·전염병의 원인이기도 하다.

나. 미생물의 종류

– 세균류

구균, 나선균, 간균

세균성 식중독, 경구 감염병, 부패의 원인

종류 : 락토바실루스속, 바실루스속, 비브리오속 외

– 곰팡이

사상균, 균류 중에서 실 모양의 균사를 형성

진균독을 일으킬 수 있으며, 무성, 유성포자가 있고 식품변패의 원인이 된다.

빵, 밥, 술, 된장, 간장 등 양조에 이용되는 유용한 것도 있다.

종류 : 누룩곰팡이속, 푸른곰팡이속, 거미줄곰팡이속, 솜털곰팡이속

– 효모

구형, 난현, 타원형 등 여러 형태

세균보다 크기가 크며 출아에 의해 무성생식법으로 번식한다.

– 바이러스

미생물 중에서 가장 작은 것으로 크기가 일정하지 않으며 살아 있는 세포에서만 증식한다.

종류 : 인플루엔자, 일본뇌염, 광견병, 천연두, 소아마비(폴리오), 전염성 설사 등의 병원체

- **리케차(리케치아)**

  구형, 간형 등의 형태로 세균과 바이러스의 중간 형태

  종류 : 발진열, 발진티푸스 등

- **비브리오속**

  무아포, 혐기성 간균

  종류 : 콜레라균, 장염 비브리오균

- **락토바실루스속**

  당류를 발효하여 생성된 젖산을 젖산균이라고도 한다.

  유산음료의 발효균으로 이용한다.

- **바실루스속**

  호기성 간균으로 아포를 형성한다.

  열 저항성이 강하고 토양 등 자연계에 널리 분포하며, 전분과 단백질 분해작용을 하는

  부패세균이다.

다. 미생물의 크기

곰팡이 > 효모 > 세균 > 리케치아 > 바이러스

라. 곰팡이의 발생 조건

일정한 pH 4.0 이하에 보관되었을 때

일정한 건조도에 달하여 세균의 증식이 저지되었을 때

건조 식품이 온도가 높은 외부에 노출되었을 때

❷ 식품의 변질

2-1. 변질의 종류

가. 부패

단백질 주성분 식품, 혐기성 미생물 세균 번식으로 인체에 유해한 물질을 생성
(영향을 주는 요소 : 온도, 습도, 산소, 열, pH, 영양소 등)

– 단백질 부패 진행

단백질 → 메타프로테인 → 프로테오스 → 펩톤 → 폴리펩타이드 → 펩티드 → 아미노산 → 아민류, 황화수소, 암모니아, 페놀, 메르캅탄

나. 산패

식품에 지방이 산화하여 냄새, 맛, 색 등이 변하는 현상

다. 발효

식품에 미생물이 번식하여 성질이 변하는 현상

라. 변패

단백질 이외의 성분들을 가진 식품이 변질되는 현상

– 분변오염지표균

대장균 : 분변오염의 대표적인 균으로 식품을 오염시키는 균의 오염 정도를 측정하는
　　　　지표이다.

장구균 : 대장균과 함께 분변에서 발견되는 균으로 냉동식품의 오염지표균으로 사용된다.
　　　　대장균보다는 균수가 적고 냉동에서 오래 견딘다.

2-2. 변질에 영향을 미치는 요소

가. 온도

저온균 : 0~25℃(최적온도 10~20℃)

중온균 : 15~55℃(최적온도 25~37℃)

고온균 : 40~70℃(최적온도 50~60℃)

나. 수분

미생물 몸체를 구성하며 생리기능을 조절하는 데 필요한 성분이다.

미생물 증식 수분은 40% 이상이며 억제 수분은 15% 이하이다.

Aw = 식품 수증기압/순수한 물의 최대 수증기압

- **수분활성도** : 세균 0.95 > 효모 0.87 > 곰팡이 0.80
- **자유수** : 염류, 당류, 수용성 단백질 등을 용해하는 용매로 작용하는 물이다.

  끓는점, 어는점, 녹는점이 기본적 물의 물리적 특성을 나타낸다.
- **결합수** : 탄수화물이나 단백질 분자들과 수소결합에 의하여 밀접하게 결합되어 있는 물이다.

  용질에 대한 용매로 작용하지 않으며, 물보다 밀도가 크다.

  0℃ 이하에서 얼지 않고, 100℃ 이상에서도 끓지 않는다.

다. 수소이온농도(pH)

- **곰팡이, 효모** : pH 4.0~6.0(약산성)
- **세균** : pH 6.5~7.5(중성, 알칼리성)

라. 산소

- **혐기성균** : 산소가 없어도 증식이 가능하다.
- **호기성균** : 산소가 있어야만 증식을 할 수 있다.
- **통성 혐기성균** : 산소가 있거나 없어도 증식 가능하다.

마. 영양소

- **탄소원** : 탄수화물, 포도당, 유기산 등
- **질소원** : 아미노산
- **무기염류** : 인(P), 황(S) 등
- **생육소** : 비타민 등

바. 삼투압

- 일반세균은 3% 식염에서 증식억제, 호염 세균은 3% 염에서 증식한다.
- 용질의 농도가 낮은 쪽에서 농도가 높은 쪽으로 용매가 옮겨가는 현상에 의해 나타나는 압력이다.

3 감염병과 기생충

3-1. 감염병 발생 3대 요소

가. 병원체(병인)
질병 발생의 직접적인 원인이 되는 요소이다.

나. 환경
질병 발생 분포과정에서 병인과 숙주 간의 맥 역할을 하거나 양자의 조건에 영향을 주는 요소이다.

다. 숙주의 감수성
감수성이 높으면 면역성이 낮아 질병이 발병되기 쉽다.

3-2. 감염병의 생성 과정

병원체 → 환경 → 병원소로부터 탈출 → 병원체의 전파 → 새로운 숙주에 침입 → 숙주의 감수성과 면역

〈감염병 발생 신고 : 보건소장 → 시·도지사 → 보건복지부장관〉

3-3. 경구감염병

병원체가 음식물이나 손을 통해 입으로 침입하여 감염을 일으키는 감염병으로 보통 소화계통 감염병을 말한다.

가. 종류와 특징

– 세균성 경구감염병

장티푸스 : 잠복기 7~14일, 파리 매개체

보균자는 직접접촉, 식품은 간접접촉으로 발생하는 급성 감염병이다.

40℃ 이상의 고열이 2주간 지속(급성 전신성 열성질환)

철저한 개인위생 및 환경위생관리, 소독 및 건강 보균자 관리가 중요하다.

콜레라 : 잠복기 수시간~5일로 감염병 중 가장 짧다.

병원체는 비브리오 콜레라균이다.

디프테리아 : 이비인후의 분비물에 의한 비말감염과 오염된 식품으로 감염된다.

편도선이상, 발열, 심장장애, 호흡곤란 등을 일으킨다.

세균성이질 : 비위생적인 시설에서 많이 발생하며 기후와 밀접한 관계가 있다.

파라티푸스 : 감염 매개체와 증상이 장티푸스와 비슷하다.

– 바이러스성 경구감염병

소아마비, 폴리오(급성회백수염) : 잠복기 7~14일, 구토, 두통, 뇌증상, 근육통, 사지마비

환자의 분변 또는 인후 분비물에 바이러스가 포함.

오염된 식품, 경구감염, 비말감염

유행성간염 : 잠복기 20~25일로 경구감염병 중 가장 길다.

발열, 두통, 복통, 식욕부진, 황달

환자의 분변을 통한 경구감염, 손에 의한 식품의 오염, 물의 오염 등으로 감염된다.

천열 : 잠복기 15~24일, 39~40℃ 발열증상, 발진이 생기고 2~3일 후 없어진다.

환자 또는 쥐의 분변이 감염원, 식품, 음료수에 오염된 후 경구적 감염을 시킨다.

감염성설사증 : 급성 무열성 비세균성 감염성 위장염

– 병원체에 따른 분류

세균성 감염 : 세균성이질, 장티푸스, 파라티푸스, 콜레라, 성홍열, 디프테리아

바이러스성 감염 : 유행성간염, 감염성설사증, 폴리오(급성회백수염, 소아마비), 천열, 홍역

원충성 감염 : 아메바성이질

- **감염경로에 따른 분류**

  호흡기계 : 비말감염, 공기 매개 감염

  소화기계 : 콜레라, 세균성이질, 파라티푸스, 장티푸스

나. 예방대책

- **보균자에 대한 예방대책** : 관련 백신의 예방접종을 실시하며, 종류에 따라 3회 실시
  접촉자의 대변을 검사하고 보균자를 관리한다.

- **병원체에 대한 예방대책** : 환자 및 보균자를 격리하고 보균자의 식품취급을 금하며
  식품을 냉동보관한다.
  오염물을 소독, 오염 의심 원인식품은 수거하여 검사기관에
  보낸다.

- **환경에 대한 예방대책** : 식품취급자의 개인위생을 관리하고 관련 종사자들은 반드시
  1년에 한 번씩 건강검진을 받는다.

3-4. 인축공통감염병(인수공통감염병)

감염병 가운데 사람과 사람 이외의 척추동물 사이에서 동일한 병원체에 의해 발생하는
질병이나 감염 상태

가. 종류와 특징

- **탄저병** : 잠복기 1~4일, 소, 말, 돼지, 양 매개체
  조리하지 않은 수육을 섭취할 경우 급성패혈증, 수막염을 일으킨다.

- **브루셀라(파상열)** : 소, 돼지, 개, 닭, 산양, 말 매개체
  병에 걸린 동물의 유즙, 유제품으로 감염되고 사람에게는 열성 질
  환을 가져온다.

- **결핵** : 잠복기는 불분명, 소, 양 매개체
  동물의 유즙이나 유제품을 거쳐 감염된다.

- **야토병** : 산토끼나 설치류 매개체

- **돈닥독** : 돼지, 소, 말, 양, 닭 매개체

세균성 감염병으로 급성패혈증과 만성 병변을 일으킨다.

- **Q열** : 쥐, 소, 양, 염소 매개체

    발열과 함께 호흡기 증상

    합혈 곤충 박멸, 우유살균, 소의 감염 진단을 하여 예방한다.

- **리스테리아증** : 소, 닭, 양, 염소 매개체

    오염된 식육 유제품 등을 섭취하여 감염된다.

    소아 · 성인에게는 뇌수막염, 임산부에게는 자궁 내 패혈증을 일으킨다.

나. 예방 대책

- 우유의 멸균처리 철저, 병에 걸린 이환동물의 고기는 폐기한다.
- 가축에게 예방접종을 실시하고 축사를 소독하며 공항 등에서 검역한다.

3-5. 기생충

가. 기생충 종류

– 채소류를 통하여 감염되는 기생충

요충 : 직장 내에서 기생하는 성충이 항문 주위에 산란, 경구를 통해 침입한다.

회충 : 채소를 통한 경구감염, 인분을 비료로 사용하면 감염률이 높다.

구충(십이지장충) : 경구를 통해 감염되거나 경피(피부)를 통해 침입한다.

편충 : 맹장에 기생, 빈혈과 신경증, 설사증을 유발한다.

동양모양선충 : 위, 십이지장, 소장에 기생한다.

– 어패류를 통해 감염되는 기생충

간디스토마(간흡충) : 제1중간숙주(왜우렁이), 제2중간숙주(담수어)

폐디스토마(폐흡충) : 제1중간숙주(다슬기), 제2중간숙주(민물게, 가재)

광절열두조충 : 제1중간숙주(물벼룩), 제2중간숙주(연어, 숭어)

유극악구충 : 제1중간숙주(물벼룩), 제2중간숙주(가물치, 뱀장어)

– 육류를 통해 감염되는 기생충

유구조충 – 갈고리촌충, 돼지고기촌충(중간숙주) : 돼지고기를 생식하는 지역에서 주로 감염

무구조충 – 민촌충, 소고기촌충(중간숙주) : 소고기를 생식하는 지역에서 주로 감염

선모충 : 쥐, 돼지고기로부터 감염(썩은 고기를 먹는 동물에 의해 감염)

나. 예방 대책

– 육류 및 어패류는 가열 후 섭취한다.

– 조리기구를 살균 · 소독하여 사용한다.

– 외출 후 귀가하면 손을 닦고 개인위생관리를 철저히 한다.

– 채소류를 세척할 때 흐르는 물이나, 0.2~0.3% 농도의 중성세제에 세척한다.

3-6. 법정 감염병

가. 제1급 감염병(17종)

치명률이 높거나 집단 발생 우려가 커서 발생 또는 유행 즉시 신고하고 음압격리가 필요한 감염병

– 종류 : 에볼라바이러스, 마버그열, 라싸열, 크리미안콩고출혈열, 남아메리카출혈열, 리프트밸리열, 두창, 페스트, 탄저, 보툴리눔독소증, 야토병, 신종감염병증후군, 중증급성호흡기증후군(SARS), 중동호흡기증후군(MERS), 동물인플루엔자인체감염증, 신종인플루엔자, 디프테리아

나. 제2급 감염병(21종)

전파발생 또는 유행 시 24시간 이내에 신고하고 격리가 필요한 감염병

– 종류 : 결핵, 수두, 홍역, 콜레라, 장티푸스, 파라티푸스, 세균성이질, 장출혈성대장균감염증, A형간염, 백일해, 유행성이하선염, 풍진, 폴리오, 수막구균성수막염, B형헤모필루스인플루엔자, 폐렴구균, 한센병, 성홍열, 반코마이신내성황색포도알균(VRSA) 감염증, 카바페넴내성장내세균속균종(CRE) 감염증, E형간염

다. 제3급 감염병(26종)

발생 또는 유행 시 24시간 이내에 신고하고 발생을 계속 감시할 필요가 있는 감염병

– 종류 : 파상풍, B형간염, 일본뇌염, C형간염, 말라리아, 레지오넬라증, 비브리오패혈증, 발진티푸스, 발진열, 쓰쓰가무시증, 렙토스피라증, 브루셀라증, 공수병, 신증후군출혈열, 후천성면역결핍증(AIDS), 크로이츠펠트-야콥병(CJD) 및 변종크로이츠펠트-야콥병(vCJD), 황열, 뎅기열, 큐열, 웨스트나일열, 라임병, 진드기매개뇌염, 유비저, 치쿤구니야열, 중증열성혈소판감소증후군(SFTS), 지카바이러스 감염증

라. 제4급 감염병(23종)

제1급~제3급 감염병 외에 유행 여부를 조사하기 위해 표본감시 활동이 필요한 감염병

– 종류 : 인플루엔자, 매독(梅毒), 회충증, 편충증, 요충증, 간흡충증, 폐흡충증, 장흡충증, 수족구병, 임질, 클라미디아감염증, 연성하감, 성기단순포진, 첨규콘딜롬, 반코마이신내성장알균(VRE) 감염증, 메티실린내성황색포도알균(MRSA) 감염증, 다제내성녹농균(MRPA) 감염증, 다제내성아시네토박터바우마니균(MRAB) 감염증, 장관감염증, 급성호흡기감염증, 해외유입기생충감염증, 엔테로바이러스감염증, 사람유두종바이러스 감염증

4 식중독

병원성 세균, 바이러스, 기생충, 화학물질, 자연독 등에 오염된 음식물 섭취로 발생하는 질병

4-1. 세균성 식중독

가. 감염형 식중독

– 살모넬라

감염경로 : 파리, 쥐, 바퀴벌레에 의한 식품 오염

증상 : 복통, 구토, 설사, 발열

특징 : 살모넬라균은 열에 약해 저온(62~65℃)에서 30분 가열하여 살균하면 충분히 사멸한다.

– 장염 비브리오

감염경로 : 오염된 조리도구 사용

증상 : 복통, 구토, 설사, 발열

특징 : 어패류의 생식

– 병원성대장균

감염경로 : 보균자에 의한 식품 오염, 비위생적 식품 취급

증상 : 복통, 구토, 설사

특징 : 대장균 0-157 등으로 호기성 또는 통성 혐기성이며 분변오염의 지표

– 비저균

감염경로 : 비저균 감염에 의한 것으로 말, 노새, 당나귀 등의 감염병으로 동남아시아, 몽고, 파키스탄, 멕시코 등에서 발생하여 2차적으로 사람에게 가끔 발병하는 감염병이다.

나. 독소형 식중독

– 클로스트리듐 보툴리늄(보툴리누스균) : 신경독 뉴로톡신

감염경로 : 완전 가열 살균되지 않은 통조림, 햄, 소시지 등

증상 : 신경마비, 시력장애, 동공확대 등

특징 : 아포는 열에 강하여 100℃에서 6시간 가열해야 겨우 살균된다.

독소인 신경독 뉴로톡신은 열에 약하여 80℃에서 30분 정도 가열로 파괴되며, 치사율이 가장 높다.

– **포도상구균** : 엔테로톡신

　감염경로 : 식품 취급자 및 쥐의 분변에 의한 식품 오염

　증상 : 복통, 구토, 설사

　특징 : 잠복기가 가장 짧고 가장 많이 발생하며, 100℃에서 30분 가열해도 파괴되지
　　　　 않는다.

– **웰치균** : 엔테로톡신

　감염경로 : 식품 취급자, 쥐의 분변에 의한 식품 오염

　증상 : 설사, 복통

　특징 : 웰치균은 열에 강하여 100℃에서 4시간 가열해도 살아남는다.

– **그 외** : 클로스트리듐 디피실리균, 클로스트리듐 페르프린젠스균, 바실러스 세레우스균

4-2. 자연균에 의한 식중독

가. 동물성 식중독

복어 : 테트로도톡신

조개 : 베네루핀

섭조개 및 대하 : 삭시톡신

나. 식물성 식중독

독버섯 식중독 : 무스카린, 무스카리딘, 콜린, 팔린, 아마니타톡신 등

면실유(목화씨) : 고시풀

감자 : 솔라닌

기타 : 독미나리(시큐톡신), 청매(아미그달린), 독보리(테물린), 미치광이풀(히오시아민)

4-3. 화학적 식중독

가. 식품첨가물에 의한 식중독

착색료 : 아우라민, 로다민 B 등

표백제 : 롱가리트, 삼염화질소, 형광표백제 등

감미료 : 사이클라메이트, 에틸렌글리콜, 둘신, 페릴라르틴 등

방부제 : 포름알데히드, 붕산, 불소화합물, 페놀, 승홍 등

나. 유해물질에 의한 식중독

납(Pb) – 도료, 안료, 농약, 수도관의 납관 등에서 오염되어 발생

수은(Hg) – 미나마타병의 원인 물질이며, 수은에 오염된 해산물 섭취로 발생

카드뮴(Cd) – 폐광석에서 버린 카드뮴이 체내에 축적되어 이타이이타이병 발생

구리(Cu) – 식기, 기구들에 생긴 녹청에 의해 오염되어 식중독 발생

아연(Zn) – 기구의 합금, 도금 재료로 쓰이며 산성 식품에 의해 아연염이 발생

비소(As) – 농약 및 불순물이 식품에 혼입되어 발생

4-4. 식중독 발생 시 대책

환자 식중독이 확인되면 즉시 행정기관(관할 보건소장)에 즉각 식중독 발생신고를 보고한다. 원인 식품을 수거하여 검사기간에 보내고 원인 식품과 감염경로를 파악하여 국민에게 알리며, 예방 대책을 수립한다.

5 식품첨가물

식품첨가물의 규격과 사용기준은 식품의약품안전처장이 정하고, 식품첨가물 공전은 식품의약품안전처장이 작성한다.

5-1. 식품첨가물 목적 및 조건

가. 식품첨가물 목적

식품의 품질과 영양의 가치를 높이기 위해

식품의 변질과 변패를 방지하고, 보존성과 기호성을 향상하기 위해

식품의 향과 풍미를 좋게 하고 품질을 개량하기 위해

나. 식품첨가물 조건

사용법이 편리하면서 소량으로 식품미생물에 효과가 있어야 한다.

자연적인 외부 요인에 영양을 받지 않아야 한다.

무미, 무취, 무색이며 식품에 화학반응이 없어야 한다.

– **LD₅₀** : Lethal Dose 50%로 약물 독성 치사량의 단위이다.

– 반수 치사량을 측정하는 것으로 LD값과 독성은 반비례한다.

– **LD₅₀은 식품첨가물의 안정성을 평가하는 방법** : 일정 조건하에서 검체를 한 번 투여하였을 때 반수의 동물이 죽는 양을 말한다.

5-2. 식품위생의 대상 범위

식품, 식품첨가물, 기구, 용기, 포장을 대상 범위로 하며 모든 음식물을 대상으로 한다.

5-3. 식품첨가물 종류 및 특징

가. 방부제(보존료)

미생물의 번식에 의한 식품의 변질을 막기 위해 사용한다.

안식향산 – 간장, 청량음료

프로피온산칼슘, 프로피온산나트륨 – 빵류, 과자류

소르브산 – 어육가공품, 장류, 절임식품, 치즈

나. 이형제

반죽이 빵틀에 붙지 않고 쉽게 분리하기 위해 사용 – 유동파라핀

다. 밀가루개량제

밀가루표백과 숙성, 품질을 향상하기 위해 사용한다.

– 과황산암모늄, 브롬산칼륨, 과산화벤조일, 이산화염소

라. 착향료

식욕을 도와주고 발색을 촉진하기 위해 사용한다. – 벤질알코올, 계피알데히드, 바닐린

마. 착색료

식욕을 촉진하는 색, 상품의 가치 및 소비자의 선택을 받기 위해 사용한다.

– 캐러멜, β–카로틴 등

바. 조미료

L–글루타민산나트륨, 호박산, 구연산

감미료 : 설탕보다 저렴하다. D–소르비톨, 사카린나트륨, 아스파탐, 스테비오사이드 등

사. 발색제

식품의 발색을 촉진하기 위해 사용한다. – 질산나트륨, 질산칼륨, 아질산나트륨 등

아. 표백제

착색 저하를 막고 색의 조화를 이루기 위해 사용한다.

– 과산화수소, 무수아황산나트륨, 아황산나트륨

자. 팽창제

반죽에 가스를 만들어 부피, 크기, 부드러움을 개선한다.

– 명반, 소반, 탄산수소암모늄 등

차. 유화제

물과 기름이 분리되지 않고 유화한다.

– 글리세린, 레시틴, 모노디글리세라이드, 대두 인지질, 에스테르, 에스에스엘(SSL) 등

카. 호료

유화안정성, 점착성을 주기 위해 사용한다.

– 농후제, 유화제, 피복제, 카세인, 메틸셀룰로스 등

타. 산화방지제(항산화제)

식품의 산패, 변패에 의한 변색을 방지하기 위해 사용한다.

– BHT, BHA, 비타민 E(토코페롤), 프로필갈레이드, 에르소브르산 등

파. 살균제

식품미생물 및 병원균을 사멸하기 위해 사용한다. – 표백제, 치아염소나트륨 등

하. 소포제

식품제조에서 거품을 제거하기 위해 사용한다. – 규소수지 1종

거. 강화제

식품의 영양을 강화하기 위해 사용한다. – 비타민류, 무기염류, 아미노산류 등

너. 사용이 금지된 유해첨가물

유해착색료 : 아우라민, 로다민 B

유해방부제 : 붕산, 불소화합물, 승홍, 포름알데히드

유해표백제 : 론갈리트, 삼염화질소, 과산화수소

유해감미료 : 에틸렌글리콜(자동차 부동액), 페닐라틴(설탕의 2,000배로 염증유발),
사이클라메이트(설탕의 40~50배로 암유발), 둘신(설탕의 250배 감미),
니트로톨루이딘(설탕의 200배)

6 살균과 소독

가. 살균

미생물에 물리 화학적인 자극을 주어 단시간 내에 병원성 미생물뿐 아니라 모든 미생물을 사멸시켜 무균 상태가 되는 것이다.

나. 소독

물리 화학적인 방법으로 병원균만을 사멸시키며, 병원성 미생물을 약화하여 감염원을 저지하는 것이다.

1) 소독제의 조건

안정성이 높고 유해가 없어야 한다. 독성이 약하고 미량으로도 살균력이 강하며 사용법

이 쉽고 간단해야 한다.

2) 화학적 소독제

- 과산화수소 – 3% 수용액을 피부 상처에 사용한다.

- 염소 – 수돗물 소독 및 락스 제조에 사용한다.

- 알코올 – 70% 수용액을 조리기구 및 손소독에 사용한다.

- 역성비누 – 무독성으로 살균력이 강하여 용기 및 작업자의 손소독에 사용한다.

  (200~400배 희석, 손은 5~10%, 기구는 1%)

- 석탄산(페놀) – 3~5% 수용액을 오물, 손, 기구 소독에 사용한다.

  순수하고 안정적이어서 살균력 표시의 기준으로 사용한다.

- 크레졸(비누액) – 50% 비누액에 1~3% 수용액을 섞어서 사용한다.

  오물 및 손소독과 기구 소독에 사용한다.

- 포름알데히드(포르말린) – 오물소독, 손소독(30~40% 수용액) 등에 사용한다.

- 치아염소산나트륨 – 가열이 불가능한 식품 조리기구 및 설비 소독에 사용한다.

3) 물리적 소독 살균법

- 가열살균

  저온 장시간(LTLT) : 60~65℃에서 30분간 살균하는 방법

  고온 단시간(HTST) : 70~75℃에서 15초간 살균하는 방법

  초고온 순간(UHT) : 130~135℃에서 2초간 살균하는 방법

- 열탕살균 – 끓는 물에 10~30분간 식기나 행주를 넣어 가열하는 방법

- 방사선 살균 – 식품에 코발트 60의 방사능을 쏘아 균을 죽이는 방법

- 자외선 살균 – 햇빛 또는 자외선 살균 등을 이용하여 살균하는 방법

  표면 투과성이 없어 조리실에서는 물이나 공기ㆍ용액의 살균, 도마ㆍ조리기구의 표면 살균에만 이용한다.

- 고압증기멸균법 – 용기 내의 물을 가열하여 100℃ 이상 고압상태의 높은 멸균력을 이용하는 방법으로 세균과 포자 모두 사멸시킨다.

❼ HACCP 정의

- HACCP은 위해요소 분석(hazard analysis)과 중요관리점(critical control point)의 영문 약자로서 해썹 또는 안전관리인증기준이라 한다.
- 식품 및 축산물의 원료관리 및 제조·가공·조리·유통의 모든 과정에서 위해한 물질이 오염되는 것을 방지하기 위하여 위해요소를 확인·평가하여 중점적으로 관리하는 관리제도

7-1. HACCP 구성요소

가. HACCP관리계획(HACCP PLAN)

생산 공정에 대해 직접적이고 치명적인 위해요소 분석과 집중관리가 필요한 중요관리점 결정, 한계기준 설정, 모니터링 방법 설정, 개선조치 설정, 검증방법 설정, 기록유지 및 문서관리 등에 관한 관리계획이다.

나. 표준위생관리기준(SSOP)

일반적인 위생관리 운영기준, 영업자 관리, 종업원 관리, 보관 및 운송관리, 검사관리, 회수관리 등의 운영절차이다.

다. 우수제조기준(GMP)

위생적인 식품 생산을 위한 시설, 설비요건 및 기준, 건물위치, 시설과 설비구조, 재질요건 등에 관한 기준이다.

7-2. HACCP 준비 5단계

가. 1단계 – HACCP팀을 구성하여 관리 계획을 준비한다.
나. 2단계 – 취급하는 제품들의 원료, 공정, 제조, 유통방법 등 전반적인 내용을 작성한다.
다. 3단계 – 사용제품의 소비자 및 제품 의도를 파악하여 제품사용의 용도를 파악한다.
라. 4단계 – 원료 입고 및 출하의 과정의 흐름도 및 평면도를 작성한다.
마. 5단계 – 4단계에서 작성한 내용이 현장과 일치하는지 확인한다.

7-3. HACCP 7원칙

가. 위해요소 분석과 위해 평가

나. CCP(중요관리점) 결정

다. CCP(중요관리점) 한계 기준점 설정

라. CCP(중요관리점) 모니터링 설정

마. 개선조치 설정

바. 검증방법 수립

식품위생학 **기출문제**

식품위생법은 식품영양의 질적향상을 도모하고, 국민보건의 향상 및 증진에 기여하며 식품으로 인한 위해를 방지한다.

01 **식품위생법의 목적과 가장 거리가 먼 것은?**

가. 식품영양의 질적향상 도모

나. 감염병에 관한 예방 관리

다. 국민보건 증진에 기여

라. 식품으로 인한 위생상의 위해 방지

식품 관련 행정 업무는 식품의약품안전처에서 진행한다.

02 **식품위생 행정을 과학적으로 뒷받침하는 중앙기구로 시험, 연구업무를 수행하는 기관은?**

가. 시 · 도 위생과   나. 국립의료원

다. 식품의약품안전처   라. 경찰청

변질에 관여하는 요인은 온도, 수분, 산소, PH, 영양소, 삼투압이다.

03 **식품의 변질에 관여하는 요인이 아닌 것은?**

가. 압력   나. 온도

다. 수분   라. 산소

대장균은 분변오염지표균이다.

04 **다음 중 미생물의 종류가 아닌 것은?**

가. 세균류   나. 곰팡이

다. 대장균   라. 효모

정답 01 나 02 다 03 가 04 다

05 단백질이 주성분으로 인체에 유해한 물질을 생성하는
현상은 무엇인가?

가. 부패 나. 산패

다. 발효 다. 변패

해설 05
부패는 단백질이 주성분으로 변질
되는 현상이다.

06 부패 미생물이 번식할 수 있는 수분활성도(Aw)의 순
서가 맞는 것은?

가. 세균 > 곰팡이 > 효모

나. 세균 > 효모 > 곰팡이

다. 효모 > 세균 > 곰팡이

라. 효모 > 곰팡이 > 세균

해설 06
수분활성도 크기
세균 0.95 > 효모 0.87 > 곰팡이
0.80

07 미생물 없이 발생되는 식품의 변화는 무엇인가?

가. 발효 나. 산패

다. 부패 라. 변패

해설 07
유지가 첨가된 식품의 지방이 산화
하여 냄새, 맛, 색 등이 변하는 현상
이다.

08 식중독 발생 시 즉시 취해야 할 행정적 조치는?

가. 식중독 발생신고

나. 원인식품의 폐기처분

다. 연막소독

라. 역학 조사

해설 08
식중독 발생 시 식중독 발생신고를
먼저 한다.

정답 05 가 06 나 07 나 08 가

09 살모넬라 식중독의 원인식품과 가장 거리가 먼 것은?

　　가. 육류 및 육가공품

　　나. 우유 및 유가공품

　　다. 통조림 및 병조림

　　라. 어패류 및 어육연제품

10 보툴리누스균에서 나타나는 주요증상 및 증후가 아닌 것은?

　　가. 구토 및 설사　　　　나. 호흡곤란

　　다. 출혈　　　　　　　　라. 시력장애

11 빵류, 과자류에 사용이 허가된 보존료는?

　　가. 탄산수소나트륨

　　나. 포름알데히드

　　다. 탄산암모늄

　　라. 프로피온산칼슘

12 미생물의 번식에 의한 식품의 변질을 막기 위한 목적으로 첨가하는 것은?

　　가. 감미료　　　　　　　나. 보존료

　　다. 조미료　　　　　　　다. 산미료

13 유해감미료에 속하는 것은 무엇인가?

　　가. 둘신　　　　　　　　나. D－소르비톨

　　다. 사카린나트륨　　　　라. 아스파탐

정답　09 다　10 다　11 라　12 나　13 가

14 병원체가 바이러스인 질병은 무엇인가?

　가. 소아마비　　　　　나. 결핵

　다. 콜레라　　　　　　라. 성홍열

해설 14
바이러스성 전염병에는 소아마비, 감염성설사증, 유행성간염, 천열, 홍역이 있다.

15 세균성 경구감염병에 해당하지 않는 것은?

　가. 장티푸스　　　　　나. 디프테리아

　다. 세균성이질　　　　라. 발진티푸스

해설 15
세균성 경구감염병(장티푸스, 디프테리아, 세균성이질, 콜레라, 파라티푸스)

16 동물의 유즙, 유제품이나 식육을 거쳐 감염되며 사람에게 열성질환을 가져올 수 있는 인수공통전염병은?

　가. 탄저병　　　　　　나. 파상열

　다. 결핵　　　　　　　라. 야토병

해설 16
파상열 브루셀라증이라고도 하며 소, 돼지, 개, 닭, 산양, 말을 통해 전염된다.

17 폐디스토마 제1중간숙주는?

　가. 쇠고기　　　　　　나. 배추

　다. 다슬기　　　　　　라. 붕어

해설 17
폐디스토마 감염경로는 유충에서 제1중간숙주는 다슬기이며 제2중간숙주는 민물게, 가재이다. 그 이후 사람의 생식으로 경구감염된다.

18 소독의 정의로 맞는 것은?

　가. 물리적 화학적 방법으로 병원균만을 사멸시키는 것이다.

　나. 병원성 미생물을 사멸시켜 무균상태가 되는 것이다.

　다. 오염물질을 없애는 것이다.

　라. 모든 생물을 사멸시키는 것이다.

해설 18
소독이란 물리 화학적인 방법으로 병원균만을 사멸시키며, 병원성 미생물을 약화하여 감염원을 저지하는 것이다.

정답　14 가　15 라　16 나　17 다　18 가

해설 19

석탄산(페놀)은 3~5% 수용액을 오물, 손, 기구 소독에 사용한다. 순수하고 안정적이어서 살균력 표시의 기준으로 사용된다.

해설 20

가열살균 중 저온 장시간에 해당한다.

해설 21

HACCP 정의
– 식품 및 축산물의 원료관리 및 제조·가공·조리·유통의 모든 과정에서 위해한 물질이 오염되는 것을 방지하기 위하여 위해요소를 확인·평가하여 중점적으로 관리하는 관리제도
– 위해요소 분석과 중요관리점의 영문 약자로서 해썹 또는 안전관리인증기준이라 한다.

해설 22

2단계는 중요관리점의 결정이다.

19 **소독약의 살균력 표시의 기준으로 사용되는 것은?**

가. 승홍

나. 크레졸

다. 석탄산

라. 에틸알코올

20 **물리적 소독 살균법에서 60~65℃에서 30분간 살균하는 방식은 어떠한 살균법에 해당하는가?**

가. 가열살균

나. 열탕살균

다. 자외선살균

라. 방사선 살균

21 **다음 중 HACCP의 정의를 맞지 않게 설명한 것은?**

가. 위생적인 식품생산을 위한 시설, 설비요건 및 기준, 건물위치 등에 관한 기준이다.

나. 제조, 가공, 조리, 유통의 모든 과정에서 위해한 물질이 오염되는 것을 방지하기 위한 것이다.

다. 위해요소를 확인 평가하여 중점적으로 관리하는 관리제도

라. 위해요소 분석과 중요관리점의 약자로 해썹 또는 안전관리인증기준이라고 한다.

22 **HACCP의 7가지 원칙 중 설명이 다른 것은?**

가. 1단계 – 위해분석

나. 2단계 – 중요관리점 확인

다. 3단계 – 한계기준의 설정

라. 4단계 – 모니터링 설정

정답 19 다 20 가 21 가 22 나

23 다음 중 조절 영양소는?

　　가. 탄수화물, 지방

　　나. 무기질, 비타민

　　다. 단백질, 지방

　　라. 탄수화물, 비타민

24 다음 중 일반적인 조리가열로는 예방이 가장 어려운 식중독균은?

　　가. 병원성대장균

　　나. 장염비브리오균

　　다. 황색포도상구균

　　라. 살모넬라균

25 미생물에 따라 번식 및 발육온도가 다른데 저온균이 성장하는 최적온도는?

　　가. 대사과정 중 비타민 B군의 부족

　　나. 변질된 유당의 섭취

　　다. 우유 섭취량의 절대적인 부족

　　라. 소화액 중 락타아제의 결여

해설 23

HACCP팀 구성은 HACCP준비 5단계 중 1단계에 해당한다.

해설 24

황색포도상 구균은 끓여도 사멸되지 않는 균이다.

해설 25

저온균 0~25℃(최적온도 10~20℃)
중온균 15~55℃(최적온도 25~37℃)
고온균 40~70℃(최적온도 50~60℃)

정답　23 나　24 다　25 나

제과제빵 **최종 기출문제 요약**

해설 01

펙틴은 세포벽 또는 세포 사이의 중층에 존재하며 과실류, 감귤류의 껍질에 많이 함유되어 있다. 셀룰로스, 전분, 글리코겐(glycogen)은 포도당의 결합체이다.

해설 02

스펀지케이크 : 계란과 설탕을 이용하여 거품을 낸 케이크로 거품형에 속한다.

해설 03

간흡충(간디스토마)의 제1중간숙주는 다슬기, 제2중간숙주는 민물게, 가재이다.

01 다당류 중 포도당으로만 구성되어 있는 탄수화물이 아닌 것은?

  가. 펙틴 나. 셀룰로스
  다. 전분 라. 글리코겐

02 다음 반죽형 제품이 아닌 것은?

  가. 파운드케이크 나. 스펀지케이크
  다. 레이어케이크 라. 1단계법

03 다음 중 기생충과 숙주와의 연결이 틀린 것은?

  가. 유구조충(갈고리촌충) – 돼지
  나. 아니사키스 – 해산어류
  다. 간흡충 – 소
  라. 폐디스토마 – 다슬기

정답 01 가 02 나 03 다

04 다음 중 2차 발효시간이 제품에 미치는 영향으로 보기 어려운 것은?

가. 2차 발효시간은 통상 60분이 최적이다.

나. 반죽의 발효상태보다는 시간을 정확히 지키는 것이 좋다.

다. 빵의 종류나 제빵법에 따라 2차 발효시간이 다를 수 있다.

라. 이스트의 양, 성형방법에 따라 2차 발효시간에 차이가 있다.

05 블렌딩법으로 제조하는 레이어케이크의 제조방법 중 틀린 것은?

가. 차가운 유지를 준비한다.

나. 유지와 밀가루를 잘게 쪼개어 피복시킨다.

다. 설탕 같은 건조재료를 투입한다.

라. 계란을 넣고 공기를 혼입한다.

06 제품에 따른 2차 발효 공정의 온도와 습도를 알맞게 짝지은 것은?

가. 식빵류, 단과자류 : 38~40℃, 85~90%

나. 하스브레드류 : 32℃, 85~90%

다. 도넛 : 32℃, 90~95%

라. 데니시 페이스트리, 브리오슈 : 38~40℃, 75~80%

해설 04

발효는 여러 가지의 영향을 주는 요소가 많으므로 획일적인 시간보다는 반죽의 발효 상태로 판단하는 것이 좋다.

해설 05

블렌딩법은 부드러운 제품을 얻고자 할 때 사용하는 방법으로 공기를 혼입하지 않는다.

해설 06

하스브레드류 : 32℃, 75~80%
도넛 : 32℃, 65~75%
데니시 페이스트리, 브리오슈 : 27~32℃, 75~80%

정답 04 나 05 라 06 가

07 **전분에 대한 설명 중 옳은 것은?**

　가. 식물의 전분을 현미경으로 본 구조는 모두 동일하다.

　나. 전분은 호화된 상태의 소화 흡수나 호화가 안 된 상태의 소화 흡수나 차이가 없다.

　다. 전분은 아밀라아제(Amylase)에 의해 분해되기 시작한다.

　라. 전분은 물이 없는 상태에서도 호화가 일어난다.

08 **감염병 및 질병 발생의 3대 요소가 아닌 것은?**

　가. 병인(병원체)　　　　　나. 환경

　다. 숙주(인간)　　　　　　라. 항생제

09 **2차 발효가 부족한 일명 '어린 반죽'에 대한 설명 중 알맞지 않는 것은?**

　가. 속결은 조밀하고 조직은 가지런하지가 않다.

　나. 껍질에 균열이 일어나기가 쉽다.

　다. 글루텐의 신장성이 지나쳐 부피가 크다.

　라. 껍질의 색이 진하고 붉은색이 돈다.

10 **질병에 대한 저항력을 지닌 항체를 만드는 데 꼭 필요한 영양소는?**

　가. 탄수화물　　　　　　나. 지방

　다. 칼슘　　　　　　　　라. 단백질

정답 07 다　08 라　09 다　10 라

11 파운드케이크의 알맞은 반죽비중은?

　가. 0.95　　　　　　　　나. 0.45 ~ 0.55

　다. 0.5　　　　　　　　　라. 0.85

12 복어 중독을 일으키는 성분은?

　가. 테트로도톡신　　　　나. 솔라닌

　다. 무스카린　　　　　　라. 아코니틴

13 제빵의 굽기 공정에 대한 설명으로 알맞지 않는 것은?

　가. 제빵공정에서 최종적인 가치를 결정하는 가장 중요한 단계이다.

　나. 굽기 중 여러 가지 새로운 물질들이 형성된다.

　다. 빵의 윗면은 전도열, 밑면은 복사열에 의해 굽기가 일어난다.

　라. 바람직한 껍질색과 풍미가 있게 한다.

14 건조된 아몬드 100g에 탄수화물 16g, 단백질 18g, 지방 54g, 무기질 3g, 수분 6g, 기타 성분 등이 함유되어 있다면 이 아몬드 100g의 열량은?

　가. 약 200kcal　　　　　나. 약 364kcal

　다. 약 622kcal　　　　　라. 약 751kcal

해설 11

파운드케이크 0.85
레이어케이크 0.75
스펀지케이크 0.5
엔젤푸드케이크 0.4
젤리롤케이크 0.45~0.55

해설 12

동물성 식중독 중 복어의 독소는 테트로도톡신이다.

해설 13

굽기 방식에는 복사, 대류, 전도가 있다.
– 오븐에서 굽기 방식
복사 : 빵의 윗면, 대류:빵의 옆면, 전도 : 빵의 밑면에 관여한다.

해설 14

탄수화물 16g×4kcal＝64kcal
단백질 18g×4kcal＝72kcal
지방 54g×9kcal＝486kcal
64＋72＝486＝622kcal

정답　11 라　12 가　13 다　14 다

해설 15
머랭법은 흰자와 설탕을 가지고 거품을 낸 것이다.

15 거품형 케이크의 반죽 제조법에 대한 설명으로 틀린 것은?

가. 더운 믹싱법은 계란과 설탕을 43℃로 중탕하여 사용한다.

나. 찬 믹싱법은 계란과 설탕을 넣고 거품을 낸다.

다. 별립법은 흰자와 노른자를 분리하여 각각 거품을 낸다.

라. 머랭법은 계란과 설탕을 넣고 거품을 낸다.

해설 16
올리고당은 1개의 포도당에 2~4개의 과당이 결합된 3~5당류로서 감미도는 설탕의 30% 정도이고, 장내 유익균인 비피더스균의 증식인자이다.

16 다음 중 단당류가 아닌 것은?

가. 갈락토오스　　　　나. 포도당

다. 과당　　　　　　　라. 올리고당

해설 17
카드뮴(Cd) – 도금, 플라스틱의 안정제로 쓰이며 폐광석에서 버린 카드뮴이 체내에 축적되어 이타이이타이병 발생

17 중금속이 일으키는 식중독 증상으로 틀린 것은?

가. 수은 – 지각 이상, 언어 장애 등 중추 신경 장애 증상(미나마타병)을 일으킨다.

나. 카드뮴 – 구토, 복통, 설사를 유발하고 임산부에게 유산, 조산을 일으킨다.

다. 납 – 빈혈, 구토, 피로, 소화기 및 시력 장애, 급성 시 사지 마비 등을 일으킨다.

라. 비소 – 위장 장애, 설사 등의 급성중독과 피부 이상 및 신경 장애 등의 만성중독을 일으킨다.

정답　15 라　16 라　17 나

18 다음 중 구성물질의 연결이 잘못된 것은?

　가. 전분–포도당

　나. 지방–글리세린＋지방산

　다. 아밀로오스–과당

　라. 단백질–아미노산

해설 18
아밀로오스는 다수의 포도당이 α
－1, 4－글라이코사이드 결합에
의해 직선상으로 연결

19 다음 중 굽기 공정에서 일어나는 반죽의 변화로 볼 수 없는 것은?

　가. 오븐팽창은 반죽온도가 49℃에 도달했을 때 발생한다.

　나. 오븐 라이즈 : 반죽의 내부온도가 아직 60℃에 이르지 않은 상태이다.

　다. 반죽온도가 74℃가 넘으면 단백질이 굳기 시작한다.

　라. 굽기 공정 중 전분 입자는 43℃에서 호화되기 시작한다.

해설 19
전분의 호화 : 굽기과정 중 전분입
자는 54~60℃에서 호화되기 시작
한다. 전분입자는 70℃ 전후에 이
르면 유동성이 급격히 떨어지며 호
화가 완료된다.

20 병원체가 음식물, 손, 식기, 완구, 곤충 등을 통하여 입으로 침입하여 감염을 일으키는 것 중 바이러스가 아닌 것은?

　가. 유행성간염　　　　나. 콜레라

　다. 홍역　　　　　　　라. 폴리오

해설 20
유행성간염, 감염성설사증, 폴리오
(급성회백수염, 소아마비), 천열,
홍역

정답 18 다　19 라　20 나

21 물과 기름처럼 서로 혼합이 잘 되지 않는 두 종류의 액체 또는 고체를 액체에 분산시키기 위해 사용하는 것은?

　가. 착향료　　　　　　나. 표백제
　다. 유화제　　　　　　라. 강화제

22 다음 중 단일 불포화지방산은?

　가. 팔미트산　　　　　나. 리놀렌산
　다. 아라키돈산　　　　라. 올레산

23 젤리롤케이크의 알맞은 반죽비중은?

　가. 0.85　　　　　　　나. 0.45~0.55
　다. 0.5　　　　　　　 라. 0.75~0.85

24 다음 중 전분의 구조가 100% 아밀로펙틴으로 이루어진 것은 무엇인가?

　가. 콩　　　　　　　　나. 찰옥수수
　다. 보리　　　　　　　라. 멥쌀

25 포자형성균의 멸균에 가장 적절한 것은?

　가. 자비소독　　　　　나. 염소액
　다. 역성비누　　　　　라. 고압증기

정답　21 다　22 라　23 나　24 나　25 라

26 파운드케이크 제조 시 반죽의 비중을 측정할 때 필요 없는 것은?

    가. 버터   나. 물

    다. 저울   라. 비중컵

27 제1급 법정감염병이 아닌 것은?

    가. 탄저병

    나. 신종인플루엔자

    다. 야토병

    라. B형간염

28 유지의 물리적 특성 중 쇼트닝에 대한 설명으로 맞지 않는 것은?

    가. 라드(돼지기름)의 대용품으로 개발된 제품이다.

    나. 비스킷, 쿠키 등을 제조할 때 제품이 잘 부서지도록 하는 성질을 지닌다.

    다. 유화제 사용으로 공기 혼합 능력이 작다.

    라. 케이크 반죽의 유동성 및 저장성 등을 개선한다.

해설 26

반죽의 비중

$$\frac{(반죽무게+컵\ 무게) - 컵\ 무게}{(물\ 무게+컵\ 무게) - 컵\ 무게}$$

해설 27

B형간염은 제3급에 해당한다.

해설 28

유화 쇼트닝은 쇼트닝에 유화제를 6~8% 첨가하여 쇼트닝의 기능(유동성)을 높인 제품으로 노화지연, 크림성 증가, 유화분산성 및 흡수성을 증대시킨다.

정답 26 가 27 라 28 다

해설 29

메일라드 반응 : 당류에서 분해된 환원당과 단백질류에서 분해된 아미노산이 결합하여 껍질이 연한 갈색으로 변하는 반응이다.

해설 30

체 치는 목적 : 2가지 이상의 가루류를 분산시킨다.
덩어리와 이물질을 제거할 수 있다.
공기를 혼입시킨다.

해설 31

수은(Hg) – 미나마타병의 원인 물질이며, 수은에 오염된 해산물 섭취로 발생한다.

해설 32

산화방지제(항산화요소)
• 천연 항산화제 = 비타민 E, 세시몰(참깨, 참기름)
• 화학적 항산화제 = BHT, BHA, 몰식자산프로필
• 상승제(항산화작용 도움) = 비타민 C, 구연산, 주석산 등

29 빵의 껍질이 진하게 갈색으로 나타나는 현상인 갈변화 과정에 대한 설명으로 보기 어려운 것은?

가. 캐러멜 반응은 당류가 160~180℃의 높은 온도에 의해 일어난다.

나. 메일라드 반응은 당류에서 분해된 아미노산과 단백질류에서 분해된 환원당이 결합하며 일어난다.

다. 메일라드 반응은 130℃ 낮은 온도에서 일어난다.

라. 빵의 갈변화 과정은 캐러멜 반응과 메일라드 반응으로 일어난다.

30 다음 중 체 치는 목적이 아닌 것은?

가. 2가지 이상의 가루류를 분산시킨다.

나. 공기를 혼입시킨다.

다. 향미를 부여한다.

라. 덩어리와 이물질을 제거할 수 있다.

31 미나마타병의 원인이 되는 물질은?

가. Cd

나. Hg

다. Ag

라. Cu

32 산화방지제로 쓰이는 물질이 아닌 것은?

가. 중조

나. BHT

다. BHA

라. 세사몰

정답 29 나 30 다 31 나 32 가

33 빵의 굽기 공정에서 생기는 물리적 반응에 대한 설명이 아닌 것은?

가. 반죽 표면에 두꺼운 막을 형성한다.

나. 반죽 안의 물에 용해되어 있던 가스가 유리되어 기화한다.

다. 반죽에 포함된 알코올의 휘발과 탄산가스의 열팽창이 일어난다.

라. 반죽에 포함된 수분이 증기압을 일으킨다.

34 노인의 경우 필수 지방산의 흡수를 위해 섭취하면 좋은 기름은?

가. 콩기름　　　　　나. 닭기름

다. 돼지기름　　　　라. 소기름

35 다음 중 유지의 경화 공정과 관계가 없는 물질은?

가. 불포화지방산　　나. 수소

다. 콜레스테롤　　　라. 촉매제

36 반죽형 반죽 중 반죽온도가 낮을 때 나타나는 과정 및 결과가 아닌 것은?

가. 기포가 충분하지 않다.

나. 설탕의 용해가 높아진다.

다. 부피가 작은 케이크가 된다.

라. 겉껍질색이 어두워진다.

해설 33
물리적 반응 : 반죽 표면에 얇은 막을 형성한다.

해설 34
필수 지방산인 리놀레산, 리놀렌산, 아라키돈산은 불포화도가 높은 식물성 기름에 많이 함유되어 있다. 기능으로 세포막의 구조적 성분이고 혈청 콜레스테롤을 감소시킨다. 뇌와 신경조직, 시각기능을 유지시킨다.

해설 35
유지의 경화란 지방산의 2중결합(불포화지방산)에 수소를 첨가하여 지방이 고체가 되는 현상이며 불포화도를 감소시키고 포화도가 높아지며 융점이 높고 단단해지는 것을 뜻한다. 촉매제로 니켈과 백금이 있다.

해설 36
설탕의 용해가 높아지는 것은 온도가 높을 때 나타나는 현상이다.

[정답] 33 가　34 가　35 다　36 나

37 다음 중 인수공통감염병이 아닌 것은?

가. 탄저병   나. 장티푸스

다. 결핵   라. 야토병

38 발연점을 고려했을 때 튀김기름으로 가장 좋은 것은?

가. 낙화생유   나. 올리브유

다. 라드   라. 면실유

39 거품형 반죽 중 반죽온도가 높을 때 나타나는 과정 및 결과가 아닌 것은?

가. 굽는 시간이 늘어난다.

나. 기포성이 올라가 공기혼입량이 많아진다.

다. 조직이 거칠고 부피가 크다.

라. 노화가 빠르다.

40 '태양광선 비타민'이라고도 불리며 자외선에 의해 체내에서 합성되는 비타민은?

가. 비타민 A   나. 비타민 B

다. 비타민 C   라. 비타민 D

41 HACCP의 7가지 원칙 중 설명이 다른 것은?

가. 1단계 – 위해분석

나. 2단계 – 개선조치 설정

다. 3단계 – 한계기준의 설정

라. 4단계 – 모니터링의 설정

정답 37 나 38 라 39 가 40 라 41 나

42 포화지방산과 불포화지방산에 대한 설명 중 옳은 것은?

가. 포화지방산은 이중결합을 함유하고 있다.

나. 포화지방산은 할로겐이나 수소첨가에 따라 불포화될 수 있다.

다. 코코넛 기름에는 불포화지방산이 더 높은 비율로 들어있다.

라. 식물성 유지에는 불포화지방산이 더 높은 비율로 들어있다.

43 다음 중 굽기 공정에서 과도하게 높은 오븐 온도로 인하여 발생하는 제품의 모습은?

가. 오버베이킹이 되기 쉽다.

나. 빵의 부피가 크고 굽기손실도 크다

다. 옆면이 약하고 겉면이 부드럽다.

라. 껍질이 급격히 형성되며 껍질색이 진하다.

44 다음 중 얼음 사용량을 구할 때 필요한 항목이 아닌 것은?

가. 수돗물 온도   나. 밀가루 온도

다. 사용수 온도   라. 물 사용량

45 굽기 공정에서 과도하게 낮은 오븐 온도로 인하여 나타나는 현상은?

가. 구운 색이 진하고 광택이 부족하다.

나. 빵의 부피가 크고 굽기손실 비율도 높다.

다. 껍질이 얇고 퍼석한 식감이 난다.

라. 풍미는 깊어진다.

해설 42
포화지방산은 단일결합만으로 이루어져 있으며, 불포화지방산에 수소첨가로 포화될 수 있고 코코넛 기름은 포화지방산이 더 높은 비율로 들어 있다.

해설 43
굽기 공정에서 과도한 오븐 온도로 인하여 발생하는 현상
- 언더베이킹이 되기 쉽다.
- 빵의 부피가 작고 굽기 손실도 작다.
- 옆면이 약하고 겉면이 거칠다.
- 껍질이 급격히 형성되며 껍질색이 진하다.

해설 44
얼음 사용량 =
$$\frac{물\ 사용량(g) \times (수돗물\ 온도 - 사용수\ 온도)}{80 + 수돗물\ 온도}$$

해설 45
굽기 공정에서 과도하게 낮은 오븐 온도일 때 : 빵의 부피가 크고 굽기 손실 비율도 크다.
구운 색이 엷고 광택이 부족하다.
껍질이 두껍고 퍼석한 식감이 난다.
풍미도 떨어진다.

정답 42 라 43 라 44 나 45 나

해설 46

글리세린의 빵, 과자에서의 특성은 보습성, 안정성, 용매작용(향미제)이며 감미도는 설탕의 0.6배이다.

해설 47

프로피온산칼슘, 프로피온산나트륨 – 빵류, 과자류에 사용되는 보존료 (방부제)

해설 48

반죽비중이 높을 때 나타나는 현상 : 부피가 작다. 기공이 조밀하여 무거운 조직이 된다.

해설 49

인수공통감염병은 사람과 척추동물 사이에서 발생하는 질병 또는 감염상태를 말한다.

46 유지의 분해산물인 글리세린에 대한 설명으로 틀린 것은?

가. 자당보다 감미가 크다.

나. 향미제의 용매로 식품의 색과 광택을 좋게 하는 독성이 없는 극소수 용매 중의 하나이다.

다. 보습성이 뛰어나 빵류, 케이크류, 소프트쿠키류의 저장성을 연장시킨다.

라. 물–기름의 유탁액에 대한 안정 기능이 있다.

47 빵 및 케이크류에 사용이 허가된 보존료는?

가. 탄산암모늄

나. 탄산수소나트륨

다. 프로피온산

라. 포름알데하이드

48 반죽의 비중이 높을 때 나타나는 현상과 맞지 않는 것은?

가. 부피가 작다.

나. 기공이 조밀하다.

다. 무거운 조직이 된다.

라. 큰 기포가 형성된다.

49 다음 중 감염병과 관련 내용이 바르게 연결되지 않은 것은?

가. 콜레라 – 외래감염병

나. 세균성이질 – 점액성 혈변

다. 파상열 – 바이러스성 인수공통감염병

라. 장티푸스 – 고열 수반

정답 46 가 47 다 48 라 49 다

50 다음 중 유지의 산화방지를 목적으로 사용되는 산화방지제는?

가. Vitamin B

나. Vitamin D

다. Vitamin E

라. Vitamin K

51 빵을 굽고 난 직후 식히는 냉각에 대한 설명으로 알맞은 것은?

가. 구워낸 직후 빵의 내부온도는 80~83℃이다.

나. 냉각 후 빵의 내부온도 20~25℃이다.

다. 냉각은 빵의 절단 및 포장을 쉽게 한다.

라. 냉각할 때 빵의 총 반죽무게를 기준으로 10~12%의 손실이 일어난다.

52 식품의 열량(kcal)을 계산하는 공식으로 옳은 것은? (단, 각 영양소 양의 기준은 g 단위로 한다.)

가. (탄수화물의 양+단백질의 양)×4+(지방의 양×9)

나. (탄수화물의 양+지방의 양)×4+(단백질의 양×9)

다. (지방의 양+단백질의 양)×4+(탄수화물의 양×9)

라. (탄수화물의 양+지방의 양)×9+(단백질의 양×4)

해설 50
산화방지제(항산화제)는 산화적 연쇄반응을 방해함으로써 유지의 안정 효과를 갖게 하는 물질이다. 식품첨가용 항산화제는 비타민 E(토코페롤), BHA, BHT, PG(프로필 갈레이트), NDGA 등이 있다.

해설 51
구워낸 직후의 빵 : 내부온도는 97~99℃이며 수분함량은 껍질에 12%, 빵 속에 45%를 유지한다.
냉각 후의 빵 : 내부온도 35~40℃이며, 수분함량은 껍질에 27%, 빵 속에 38%로 낮춰진다.
냉각의 목적 : 곰팡이, 세균의 피해를 막는다. 빵의 절단 및 포장을 쉽게 한다.
냉각 손실률 : 총 반죽무게 기준으로 2~3%의 손실이 발생한다.

해설 52
에너지원 열량 영양소: 탄수화물 1g에 4kcal, 단백질 1g에 4kcal, 지방 1g에 9kcal의 열량을 낸다.

정답 50 다 51 다 52 가

해설 53
엔젤푸드케이크 : pH 5.2~6.0
스펀지케이크 : pH 7.3~7.6
화이트레이어케이크 : pH 7.4~7.8
파운드케이크 : pH 6.6~7.1

해설 54
저장해야 할 음식은 온도가 낮은 냉장고에서 저장한다.

해설 55
아미노기(– NH₂)는 염기성이고 카복시기(– COOH)는 산성이다.

해설 56
증류수는 물을 가열했을 때 발생하는 수증기를 냉각시켜 정제된 물로 pH 7(중성)의 완전히 순수한 물이다. 보통의 물(수돗물 등)은 pH 5.7 정도(약한 산성)이다.

53 다음 중 반죽의 적정 pH가 가장 높은 제품은?

　　가. 엔젤푸드케이크　　　나. 스펀지케이크
　　다. 화이트레이어케이크　　라. 파운드케이크

54 냉장고에 식품을 저장하는 방법으로 바르지 않은 것은?

　　가. 조리하지 않은 식품과 조리한 식품은 분리하여 따로 저장한다.
　　나. 오랫동안 저장해야 할 식품은 온도가 높은 곳에 저장한다.
　　다. 버터와 생선은 가까이 두지 않는다.
　　라. 냉동식품은 냉동실에 보관한다.

55 단백질을 구성하는 아미노산의 특징이 아닌 것은?

　　가. 단백질을 구성하는 기본 단위로 아미노산은 20종류가 있다.
　　나. 아미노기(–NH₂)는 산성을, 카복시기(–COOH)는 염기성을 나타낸다.
　　다. 단백질을 가수분해하면 알파 아미노산이 된다.
　　라. 아미노산은 물에 녹아 중성을 띤다.

56 pH가 중성인 것은?

　　가. 식초
　　나. 수산화나트륨 용액
　　다. 중조
　　라. 증류수

정답　53 다　54 나　55 나　56 라

57 빵의 냉각이 적절한 온도(35~40℃)가 아닐 때 나타나는 영향으로 보기 어려운 것은?

가. 높은 온도에서 포장하면 제품이 잘 썰리지 않는다.

나. 높은 온도에서 포장하면 포장지에 수분이 응축되어 곰팡이가 발생한다.

다. 낮은 온도로 포장하면 껍질이 건조하며 향미가 저하된다.

라. 낮은 온도로 포장하면 노화가 느려 보존성이 떨어진다.

해설 57
냉각온도에 따른 영향
• 냉각온도가 높을 시 : 높은 온도에 포장하면 제품을 썰 때 문제가 생기며 포장지에 수분이 응축되어 곰팡이가 발생한다.
• 냉각온도가 낮을 시 : 너무 낮은 온도로 냉각한 후 포장하면 껍질이 건조하며 노화가 빨라 보존성이 떨어지며 향미가 저하된다.

58 아미노산과 아미노산과의 결합은?

가. 글리코사이드 결합

나. 펩타이드 결합

다. α −1, 4 결합

라. 에스테르 결합

해설 58
펩타이드 결합 : 한 아미노산의 아미노기와 다른 아미노산이 카복실기 사이에 물 1분자가 빠져나가면서 이룬 공유결합으로 단백질은 100개 이상의 아미노산들이 펩타이드 결합으로 이루어진 고분자 화합물이다.

59 알칼리성일 때 제품에 미치는 영향이 아닌 것은?

가. 기공과 조직이 조밀하다.

나. 기공과 조직이 거칠다.

다. 부피가 크다

라. 색이 어둡고 강한 향과 쓴맛이 난다.

해설 59
알칼리성일 때 제품의 영향
• 기공과 조직이 거칠어 부피가 크다.
• 색이 어둡고 강한 향과 쓴맛이 난다.

해설 60

유통기한은 섭취가 가능한 날짜가 아닌 식품 제조일로부터 소비자에게 판매가 가능한 기한을 말한다.

해설 61

브롬산칼륨, 아스코르브산(비타민 C), 아조디카본아미드, 요오드칼륨과 같은 산화제는 산화를 일으키는 물질로 반죽 내에 글루텐을 강하게 한다.

해설 62

포장 용기의 조건
• 작업성이 좋아야 한다.
• 상품가치를 높일 수 있어야 한다.
• 방수성이 있고 통기성이 없으며 위생적이어야 한다.
• 가격이 낮고 포장에 의해 제품이 모양이 변형되지 않아야 한다.

60 식품위생업에서 정한 식품위생 관련 내용 중 틀린 것은?

가. 집단급식소는 1회 50인 이상에게 식사를 제공하는 급식소를 말한다.

나. 유통기한이 경과된 식품을 판매의 목적으로 진열만 하는 것은 허용된다.

다. 리스테리아병, 살모넬라병, 파스튜렐라병 및 선모충증에 걸린 동물 고기는 판매 등이 금지된다.

라. 김치류 중 배추김치는 식품안전관리인증기준 대상 식품이다.

61 제빵에서 글루텐을 강하게 하는 것은?

가. 전분   나. 우유

다. 맥아   라. 산화제

62 다음 중 좋은 포장 용기의 조건이 아닌 것은?

가. 작업성이 좋아야 한다.

나. 방수성이 없고 통기성이 있으며 위생적이어야 한다.

다. 가격이 낮아야 한다.

라. 포장에 의해 제품이 모양이 변형되지 않아야 한다.

정답 60 나 61 라 62 나

63 제과 제조 시 사용되는 버터에 포함된 지방의 기능이 아닌 것은?

　가. 에너지의 급원 식품이다.

　나. 체온 유지에 관여한다.

　다. 항체를 생성하고 효소를 만든다.

　라. 음식에 맛과 향미를 준다.

64 다음 중 레이어케이크의 반죽 1g당 팬용적(cm^3)으로 알맞은 것은?

　가. 2.40　　　　　나. 2.96

　다. 4.71　　　　　라. 5.08

65 빵의 노화를 지연시키는 방법으로 알맞은 것은?

　가. 통기성이 좋은 포장재를 사용한다.

　나. 저장온도를 −18℃ 이하 또는 21~35℃로 유지하여 보관한다.

　다. 유지제품을 사용하거나 당류(설탕)를 줄인다.

　라. 물의 사용량을 줄여 반죽의 수분함량을 30% 이하로 유지한다.

해설 63

버터는 우유의 유지방을 가공하여 유지방이 80% 이상인 가소성 제품으로 온도 변화에 의해 액체상태로 녹으면 고체로 환원이 잘 되지 않는다. 지방은 에너지원으로 열량이 (1g당 9kcal) 발생한다. 세포의 구성성분, 피부를 윤택하게 하며 체온 조절 및 내장기관을 보호한다. 조리 시 맛과 풍미를 느끼게 해주며 포만감을 준다.

해설 64

제품별 비용적
파운드케이크 2.40cm^3/g
레이어케이크 2.96cm^3/g
엔젤푸드케이크 4.71cm^3/g
스펀지케이크 5.08cm^3/g

해설 65

노화지연 방법
• 방습포장재를 사용한다.
• 유지제품을 사용하거나 당류(설탕)를 첨가한다.
• 저장온도를 −18℃ 이하 또는 21~35℃로 유지하여 보관한다.(냉동보관 및 실온보관)
• 모노디글리세리드계통의 유화제를 사용한다.
• 물의 사용량을 높여 반죽의 수분함량을 38% 이상 증가시킨다.
• 질 좋은 재료를 사용하며 제조공정을 정확히 지킨다.

정답 63 다　64 나　65 라

66 단백질을 펩톤, 폴리펩타이드, 아미노산 등으로 가수분해하는 효소는?

　가. 펩티데이스　　　　　나. 트립신
　다. 프로테이스　　　　　라. 펩신

67 다음 중 제과의 성형방법으로 맞지 않는 것은?

　가. 찍어내기　　　　　　나. 접어밀기
　다. 봉하기　　　　　　　라. 짤주머니 사용

68 제빵의 기본 재료인 밀가루에 대한 설명으로 알맞지 않는 것은?

　가. 밀가루의 단백질(글리아딘+글루테닌)과 물이 만나 글루텐이 형성된다.
　나. 강력분은 제빵용 밀가루로 경질소맥이다.
　다. 강력분은 전분 70%, 단백질 7~9%, 수분 13% 등으로 구성되어 있다.
　라. 밀가루에 들어있는 전분의 냄새는 무취이다.

69 카세인이 많이 들어 있는 식품은?

　가. 빵　　　　　　　　　나. 우유
　다. 밀가루　　　　　　　라. 콩

70 빵의 제조과정에서 빵들의 형태를 유지하며 달라 붙지 않게 하기 위하여 사용되는 식품첨가물은?

　가. 실리콘수지(규소수지)　나. 변성전분
　다. 유동파라핀　　　　　　라. 효모

정답　66 다　67 다　68 다　69 나　70 다

71 환원당과 아미노화합물의 축합이 이루어질 때 생기는 갈색 반응은?

　가. 메일라드 반응(Maillard Reaction)

　나. 캐러멜화 반응(Caramelization)

　다. 아스코브산(Ascorbic Acid)

　라. 효소적 갈변(Enzymatic Browning Reaction)

72 지름 12cm, 높이 10cm 원형 팬의 비용적은?(단, 소수점 첫째 자리에서 반올림하시오.)

　가. 870㎤　　　　나. 1,050㎤

　다. 237㎤　　　　라. 1,130㎤

73 고시폴은 어떤 식품에서 발생할 수 있는 식중독의 원인 성분인가?

　가. 고구마　　　　나. 풋살구

　다. 보리　　　　　라. 면실유

74 다음 중 지방을 분해하는 효소는?

　가. 아밀레이스(Amylase)

　나. 라이페이스(Lipase)

　다. 치메이스(Zymase)

　라. 프로테이스(Protease)

해설 **71**

메일라드 반응은 아미노카르보닐 반응이라고도 하며 탄수화물의 일종인 환원당(포도당, 과당)이 아미노산과 반응하여 여러 단계를 거친 후 갈색 물질인 멜라노이드 색소를 만드는 것으로 색이 짙어지고 향기가 생성된다.

해설 **72**

팬의 용적(㎤)=반지름×반지름×3.14×높이=(6×6×3.14×10=1,130㎤)

해설 **73**

고시폴은 목화씨에서 면실유가 잘못 정제되었을 때 남아 식중독을 일으키는 독성 물질이다.

해설 **74**

지방을 분해하는 효소는 라이페이스(리파아제, Lipase)이고 지방을 글리세롤과 지방산으로 분해한다.

정답 71 가　72 라　73 라　74 나

75 빵 반죽에서 이스트푸드의 기능을 알맞게 설명한 것은?

가. 칼슘염, 마그네슘염 및 산염 등을 첨가하여 물을 연수상태로 만든다.

나. 암모늄염을 함유시켜 이스트에 질소를 공급한다.

다. 비타민 A와 같은 산화제를 첨가하여 단백질을 강화시킨다.

라. pH를 알칼리성으로 조절한다.

76 무기질의 기능이 아닌 것은?

가. 우리 몸의 경조직 구성성분이다.

나. 열량을 내는 열량 급원이다.

다. 효소의 기능을 촉진한다.

라. 세포의 삼투압 평형 유지 작용을 한다.

77 위 가로 20cm, 아래 가로 18cm, 위 세로 5cm, 아래 세로 6cm, 높이 5cm 파운드팬의 비용적은?(단, 소수점 첫째 자리에서 반올림하시오.)

가. 328㎤ 나. 329㎤

다. 521㎤ 라. 523㎤

정답 75 나 76 나 77 라

78 밀가루 구성성분의 특징 중 바르지 않은 것은?

가. 단백질은 밀가루로 빵을 만들 때 품질을 좌
우하는 중요한 자료이다.

나. 밀가루에는 1~2%의 지방이 포함되어 있다.

다. 밀가루에 함유되어 있는 수분의 함량은
10~14% 정도이다.

라. 밀가루에는 효소가 존재하지 않는다.

79 다음 중 감염형 식중독을 일으키는 것은?

가. 보툴리누스균   나. 살모넬라균

다. 포도상구균   라. 고초균

80 제빵에서 유지의 역할로 알맞지 않는 것은?

가. 제품의 수분 보유력이 향상한다.

나. 속결이 개선된다.

다. 이스트의 먹이가 된다.

라. 빵의 부피와 저장성이 증가한다.

**81 제품의 유통기간 연장을 위해 포장에 이용되는 불활
성 가스는?**

가. 염소   나. 산소

다. 질소   라. 수소

해설 78

밀가루에는 빵 제품의 생산에 필수적인 전분을 분해하는 알파 – 아밀라아제, 베타 – 아밀라아제, 단백질을 분해하는 프로티아제, 지방을 분해하는 리파아제가 들어있다.

해설 79

감염형 식중독의 종류 병원성대장균 식중독, 살모넬라균 식중독, 장염비브리오균 식중독

해설 80

유지의 역할
• 빵의 부피와 저장성이 증가한다.
• 반죽의 유동성을 향상시킬 수 있다.
• 제품의 수분 보유력이 증가한다.
• 속결이 개선된다.
• 유지 특유의 향과 맛을 낼 수 있다.

해설 81

질소
이산화탄소가 미생물의 성장을 억제하기 때문에 산소를 줄이고 이산화탄소 함량을 높에 유지하도록 한다. 따라서 질소 및 이산화탄소의 함량을 높에 유지하면 유통기간을 연장시킬 수 있다.

정답 78 라 79 나 80 다 81 다

82 밀가루 온도 27℃, 실내온도 27℃, 계란 온도 15℃, 설탕 온도 27℃, 유지 온도 22℃, 수돗물 온도 15℃, 결과 반죽온도 23℃, 사용물의 양이 5kg일 때 마찰계수는?

　가. 11　　　　　　　나. 21
　다. 17　　　　　　　라. 18

83 손상된 전분 1% 증가 시 흡수율의 변화는?

　가. 2% 감소　　　　나. 1% 감소
　다. 1% 증가　　　　라. 2% 증가

84 빵에서 우유 및 분유의 기능을 알맞게 설명한 것은?

　가. 우유 속의 유당이 들어 있어 빵이 구워질 때 갈색으로 만든다.
　나. 밀가루의 흡수율을 감소시킨다.
　다. 분유 과다 시 껍질이 얇고 색이 연해진다.
　라. 분유 과다 시 브레이크와 슈레드가 크다.

85 식품위생법에서 식품공전은 누가 작성, 보급하는가?

　가. 식품의약품안전처장　　나. 시 · 도지사
　다. 보건복지부장관　　　　라. 국립보건원장

86 강력 밀가루의 단백질 함량으로 가장 적합한 것은?

　가. 7%　　　　　　　나. 10%
　다. 13%　　　　　　라. 16%

정답　82 가　83 라　84 가　85 가　86 다

87 반죽온도가 제품에 미치는 영향으로 알맞지 않는 것은?

　가. 반죽의 기포성에 영향을 미친다.

　나. 반죽의 온도가 높으면 기공이 작아진다.

　다. 반죽의 온도가 낮으면 조밀한 기공으로 부피가 작으며 식감이 나쁘다.

　라. 반죽의 온도가 높으면 노화가 빠른 제품이 된다.

해설 87

반죽의 온도가 높으면 열린 기공이 된다.

88 세균이 분비한 독소에 의해 감염을 일으키는 것은?

　가. 진균독 식중독

　나. 독소형 세균성 식중독

　다. 화학성 식중독

　라. 감염형 세균성 식중독

해설 88

독소형 세균성 식중독은 원인균의 증식 과정에서 생성된 독소를 먹어서 발병한다.

89 프랑스빵에 스팀을 하는 목적으로 알맞은 것은?

　가. 겉껍질에 광택을 낸다.

　나. 껍질이 거칠고 자연스럽게 터지도록 한다.

　다. 두껍고 식감이 강한 껍질이 형성된다.

　라. 팽창이 과도하지 않도록 조절한다.

해설 89

스팀의 목적
• 겉껍질에 광택을 낸다.
• 거칠고 불규칙하게 터지는 것을 방지한다.
• 얇고 바삭거리는 껍질이 형성된다.

90 영업의 종류와 그 허가 및 신고관청의 연결로 잘못된 것은?

　가. 단란주점 영업 - 시장 · 군수 또는 구청장

　나. 식품운반업 - 시장 · 군수 또는 구청장

　다. 식품조사처리업 - 시 · 도지사

　라. 유흥주점 영업 - 시장 · 군수 또는 구청장

해설 90

식품조사처리업은 지방식품의약품안전청(지방식약청)

정답 **87** 나 **88** 나 **89** 가 **90** 다

해설 91

필수 지방산

• 체내에서 합성이 되지 않는데 성장과 영양에는 꼭 필요하다.(음식물로 섭취해야 한다)
• 콜레스테롤 농도를 낮게 한다.
• 성장촉진, 피부염, 피부건조증 예방, 리놀레산, 리놀렌산, 아라키돈산을 '비타민 F'라고도 한다.
• 대두유, 옥수수유 등의 식물성 기름에 많이 함유되어 있다.

해설 92

밀기울은 밀알의 껍질층으로 무기질, 셀룰로오스가 많으며 밀알의 약 13~14.5%를 차지한다. 회분 함량이 낮을수록 밀기울 함량이 적어진다.

해설 93

산도의 영향
산성 : 기공과 조직이 조밀하여 부피가 작다. 색이 연하고 신맛이 강하다.

91 필수 지방산의 기능이 아닌 것은?

가. 머리카락, 손톱의 구성성분이다.

나. 세포막의 구조적 성분이다.

다. 혈청 콜레스테롤을 감소시킨다.

라. 뇌와 신경조직, 시각 기능을 유지시킨다.

92 제분에 대한 설명 중 틀린 것은?

가. 제분이란 넓은 의미로 곡류를 가루로 만드는 것이지만 일반적으로 밀을 사용하여 밀가루를 제조하는 것을 제분이라고 한다.

나. 밀은 배유부가 치밀하거나 단단하지 못하여 도정할 경우 싸라기가 많이 나오기 때문에 처음부터 분말화하여 활용하는 것을 제분이라고 한다.

다. 제분 시 밀기울이 많이 들어가면 밀가루의 회분 함량이 낮아진다.

라. 제분율이란 밀을 제분하여 밀가루를 만들 때 밀에 대한 밀가루의 백분율을 말한다.

93 케이크 반죽의 pH가 산성일 경우 제품에 미치는 영향이 아닌 것은?

가. 기공과 조직이 거칠다.

나. 기공과 조직이 조밀해진다.

다. 제품의 부피가 작아진다.

라. 색이 연하고 신맛이 강하다.

정답 91 가 92 다 93 가

94 언더베이킹(under baking)에 대한 설명 중 옳은 것은?

　가. 고율배합은 다량의 반죽에 적합하다.

　나. 저온 장시간 굽는다.

　다. 과도하게 단시간 굽는 경우 설익거나 주저 앉는다.

　라. 수분손실이 크다.

95 건포도식빵을 제조할 때 건포도를 전처리하는 이유로 알맞지 않는 것은?

　가. 빵 속의 수분 이동 방지(빵 속의 건조방지)

　나. 건포도를 씹는 식감, 맛과 향이 살아나도록 한다.

　다. 건포도가 빵과 결합이 잘 이루어지도록 한다.

　라. 물을 흡수시키면 건포도를 50% 더 넣는 효과가 나타난다.

96 호밀빵을 제조할 때 주의할 점이 아닌 것은?

　가. 호밀은 글루텐을 형성하는 단백질 함량이 적다.

　나. 일반 밀가루 식빵보다 1차 발효시간이 길다.

　다. 호밀분이 증가할수록 흡수율을 증가시키고 반죽온도를 낮춘다.

　라. 오븐팽창이 적으므로 밀가루 식빵보다 2차 발효시간이 길다.

해설 94
언더베이킹(under baking) : 저율 배합은 소량의 반죽에 적합하며, 고온 단시간 굽는다.
과도하게 단시간 굽는 경우 윗면이 솟아 갈라지고, 설익거나 주저앉는다.

해설 95
건포도 전처리 이유 :
물을 흡수시키면 건포도를 10% 더 넣는 효과가 나타난다.

해설 96
호밀빵 제조할 때 주의사항 :
호밀빵은 글루텐을 형성하는 단백질 함량이 적어 밀가루식빵보다 1차 발효시간이 짧다.

정답 94 다　95 라　96 나

97 부패 미생물이 번식할 수 있는 최적의 수분활성도 크기의 순서로 맞는 것은?

가. 세균 > 곰팡이 > 효모

나. 세균 > 효모 > 곰팡이

다. 효모 > 세균 > 곰팡이

라. 효모 > 곰팡이 > 세균

98 밀가루 수분 함량이 1% 감소할 때마다 흡수율은 얼마나 증가되는가?

가. 0.3~0.5% 　　나. 0.75~1%

다. 1.3~1.6% 　　라. 2.5~2.8%

99 완제품의 무게 400g짜리 케이크 10개를 만들려고 한다. 굽기 및 냉각 손실이 20%라면 총 분할반죽의 무게는?

가. 5,000g 　　나. 4,500g

다. 4,000g 　　라. 3,500g

100 다음 연결 중 관계가 먼 것끼리 묶은 것은?

가. 비타민 B_1 : 각기병−쌀겨, 돼지고기

나. 비타민 D : 발육부진−녹황색 채소

다. 비타민 A : 상피세포의 각질화−버터, 녹황색 채소

라. 비타민 C : 괴혈병−신선한 과일, 채소

정답　97 나　98 다　99 가　100 나

101 굽기 가열방식으로 맞지 않는 것은?

　가. 대류열　　　　나. 전도열

　다. 증기열　　　　라. 복사열

해설 101

굽기 가열방식에는 복사열, 대류열, 전도열이 있다.

102 이탈리아의 대표적인 빵인 피자파이에 대한 설명으로 알맞지 않는 것은?

　가. 밀가루는 단백질 함량이 높아야 충전물 소스가 스며들지 않는다.

　나. 나폴리피자와 시실리피자로 나뉜다.

　다. 빵에 토마토를 조미하여 만들기 시작했다.

　라. 향신료는 고수이며, 피자를 대표하는 향신료이다.

해설 102

향신료는 오레가노를 사용하며, 피자를 대표하는 향신료이다.

103 다음 중 HACCP 적용의 7가지 원칙에 해당하지 않는 것은?

　가. HACCP팀 구성

　나. 기록유지 및 문서관리

　다. 위해요소 분석

　라. 한계기준 설정

해설 103

HACCP팀 구성은 준비 5단계 중 1단계에 해당한다.

104 칼슘(Ca)과 인(P)이 소변 중으로 유출되는 골연화증 현상을 유발하는 유해 중금속은?

　가. 납　　　　　　나. 카드뮴

　다. 수은　　　　　라. 주석

해설 104

카드뮴

- 공기, 물, 토양, 음식물에 미량씩 존재하며, 살충제나 인산비료, 하수폐기물, 담배, 화석연료 등에 함유되어 있다.
- 내식성이 강해 정밀기기의 도금, 선박이나 기계류의 방청제, 땜납 등에 사용한다.
- 오염경로는 식기(법랑, 도자기 안료 성분), 공장폐수, 광산폐수 등이며 중독증상은 구토, 설사, 신장이상, 골연화증, 골다공증이다.
- 대중적 카드뮴 중독 증세로 이타이이타이병이 있다.

정답　101 다　102 라　103 가　104 나

105 다음 중 수분으로 인해 도넛에 묻힌 설탕이 녹는 발한 현상의 조치사항 중 맞지 않는 것은?

   가. 튀김시간을 늘려 도넛의 수분량을 줄인다.

   나. 충분히 식힌 다음 설탕을 뿌린다.

   다. 도넛에 묻는 설탕량을 줄인다.

   라. 접착력이 좋은 튀김기름을 사용한다.

106 호밀빵 제조 시 호밀을 사용하는 이유 및 기능과 거리가 먼 것은?

   가. 독특한 맛 부여

   나. 조직의 특성 부여

   다. 색상 향상

   라. 구조력 향상

107 식빵 완제품의 윗면이 납작하고 모서리가 날카로운 이유로 보기 어려운 것은?

   가. 미숙성한 밀가루를 사용했다.

   나. 소금 사용량이 과도했다.

   다. 지나친 믹싱을 했다.

   라. 발효실 습도가 낮았다.

108 다음 중 찜류 제품인 것은?

   가. 치즈케이크   나. 스펀지케이크

   다. 무스케이크   라. 파운드케이크

정답 105 다 106 라 107 라 108 가

109 제과, 제빵작업에 종사해도 무관한 질병은?

　가. 일반 감기　　　　　나. 콜레라

　다. 장티푸스　　　　　라. 세균성이질

110 식빵의 완제품에서 거친 기공과 좋지 않은 조직이 나타났을 때의 원인으로 보기 어려운 것은?

　가. 이스트푸드 사용량이 부족했다.

　나. 알칼리성 물을 사용했을 경우이다.

　다. 오븐에서 거칠게 다뤘다.

　라. 지나치게 높은 오븐 온도로 구웠다.

111 빵을 만들기에 적합한 120~180ppm 정도인 물의 경도는?

　가. 아경수　　　　　　나. 연수

　다. 아연수　　　　　　라. 경수

112 식빵 완제품의 옆면이 찌그러졌을 때 원인으로 알맞은 것은?

　가. 팬용적보다 반죽양이 부족했다.

　나. 지나친 2차 발효를 했다.

　다. 어린 반죽을 사용했다.

　라. 설탕 사용량이 부족했다.

해설 109
업무 종사자의 제한 : 콜레라, 장티푸스, 파라티푸스, 세균성이질, 장출혈성 대장균감염증, A형간염

해설 110
제품을 지나치게 낮은 오븐 온도로 구웠다.

해설 111
물의 경도는 빵의 발효 및 반죽에 많은 영향을 미친다. 아경수는 글루텐을 경화시키는 효과와 이스트의 영양물질을 공급하므로 빵을 만들기에 적합하다.

해설 112
식빵 완제품의 옆면이 찌그러진 원인 :
지친 반죽을 사용했다.
오븐열의 고르지 못했다.
팬용적보다 반죽양이 많았다.

정답 109 가 110 라 111 가 112 나

113 냉각환경에 대해 잘 설명 한 것은?

　가. 냉각환경은 온도, 습도, 시간을 잘 맞춘다.

　나. 제품이 나오자마자 냉장고에서 식힌다.

　다. 온도는 0~10℃ 정도로 맞추는 것이다.

　라. 냉각장소는 밀폐된 공간에서 해야 한다.

114 자유수를 올바르게 설명한 것은?

　가. 당류와 같은 용질에 작용하지 않는다.

　나. 0℃ 이하에서도 얼지 않는다.

　다. 정상적인 물보다 그 밀도가 크다.

　라. 염류, 당류 등을 녹이고 용매로서 작용한다.

115 아이싱을 하는 목적으로 맞지 않는 것은?

　가. 제품의 맛과 윤기를 준다.

　나. 장식을 함으로써 표면이 마르지 않도록 한다.

　다. 보관을 오래 하기 위함이다.

　라. 외관상 멋을 살리는 것이다.

116 독소형 식중독 중 웰치균의 독소로 맞는 것은?

　가. 뉴로톡신　　　　　나. 엔테로톡신

　다. 테트로도톡신　　　라. 삭시톡신

정답　113 가　114 라　115 다　116 나

117 전화당의 특징으로 바르지 않은 것은?

가. 설탕을 가수분해시켜 생긴 포도당과 과당
　　의 혼합물이다.

나. 단당류의 단순 혼합물로 갈색화 반응이 빠
　　르다.

다. 전화당은 고체당으로 만들기 쉽다.

라. 설탕의 1.3배 정도의 감미를 가진다.

118 식빵의 껍질색에 대한 설명으로 연결이 바르지 않은
것은?

가. 설탕 사용이 부족하면 엷은 껍질색이 된다.

나. 높은 오븐온도는 짙은 껍질색을 낸다.

다. 경수를 사용하면 껍질색이 연하다.

라. 2차 발효실 습도가 높으면 껍질색이 진하다.

119 퐁당아이싱의 시럽 끓이는 온도로 맞는 것은?

가. 98~100℃ 　　　　　나. 110~112℃

다. 114~118℃ 　　　　　라. 120~125℃

120 과자빵류의 완제품에서 껍질색에 대한 설명으로 알맞
지 않는 것은?

가. 지나친 덧가루 사용하면 껍질색이 연하다.

나. 고율배합 과자빵은 껍질색이 연하다.

다. 반죽온도가 낮아 발효가 부족한 경우 껍질
　　색이 진하다.

라. 2차 발효를 할 때 습도가 부족하여 껍질색
　　이 진하다.

해설 117
전화당은 설탕을 가수분해시켜 포
도당과 과당의 동량 혼합 당류로 액
체 혹은 점성이 있는 액체로 물에
녹고 에탄올에 녹지 않는다. 설탕에
비해 결정성이 적고 신선한 단맛을
가지고 있으며 용해성, 보습성이 좋
다. 시판 꿀에 다량 함유되어 있다.

해설 118
식빵을 제조할 때 연수를 사용하면
엷은 껍질색이 된다.

해설 119
물을 114~118℃로 끓인 뒤, 시럽을
저으면서 기포화하여 만든 것이다.

해설 120
고율배합 과자빵은 계란과 설탕 함
량이 높아 껍질색이 진하다.

정답　117 다　118 다　119 다　120 나

해설 121

설탕과 같은 감미제는 제빵에서 이스트의 먹이 제공, 향 부여, 보습효과(노화지연), 단백질 연화작용, 갈변반응 등의 기능이 있다. 설탕의 캐러멜화는 160~180℃ 이상에서 갈색으로 변하며, 비환원당인 설탕은 마이야르 반응(환원당과 아미노화합물의 축합이 이루어질 때 생기는 갈색반응)으로 갈색 반응이 나타나지 않는다.

해설 122

가나슈는 우유나 생크림을 끓이고 초콜릿과 섞어 만든 부드러운 초콜릿 크림이다.

해설 123

이스트를 과다하게 사용하면 제품 바닥이 거칠어진다.
너무 된 반죽을 사용하거나, 굽는 온도가 낮으면 빵 속이 건조해진다.

해설 124

마지팬은 아몬드가루와 분당을 주재료로 하여 만든 페이스트로 제과에서 장식물로 많이 사용된다.

121 식빵 제조 시 정상보다 많은 양의 설탕을 사용했을 경우 껍질 색은 어떻게 나타나는가?

　가. 여리다

　나. 진하다

　다. 회색을 띤다

　라. 설탕량과 무관하다

122 다음 중 가나슈 크림의 설명으로 맞는 것은?

　가. 우유나 생크림을 끓이고 초콜릿과 섞어 만든 크림이다.

　나. 우유와 설탕 전분을 넣고 끓여 만든 크림이다.

　다. 버터에 당류를 첨가하여 부드러운 크림으로 만든 것이다.

　라. 식물성 지방이 40% 이상인 크림이다.

123 과자빵류 제품의 결점 원인으로 알맞은 것은?

　가. 설탕이 부족하면 빵 속이 건조해진다.

　나. 이스트 사용이 부족하면 바닥이 거칠다.

　다. 너무 진 반죽은 오히려 빵 속을 건조하게 만든다.

　라. 굽는 온도가 낮은 경우 제품 바닥이 거칠어진다.

124 아몬드가루와 분당을 주재료로 하여 만든 페이스트로 장식물로 사용되는 것은?

　가. 스위스머랭　　　　나. 커스터드 크림

　다. 마지팬　　　　　　라. 글레이즈

정답　121 나　122 가　123 가　124 다

125 데니시 페이스트리 완제품에서 나타나는 결점에 대한 설명으로 알맞은 것은?

　　가. 제품의 부피가 작은 경우 이스트 사용량이 과다했다.

　　나. 덧가루를 과다 사용하면 제품 껍질에 얼룩점이 생긴다.

　　다. 접기, 밀어펴기가 부족하면 완제품이 단단하고 거칠다.

　　라. 2차 발효 시 습도가 부족하면 껍질에 얼룩점이 생긴다.

126 일반적으로 체중 1kg당 단백질의 생리적 필요량은?

　　가. 5g　　　　　　　나. 1g

　　다. 15g　　　　　　라. 20g

127 반죽과 발효가 과도한 일명 지친 반죽에 대한 설명으로 보기 어려운 것은?

　　가. 브레이크와 슈레드가 커진 뒤에 작아진다.

　　나. 껍질색은 어두운 적갈색이다.

　　다. 향은 신 냄새가 난다.

　　라. 기공은 거칠고 열린 얇은 세포이다.

해설 125
완제품이 단단하고 거친 경우 접기, 밀어펴기 공정이 과도했다. 2차 발효 시 습도가 과하면 껍질에 얼룩점이 생긴다. 제품의 부피가 작은 경우 이스트 사용량이 부족했다.

해설 126
1일 총열량의 15%(성인 남자 75g, 성인 여자 60g)이다. 체중 1kg당 단백질 생리적 필요량은 약 1g이다.

해설 127
껍질색은 밝은 색깔을 띤다.

정답　125 나　126 나　127 나

해설 128

천연유화제 : 노른자의 레시틴이 유화작용을 한다.
구조형성(응고성) : 계란 단백질로 인해 구조형성을 할 수있다.
결합제 : 커스터드 크림같이 농후화 작용(농도가 진하게)으로 결합제 역할을 한다.
팽창제 : 스펀지케이크와 같이 믹싱 중 기포를 형성하여 부풀리는 역할을 한다.

해설 129

껍질이 연한 색이 나타나고 부드러워진다. 제품의 모서리가 둥글다.

해설 130

잠복기가 가장 짧은 것은 콜레라로 수시간~5일 정도이며 가장 긴 것은 유행성간염으로 20~25일이다.

해설 131

이스트의 3대 기능은 발효 시 팽창, 글루텐 숙성, 풍미형성이다.

---

128 다음은 어떤 재료의 기능을 설명한 것인가?

> • 레시틴의 유화작용을 한다.
> • 단백질로 인한 구조형성을 한다.
> • 결합제 역할을 한다.
> • 팽창 역할을 한다.

가. 계란　　　　　　　나. 유지

다. 설탕　　　　　　　라. 밀가루

129 반죽에서 설탕 사용량이 정량보다 적었을 때 나타나는 현상으로 알맞은 것은?

가. 껍질이 어두운 적갈색이다.

나. 팬에서 반죽의 흐름성이 작다.

다. 껍질이 두껍고 질기다.

라. 모서리가 각이 생기고 찢어짐이 작다.

130 데니시 페이스트리 완제품에서 나타나는 결점에 대한 설명으로 알맞은 것은?

가. 콜레라　　　　　　나. 장티푸스

다. 소아마비　　　　　라. 유행성간염

131 이스트의 3대 기능과 가장 거리가 먼 것은?

가. 팽창 작용　　　　　나. 향 개발

다. 반죽 발전　　　　　라. 저장성 증가

정답　128 가　129 나　130 가　131 다

132 이스트푸드의 구성성분 중 칼슘염의 주요 기능은?

　가. 이스트 성장에 필요하다.

　나. 반죽에 탄성을 준다.

　다. 오븐 팽창이 커진다.

　라. 물 조절제 역할을 한다.

133 계란의 위생과 관련된 설명 중 틀린 것은?

　가. 계란으로 인한 식중독은 슈도모나스(pseu-domonas)가 주요 원인균이다.

　나. 계란 표면에는 무수히 많은 구멍들이 존재하며 세균이 통과할 정도로 직경이 크다.

　다. 계란의 내부는 거의 무균이나 암탉의 감염에 의한 수직오염이 보고된 바 있다.

　라. 계란은 닭의 배설물, 흙 등과 접촉함으로써 대장균, 곰팡이 등이 검출된다.

134 화학적 팽창의 대한 설명으로 옳은 것은?

　가. 베이킹파우더나 소다와 같은 화학팽창제에 의존하는 것이다.

　나. 반죽 시 포집된 공기에 의존하는 것이다.

　다. 이스트에 의존하며 이산화탄소를 발생시켜 팽창하는 것이다.

　라. 팽창이 이루어지지 않는 상태이다.

정답　132 라　133 가　134 가

135 다음 중 부족하면 야맹증, 결막염 등을 유발하는 비타민은?

가. 비타민 B_1　　　　나. 비타민 B_2

다. 비타민 B_{12}　　　　라. 비타민 A

136 식품위생 행정을 과학적으로 뒷받침하는 중앙기구로 시험, 연구업무를 수행하는 기관은?

가. 시·도 위생과　　　　나. 국립의료원

다. 식품의약품안전처　　　라. 경찰청

137 우유 pH 4.6으로 유지하였을 때, 응고되는 단백질은?

가. 카세인(casein)

나. α-락토알부민(lactalbumin)

다. β-락토글로불린(lactoglobulin)

라. 혈청알부민(serum albumin)

138 복합형 팽창에 대한 설명으로 옳은 것은?

가. 베이킹파우더나 소다와 같은 화학팽창제에 의존하는것이다.

나. 반죽 시 포집된 공기에 의존하는 것이다.

다. 이스트에 의존하며 이산화탄소를 발생시켜 팽창하는 것이다.

라. 2가지 이상 병용된 팽창이다.

정답 　135 라　136 다　137 가　138 라

139 반죽 공정에서 쓰이는 믹서(반죽기)에 대한 설명이 알맞게 짝지어진 것은?

가. 수직형 믹서 – 대량생산할 때 사용한다.

나. 수평형 믹서 – 소규모(소매점) 제과점에서 사용한다.

다. 에어 믹서 – 프랑스빵을 반죽하면 힘이 좋은 반죽이 된다.

라. 스파이럴 믹서 – 나선형(S형) 훅이 고정되어 있는 제빵 전용 믹서이다.

140 음식물을 통해서만 얻어야 하는 아미노산과 거리가 먼 것은?

가. 트립토판　　　　나. 페닐알라닌

다. 발린　　　　　　라. 글루타민

141 일반음식점 영업 중 모범업소를 지정할 수 있는 권한을 가진 사람은?

가. 관할 시장　　　　나. 관할 경찰서장

다. 관할 보건소장　　라. 관할 세무서장

142 수분 함량이 30% 이상인 과자류는 어떠한 것인가?

가. 공예과자　　　　나. 건과자

다. 냉과자　　　　　라. 생과자

해설 **139**
- 수직형 믹서 – 소규모(소매점) 제과점에서 사용하며, 케이크와 빵 모두 제조가 가능한 믹서기이다.
- 수평형 믹서 – 주로 대량생산할 때 사용한다. 단일 품목의 주문 생산에 편리하다.
- 에어 믹서 – 제과 전용 믹서로 공기를 넣어 믹싱하여 일정한 기포를 형성한다.

해설 **140**
필수 아미노산
성인의 경우 = 이소류신, 류신, 리신, 페닐알라닌, 메티오닌, 트레오닌, 트립토판, 발린(8종) + 유아는 히스티딘 추가(9종)

해설 **141**
일반음식점 영업 중 모범업소 지정은 관할 시장만이 할 수 있다.

해설 **142**
생과자는 수분함량이 30% 이상이다.

정답　139 라　140 라　141 가　142 라

해설 143

베이킹파우더 사용량 = 소다×3배

해설 144

데크오븐 : 소규모 제과점에서 사용한다. 반죽을 넣고 빼는 입출구가 같다.

컨벡션오븐: 공기를 데워 오븐의 팬으로 바람을 순환시켜 굽는 오븐이다. 하드계열의 빵과 쿠키류를 구울 때 적당하다.

터널오븐: 단일품목을 생산하는 대량 공장에서 많이 사용한다. 반죽을 넣는 입출구가 서로 다르다. 넓은 면적이 필요하고 열 손실이 크다.

해설 145

저온균 최적온도: 10~20℃
중온균 최적온도: 25~37℃
고온균 최적온도: 50~60℃

해설 146

자유수(유리수): 용매로서 작용하며 건조 시 쉽게 제거되고 0℃ 이하에서도 쉽게 동결되며 미생물에 이용된다. 밀도가 작다.

143 소다 1.5%를 사용하는 배합 비율에서 팽창제를 베이킹파우더로 대체하고자 할 때 사용량은?

가. 4%

나. 4.5%

다. 5%

라. 5.5%

144 오븐의 종류와 특징을 바르게 설명한 것은?

가. 데크오븐은 공기를 데워 오븐의 팬으로 바람을 순환시켜 굽는 오븐이다.

나. 터널오븐은 반죽을 넣는 입출구가 서로 다르다.

다. 컨벡션오븐은 단일품목을 생산하는 대량 공장에서 많이 사용한다.

라. 데크오븐은 넓은 면적이 필요로 하고 열 손실이 크다.

145 식중독의 주원인 세균인 중온균의 발육온도는?

가. 10~20℃

나. 15~25℃

다. 25~37℃

라. 50~60℃

146 자유수를 올바르게 설명한 것은?

가. 당류와 같은 용질에 작용하지 않는다.

나. 0도 이하에서 얼지 않는다.

다. 정상적인 물보다 그 밀도가 크다.

라. 염류, 당류 등을 녹이고 용매로서 작용한다.

147 식품위생법의 목적과 가장 거리가 먼 것은?

가. 식품영양의 질적향상 도모

나. 감염병에 관한 예방 관리

다. 국민보건 증진에 기여

라. 식품으로 인한 위생상의 위해 방지

148 제과제빵에서 사용하는 도구에 대한 설명 중 알맞지 않는 것은?

가. 온도계는 반죽의 온도와 재료의 온도를 측정할 때 사용한다.

나. 스쿱은 밀가루나 설탕 등을 손쉽게 퍼내는 도구이다.

다. 스파이크 롤러는 파이나 피자류를 만들 때 반죽에 구멍을 골고루 내는 도구이다.

라. 데포지터는 초콜릿을 템퍼링한 초콜릿에 담갔다 빼거나 모양을 낼 때 사용한다.

149 파운드 케이크 제조 시 이중팬을 사용하는 목적인 것은?

가. 제품 바닥에 두꺼운 껍질을 형성하기 위하여

나. 제품 옆면에 두꺼운 껍질을 형성하기 위하여

다. 오븐에서 열전도율을 높이기 위하여

라. 제품의 조직과 맛을 개선하기 위하여

해설 147
식품영양상의 질적 향상을 도모하고 국민 보건의 향상 및 증진에 기여하며, 식품으로 인한 위생상의 위해를 방지한다.

해설 148
데포지터는 제과반죽을 일정하게 짜주는 제과전용 기계이다.(쿠키류 성형 시)
디핑포크는 초콜릿을 템퍼링한 초콜릿에 담갔다 빼거나 모양을 낼 때 사용한다.

해설 149
파운드케이크를 구울 때 제품 바닥과 옆면에 두꺼운 껍질형성을 방지하고, 제품의 조직과 맛을 개선하기 위하여 이중팬을 사용한다.

정답 147 나 148 라 149 라

해설 150

계란의 구성은 껍질 10% : 노른자 30%, 흰자 60%로 껍질은 탄산칼슘으로 이루어져 있고, 노른자는 수분과 고형분이 각각 50%로 단백질, 지방, 광물질, 포도당이 혼합되었고, 흰자는 수분이 88%, 고형분 12%이며 단백질, 지방, 포도당을 함유하고 있다.

해설 151

제조방법에 대한 내용은 무관하다.

해설 152

마블파운드케이크는 일반 반죽에 코코아를 넣고 우유로 되기를 조절하여 만든다.

해설 153

건포도 무게 12~15%의 물을 넣고 4시간, 잠길 정도의 미온수를 10분 정도 담가 배수하여 사용한다.
물 대신 럼주와 같은 술을 사용하면 풍미개선에 도움이 될 수 있다.

150 계란에 대한 설명 중 옳은 것은?

　가. 노른자에 가장 많은 것은 단백질이다.

　나. 흰자는 대부분이 물이고 그 다음 많은 성분은 지방질이다.

　다. 껍질은 대부분 탄산칼슘으로 이루어져 있다.

　라. 흰자보다 노른자 중량이 크다.

151 식품위생법상 허위표시·과대광고 범위에 속하지 않는 것은?

　가. 질병의 치료에 효능이 있다는 내용

　나. 공인된 제조방법에 대한 내용

　다. 외국어의 사용 등으로 외국제품으로 혼동될 우려가 있는 표시·광고

　라. 허가받은 사항과 다른 내용의 표시·광고

152 마블파운드케이크에서 사용하는 재료는 무엇인가?

　가. 코코아　　　　　나. 흰자

　다. 녹차　　　　　　라. 커피

153 과일케이크의 과일 전처리 방법으로 맞지 않는 것은?

　가. 건포도 무게 22~25%의 물을 넣는다.

　나. 물을 넣고 4시간가량 불린다.

　다. 미온수를 10분 정도 담가 배수하여 사용한다.

　라. 물 대신 럼주와 같은 술을 사용하면 풍미개선에 도움이 될 수 있다.

정답　150 다　151 나　152 가　153 가

154 유지의 도움으로 흡수, 운반되는 비타민으로만 구성된 것은?

　가. 비타민 A, B, C, D

　나. 비타민 A, D, E, K

　다. 비타민 B, C, E, K

　라. 비타민 A, B, C, K

해설 154

지용성 비타민 A, D, E, K – 기름과 기름 용매에 녹고 필요량 이상 섭취하면 체내(간)에 저장되며, 체외로 쉽게 방출되지 않는다. 결핍증상은 서서히 나타나며, 필요량을 매일 공급할 필요는 없다.

155 다음 중 생산관리의 목표가 아닌 것은?

　가. 납기관리　　　　나. 인력관리

　다. 원가관리　　　　라. 품질관리

해설 155

생산관리의 목표 : 납기관리, 원가관리, 품질관리, 생산량관리

156 이스트가 필요로 하는 3대 영양소로 바르게 짝지어진 것은?

　가. 칼슘, 질소, 인

　나. 질소, 인산, 칼륨

　다. 칼슘, 칼륨, 인산

　라. 물, 비타민, 마그네슘

해설 156

이스트의 3대 영양소는 질소, 인산, 칼륨이다.

157 파운드케이크의 기본 배합률로 맞는 것은?

　가. 밀가루 100% : 유지 100% : 계란 100% : 설탕 100%

　나. 밀가루 150% : 유지 100% : 계란 100% : 설탕 100%

　다. 밀가루 166% : 계란 166% : 설탕 166% : 소금 2%

　라. 밀가루 100% : 계란 166% : 설탕 166% : 소금 2%

해설 157

파운드케이크의 기본 배합률
밀가루 100% : 유지 100% : 계란 100% : 설탕 100%

정답　154 나　155 나　156 나　157 가

158 생크림에 기포가 생성되었을 때 품온은 얼마인가?

가. 1~10℃ 나. −10~1℃

다. 15~25℃ 라. 27~37℃

159 다음 중 원가관리의 직접비를 계산할 때 필요하지 않은 항목은?

가. 직접재료비 나. 제조원가

다. 직접노무비 라. 직접경비

160 스펀지케이크의 기본 배합률로 맞는 것은?

가. 밀가루 100% : 유지 100% : 계란 100% : 설탕 100%

나. 밀가루 150% : 유지 100% : 계란 100% : 설탕 100%

다. 밀가루 166% : 계란 166% : 설탕 166% : 소금 2%

라. 밀가루 100% : 계란 166% : 설탕 166% : 소금 2%

161 다음 중 개인위생 복장에 대한 설명으로 알맞지 않는 것은?

가. 앞치마는 외부용, 내부용으로 구분하여 사용한다.

나. 하의는 몸에 여유가 있는 복장이어야 한다.

다. 화장과 향수는 지나치지 않도록 하며 인조 눈썹을 금한다.

라. 신발은 신고 벗기 편리하며 미끄럽지 않아야 한다.

정답 158 가 159 나 160 다 161 가

162 거품형 제법이 아닌 것은?

가. 공립법

나. 블렌딩법

다. 별립법

라. 머랭법

163 제과제빵에서 안정제의 기능이 아닌 것은?

가. 파이 충전물의 농후화제 역할을 한다.

나. 흡수제로 노화지연 효과가 있다.

다. 아이싱의 부서짐을 방지한다.

라. 토핑물을 부드럽게 만든다.

164 다음 중 설비위생관리 기준에 대한 설명으로 알맞은 것은?

가. 창의 면적은 바닥면적을 기준으로 하여 30%가 적당하다.

나. 벽면은 실크벽지의 재질로 청소와 관리가 편리해야 한다.

다. 모든 물품은 바닥 5cm, 벽 5cm 떨어진 곳에 보관하도록 한다.

라. 제과제빵 공정의 방충·방서용 금속망은 15mesh가 적당하다.

165 다음 중 단백질의 함량(%)이 가장 많은 것은?

가. 당근

나. 밀가루

다. 버터

라. 설탕

해설 162

거품형 제법 : 더운 공립법, 찬 공립법, 별립법, 머랭법

해설 163

안정제의 기능
- 아이싱의 끈적거림, 부서짐 방지
- 머랭의 수분배출 억제
- 토핑물의 거품 안정제
- 젤리 제조
- 무스케이크 제조
- 파이 충전물의 농후화제
- 흡수제로 노화지연 효과
- 포장성 개선

해설 164

벽면은 타일 재질로 청소와 관리가 편리해야 한다.
모든 물품은 바닥에서 15cm, 벽에서 15cm 떨어진 곳에 보관하도록 한다.
제과제빵 공정의 방충·방서용 금속망은 30mesh가 적당하다.

해설 165

밀가루의 단백질 함량은 7~15%로 가장 많다.

정답 162 나 163 라 164 가 165 나

해설 166
작업대는 스테인리스 스틸 등의 재
질로 설비한다.

166 제과제빵 작업장의 설비 및 기기관리에 대한 설명이
부적절한 것은?

가. 믹서기는 음용수에 중성 세제 또는 약알칼
리성 세제를 전용 솔에 묻혀 세정한다.

나. 작업대는 친환경 인증을 받은 나무재질로
설비한다.

다. 튀김기는 따뜻한 비눗물을 팬에 붓고 10분
간 끓인 뒤 건조한다.

라. 냉동실은 −18℃ 이하, 냉장실은 5℃ 이하
의 온도를 유지한다.

해설 167
설탕의 일부는 물엿 또는 시럽과 같
은 보습력이 있는 것으로 대처한다.
덱스트린을 사용하여 점착성을 증
가시킨다.
노른자를 줄이고 전란을 증가시킨다.
오버베이킹을 주의한다.

167 롤케이크 말 때 터짐을 방지하기 위한 조치사항으로
적절하지 않은 것은?

가. 설탕의 일부는 물엿 또는 시럽과 같은 보습
력이 있는 것으로 대체한다.

나. 덱스트린을 사용하여 점착성을 증가시킨다.

다. 노른자를 늘리고 전란을 감소시킨다.

라. 오버베이킹을 주의한다.

해설 168
엔젤푸드케이크는 baker's %가 아
닌 ture%로 작성한다.
트루퍼센트는 합이 100%이다.

168 엔젤푸드케이크 제조 시 재료비율의 합이 몇이어야
하는가?

가. 80%   나. 100%

다. 110%   라. 120%

정답 166 나 167 다 168 나

169 동물의 가죽이나 뼈 등에서 추출하여 안정제로 사용
되는 것은?

　　가. 젤라틴　　　　　　나. 한천

　　다. 펙틴　　　　　　　라. 카라기난

170 계란의 흰자와 노른자를 분리하여 별립법과는 다르게
제조하며 부드러운 식감의 제품을 만들 수 있는 제법은?

　　가. 반죽형　　　　　　나. 거품형

　　다. 시폰형　　　　　　라. 복합형

171 비타민 B$_1$이 관여하는 영양소 대사는?

　　가. 당질　　　　　　　나. 단백질

　　다. 지용성 비타민　　　라. 수용성 비타민

172 퍼프페이스트리를 사용할 때 사용하는 유지의 특성은
어느 것인가?

　　가. 유화성　　　　　　나. 크리밍성

　　다. 쇼트닝성　　　　　라. 가소성

173 잎을 건조하여 만든 향신료는?

　　가. 계피　　　　　　　나. 넛메그

　　다. 메이스　　　　　　라. 오레가노

해설 **169**

젤라틴은 동물의 뼈, 가죽, 연골, 인대 등의 결합조직(콜라겐)을 가수분해하여 얻은 동물성 단백질로 무미, 무취하며 정제하여 식용 젤라틴을 제조하여 안정제, 농후제, 품질개량제로 과자, 젤리, 아이스크림 등에 이용한다.

해설 **170**

반죽형의 부드러움과 거품형의 조직, 부피를 가진 제품이다
화학적 팽창제를 사용하며, 식용유를 넣음으로써 팽창이 크다.

해설 **171**

비타민 B$_1$(티아민)은 포도당의 연소과정(당질 대사)에서 직접 작용하기 때문에 그 필요량은 에너지 섭취량과 비례한다. 비타민 B$_1$은 두류, 견과류, 굴, 간, 돼지고기에 많이 함유되어 있다.

해설 **172**

페이스트리용 유지는 강도가 강하면서 가소성 범위가 넓어야 한다. 유지가 너무 무르면 새어나와 작업성이 떨어지고 반죽에 흡수된다.

해설 **173**

오레가노의 원산지는 유럽과 서아시아이며 잎을 건조하여 사용한다. 토마토 요리, 피자, 파스타, 드레싱 등에 필수재료로 사용한다.

퍼프페이스트리는 이스트가 들어 가지 않는 제과 제품이지만 유지의 층을 살리기 위해 단백질 함량이 높은 강력분으로 반죽한다.

의사는 환자의 식중독이 확인되면 즉시 행정기관(관할 보건소장)에 식중독 발생신고를 보고한다.

비상반죽법의 선택 조치사항
• 이스트푸드 사용량 증가한다.
• 소금을 1.75% 감소한다.
• 분유 사용량을 감소한다.
• 식초를 첨가한다.

우리나라 식품위생 행정을 과학적으로 뒷받침하는 중앙기구로 시험, 연구업무를 수행하는 기관

174 **퍼프페이스트리 굽기 후 결점과 그 원인으로 틀린 것은?**

가. 밀어펴기 과다, 불충분한 휴지 시간으로 수축이 심하다.

나. 단백질 함량이 낮은 밀가루로 반죽하여 수포가 생겼다.

다. 충전물 양 과다, 부적절한 봉합으로 충전물이 흘러나왔다.

라. 수분이 없는 경화 쇼트닝을 충전용 유지로 사용하여 부피가 작아졌다.

175 **식중독 발생 시 즉시 취해야 할 행정적 조치는?**

가. 식중독 발생신고

나. 원인식품의 폐기처분

다. 연막소독

라. 역학 조사

176 **비상반죽법의 선택 조치사항으로 알맞은 것은?**

가. 반죽시간을 20~30% 증가한다.

나. 이스트푸드 사용량을 증가한다.

다. 이스트를 2배 증가한다.

라. 1차 발효시간을 15~30분으로 정한다.

177 **우리나라 식품위생 행정을 담당하고 있는 기관은?**

가. 환경부 　　　　　　나. 고용노동부

다. 식품의약품안전처 　　라. 행정자치부

정답　174 나　175 가　176 나　177 다

178 이스트가 오븐 내에서 사멸되기 시작하는 온도는?

　가. 40℃

　나. 60℃

　다. 80℃

　라. 100℃

해설 178
이스트는 60℃에서 사멸되기 시작한다.

179 도넛의 튀김 온도로 적당한 것은?

　가. 170~185℃

　나. 185~190℃

　다. 180~195℃

　라. 190~195℃

해설 179
튀기기 : 180~195℃가 적당하다.

180 계란에 대한 설명으로 틀린 것은?

　가. 노른자의 수분 함량은 약 50% 정도이다.

　나. 전란(흰자와 노른자)의 수분함량은 75% 정도이다.

　다. 노른자에는 유화기능을 갖는 레시틴이 함유되어 있다.

　라. 계란은 -10~-5℃로 냉동 저장해야 품질을 보장할 수 있다.

해설 180
5~10℃의 냉장온도로 저장해야 품질을 보장할 수 있다.

181 다음 중 쿠키의 퍼짐 원인이 아닌 것은?

　가. 반죽의 되기가 묽을 때

　나. 알칼리성 반죽

　다. 입자가 작은 설탕을 사용했을 때

　라. 굽는 온도가 낮을 때

해설 181
쿠키의 퍼짐을 좋게 하는 조치
• 팽창제를 사용한다.
• 오븐 온도를 낮게 한다.
• 입자가 큰 설탕을 사용한다.
• 알칼리성 재료의 사용량을 증가한다.

정답　178 나　179 다　180 라　181 다

해설 182
집단급식소는 1회 50명 이상에게 식사를 제공하는 급식소를 말한다.

해설 183
소금의 기능
발효조절을 도우며 잡균의 번식을 억제하며 향을 좋게 한다. 후염법으로 반죽시간을 10~20% 감소시킬 수 있다.

해설 184
반죽형 중 수분함량이 높아 짜는 형태의 특성이 있다. 버터쿠키, 오렌지쿠키 등이 있다.

해설 185
클린업 단계에 유지첨가를 한다.

182 식품위생법령상 집단급식소는 상시 1회 몇 인 이상에게 식사를 제공하는 급식소를 의미하는가?

가. 20인   나. 30인
다. 40인   라. 50인

183 소금의 기능으로 맞지 않는 것은?

가. 발효조절을 돕는다.
나. 글루텐을 연화시킨다.
다. 잡균의 번식을 억제하며 향을 좋게 한다.
라. 후염법으로 반죽시간을 10~20% 감소시킬 수 있다.

184 반죽형 쿠키 중 짜는 형태의 쿠키는?

가. 스냅쿠키
나. 쇼트브레드 쿠키
다. 드롭쿠키
라. 스펀지 쿠키

185 스트레이트법에 의한 제빵 반죽 시 보통 유지를 첨가하는 단계는?

가. 픽업 단계   나. 클린업 단계
다. 발전 단계   라. 렛다운 단계

정답   182 라   183 나   184 다   185 나

186 도넛에 기름이 많이 흡수되는 이유가 아닌 것은?

가. 믹싱이 부족하다.

나. 반죽에 수분이 많다.

다. 배합에 설탕과 팽창제가 많다.

라. 튀김 온도가 높다.

해설 186

튀김의 온도가 높으면 튀김시간이 짧아지므로 기름이 적게 흡수될 수 있다.

187 스펀지도우법과 비교 시 스트레이트법의 단점이 아닌 것은?

가. 노화가 빠르다.

나. 발효내구성이 약하다.

다. 노동과 시간이 절감이 된다.

라. 잘못된 공정을 수정하기가 어렵다.

해설 187

스트레이트법의 단점

• 노화가 빠름

• 발효내구성이 약함

• 잘못된 공정을 수정하기 어려움

188 냉과에 해당하는 것은?

가. 파운드케이크　　나. 젤리롤케이크

다. 무스케이크　　　라. 양갱

해설 188

냉과류 제품은 차갑게 굳힌 제품으로 젤리, 무스, 바바루아, 푸딩 등이 해당된다.

189 일반적으로 초콜릿은 코코아와 카카오버터로 나눈다. 초콜릿 56%를 사용할 때 코코아의 양은 얼마인가?

가. 35%　　　　나. 37%

다. 38%　　　　라. 41%

해설 189

초콜릿의 구성: 코코아 62.5% (5/8), 카카오버터 37.5%(3/8) 이므로 56%×5/8＝35%

정답　186 라　187 다　188 다　189 가

해설 190

버터 마가린 쇼트닝은 고체유지(fat)고 샐러드유는 액체유지(oil)이다.

해설 191

스펀지 온도 : 24℃
도우법 온도 : 27℃

해설 192

전란의 수분은 75%, 흰자의 수분은 88%, 노른자의 수분은 50%이다.

해설 193

이스트, 이스트푸드, 물, 설탕, 분유, 맥아 등을 섞고 완충제로서 탈지분유 탄산칼슘을 넣어 pH 4.2~5.0의 액종을 섞은 후 30℃에서 2~3시간 발효하여 액종을 만든다.

190 유지 중 성질이 다른 것은?

가. 버터
나. 마가린
다. 쇼트닝
라. 샐러드유

191 일반적으로 스펀지도우법으로 식빵을 만들 때 스펀지의 가장 적당한 온도는?

가. 15℃
나. 19℃
다. 24℃
라. 27℃

192 흰자의 일반적인 수분 함량은?

가. 50%
나. 75%
다. 88%
라. 90%

193 액종을 만드는 방법으로 틀린 것은?

가. 이스트 물 등을 넣고 액종을 만든다.
나. 완충제로서 탈지분유, 탄산칼슘을 넣어 pH 4.2~5.0의 액종을 만든다.
다. 액종을 섞은 후 온도 24℃에서 12~13시간 발효한다.
라. 본반죽 온도는 28~32℃가 적당하다.

정답 190 라 191 다 192 다 193 다

194 식품접객업소의 조리판매 등에 대한 기준 및 규격에 의한 조리용 칼, 도마, 식기류의 미생물 규격은?

　가. 살모넬라 음성, 대장균 양성

　나. 살모넬라 음성, 대장균 음성

　다. 황색포도상구균 양성, 대장균 음성

　라. 황색포도상구균 음성, 대장균 양성

195 베이킹파우더를 과도하게 사용할 때 제품에 나타나는 설명으로 틀린 것은?

　가. 밀도가 크고 부피가 작다.

　나. 속결이 거칠다.

　다. 오븐스프링이 커서 찌그러지기 쉽다.

　라. 속색이 어둡다.

196 제과에 많이 쓰이는 럼의 원료는?

　가. 옥수수 전분　　　나. 포도당

　다. 당밀　　　　　　라. 타피오카

197 죽은 동물의 고기·뼈·젖·장기 또는 혈액을 식품으로 판매하거나 판매할 목적으로 채취·수입·가공·사용·조리·저장 또는 운반하거나 진열하지 못하는 질병과 관련이 없는 것은?

　가. 리스테리아병　　　나. 살모넬라병

　다. 선모충증　　　　　라. 아니사키스

해설 194

식품접객업소의 조리판매 등에 대한 기준 및 규격에 의한 조리용 칼/도마, 식기류의 미생물 규격은 살모넬라 음성, 대장균 음성이다.

해설 195

베이킹파우더를 반죽에 많이 사용하면 밀도가 작아지고 부피가 커진다.

해설 196

럼주는 사탕수수 원액에서 설탕을 만들고 남은 당밀을 발효하여 증류한 것을 숙성시킨 증류주이다.

해설 197

아니사키스는 회충의 종류이다.

정답 194 나 195 가 196 다 197 라

해설 198

거품형 케이크의 겉껍질이 두꺼워
지는 원인
• 설탕량이 과도함
• 팬닝양이 과도함
• 오븐온도가 높거나 오래 구움

해설 199

오버나이트 스펀지법은 12~24시
간 발효한 스펀지법을 이용한 방법
이다.

해설 200

도넛을 튀길 때 기름양이 적으면 뒤
집기가 어렵다.

198 거품형 케이크의 결점과 원인의 연결이 잘못된 것은?

가. 굽는 동안 가라앉았다 : 오븐온도가 낮으며
비중이 낮았다.

나. 부피가 작았다 : 오븐온도가 높거나 낮다.

다. 겉껍질이 두껍다 : 설탕량이 과도하며 오븐
온도가 낮거나 짧게 구웠다.

라. 맛과 향이 떨어졌다 : 틀과 철판위생이 나
쁘며 향료를 과다 사용했다.

199 오버나이트 스펀지법은 발효시간이 어떻게 되는가?

가. 6~12시간　　　　나. 12~18시간

다. 12~24시간　　　　라. 24~30시간

**200 도넛을 튀길 때 사용하는 기름에 대한 설명으로 틀린
것은?**

가. 기름이 너무 많으면 온도를 올리는 시간이
길어진다.

나. 기름이 적으면 뒤집기가 쉽다.

다. 발연점이 높은 기름이 좋다.

라. 튀김 기름의 평균 깊이는 12~15cm 정도가
좋다.

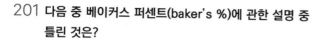

201 다음 중 베이커스 퍼센트(baker's %)에 관한 설명 중 틀린 것은?

　가. 밀가루 양을 100% 기준으로 두고 각 재료가 차지하는 양을 말한다.

　나. 전체 재료량을 100%로 하는 것이다.

　다. 소규모 제과점에서 사용한다.

　라. 빵을 만드는 데 필요한 비율과 재료의 무게를 숫자로 표시한 것이다.

202 가루재료를 체로 치는 목적으로 맞지 않는 것은?

　가. 2가지 이상의 가루류를 분산시킨다.

　나. 공기를 혼입한다.

　다. 이스트가 필요한 공기를 넣어 발효를 촉진시킬 수 있다.

　라. 팽창하는 데 도움이 될 수 있다.

203 퐁당(fondant)을 만들기 위하여 시럽을 끓일 때 시럽액 온도로 가장 적당한 범위는?

　가. 114~118℃　　　　나. 72~78℃

　다. 131~135℃　　　　라. 82~85℃

204 믹싱의 6단계 중 프랑스빵은 어느 단계까지 믹싱하는가?

　가. 픽업 단계　　　　나. 클린업 단계

　다. 발전 단계　　　　라. 최종 단계

해설 201
전체 재료량을 100%로 한 것은 ture%(트루퍼센트)이다.

해설 202
가루재료를 체로 치는 목적
• 2가지 이상의 가루류를 분산시킨다.
• 공기를 혼입하여 반죽에 흡수가 높아져 수화작용이 빨라진다.
• 불필요한 덩어리와 이물질을 제거 할 수 있다.
• 이스트가 필요한 공기를 넣어 발효를 촉진할 수 있다.
• 밀가루 부피를 증가시킬 수 있다.

해설 203
퐁당시럽 온도 : 114~118℃

해설 204
프랑스빵 믹싱은 발전 단계까지 하여 탄력성이 최대인 상태까지 한다.

정답　201 나　202 라　203 가　204 다

해설 205

초콜릿 템퍼링 시 물이 들어가면 초콜릿 속 설탕과 결합하여 점성이 생기고 서로 들러붙어 버리는 설탕의 변화로 쉽게 굳지 않고 광택이 나쁘며 블룸이 발생하고 보존성도 짧아진다. 지방의 변화를 막기 위해서는 정확한 온도조절로 초콜릿을 녹여야 한다.

해설 206

후염법 : 클린업 단계에 소금을 투입한다.

해설 207

단백질 권장량은 체중 1kg당 약 1g이지만 단백질 1g당 단백질 합성량이 1~2세 유아(5.3g), 20~23세 젊은 성인(5.2g), 65세 이상 노인(4.5g)이다. 유아기에는 심신의 성장·발달이 왕성한 시기이므로 충분한 양을 반드시 식품에서 공급받아야 한다.

해설 208

(결과온도×3)−(실내온도+밀가루 온도+수돗물 온도)

(27×3)−(26+23+22)=10

해설 209

비중= $\dfrac{(반죽무게+컵\ 무게)\ -\ 컵\ 무게}{(물\ 무게+컵\ 무게)\ -\ 컵\ 무게}$

비중= $\dfrac{(180)\ -\ 40}{(240)\ -\ 40}$ =140÷200=0.7

205 초콜릿 템퍼링 시 초콜릿에 물이 들어갔을 경우 발생하는 현상이 아닌 것은?

　가. 쉽게 굳지 않는다.

　나. 광택이 좋아진다.

　다. 블룸이 발생하기 쉽다.

　라. 보존성이 짧아진다.

206 후염법은 어느 단계에서 투입하게 되는가?

　가. 픽업 단계　　　　　나. 클린업 단계

　다. 발전 단계　　　　　라. 최종 단계

207 다음 중 체중 1kg당 단백질 권장량이 가장 많은 대상으로 옳은 것은?

　가. 1~2세 유아　　　　나. 9~11세 여자

　다. 15~19세 남자　　　라. 65세 이상 노인

208 식빵 제조 시 결과온도 27℃, 밀가루 온도 23℃, 실내 온도 26℃, 수돗물 온도 22℃, 희망온도 27℃일 때 마찰계수는?

　가. 10　　　　　　　　나. 12

　다. 18　　　　　　　　라. 23

209 비중컵의 무게 40g, 물을 담은 비중컵의 무게 240g, 반죽을 담은 비중컵의 무게가 180g일 때 반죽의 비중은?

　가. 0.6　　　　　　　　나. 0.7

　다. 0.2　　　　　　　　라. 0.4

정답　205 나　206 나　207 가　208 가　209 나

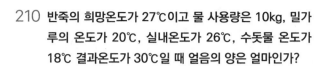

210 반죽의 희망온도가 27℃이고 물 사용량은 10kg, 밀가루의 온도가 20℃, 실내온도가 26℃, 수돗물 온도가 18℃ 결과온도가 30℃일 때 얼음의 양은 얼마인가?

가. 0.4kg   나. 0.6kg

다. 0.81kg   라. 0.92kg

211 다음 중 호밀빵의 향신료는?

가. 민트   나. 크레송

다. 오레가노   라. 케러웨이

212 과일파이의 충전물용 농후화제로 사용하는 전분은 설탕을 함유한 시럽의 몇 %를 사용하는 것이 가장 적당한가?

가. 12~14%   나. 17~19%

다. 6~10%   라. 1~2%

213 반죽을 믹싱할 때 원료가 균일하게 혼합되고 글루텐의 구조가 형성되기 시작하는 단계는?

가. 픽업 단계   나. 클린업 단계

다. 발전 단계   라. 최종 단계

214 커스터드 크림을 제조할 때 결합제의 역할을 하는 것은?

가. 설탕   나. 소금

다. 계란   라. 밀가루

해설 **210**

• 마찰계수 : (결과온도×3)−(실내온도+밀가루 온도+수돗물 온도)
(30×3)−(26+20+18)=26

• 사용할 물 온도 : (희망온도×3)−(실내온도+밀가루 온도+마찰계수)
(27×3)−(26+20+26)=9

• 얼음 사용량 :
$$\frac{물사용량×(수돗물 온도-사용할 물 온도)}{80+수돗물 온도}$$
$$\frac{10kg×(18-9)}{80+18} = 90÷98=0.918=0.92kg$$

해설 **211**

케러웨이는 쌍떡잎식물 한두해살이풀의 씨앗을 갈아만든 것으로 호밀빵, 쿠키 등에 향기와 단맛을 냄

해설 **212**

설탕 함유한 시럽 100%에 대하여 전분을 6~10% 정도 사용한다.

해설 **213**

픽업 단계 : 글루텐의 구조가 형성되는 단계이다.

해설 **214**

계란노른자의 역할은 크림의 농도를 결정 짓는 농후화 작용으로 결합제 역할을 한다.

정답 210 라 211 라 212 다 213 가 214 다

해설 215

이스트는 반죽시간에 직접적인 영향을 주는 요인이다.

해설 216

식중독은 대부분 오염된 음식물 섭취의 결과로 발생하는 질병을 말한다.

해설 217

펀치의 목적
• 반죽온도를 균일하게 한다.
• 반죽에 신선한 산소를 공급한다.
• 이스트의 활성과 산화, 숙성을 촉진한다.
• 발효를 촉진하여 발효시간을 단축하고 발효속도를 일정하게 한다.

해설 218

파운드케이크(0.85)
레이어케이크(0.75)
스펀지케이크(0.50)
데블스푸드케이크(0.80)

215 다음 중 반죽시간에 영향을 미치는 요인이 아닌 것은?

가. 소금　　　　　　　나. 이스트

다. 유지　　　　　　　라. 분유

216 미생물의 특성에 대해 잘못 말한 것은?

가. 발효식품의 제조, 가공에 이용되기도 한다.

나. 식품의 변질, 부패, 식중독, 전염병의 원인이기도 하다.

다. 대부분 단세포 또는 균사로 이루어져 있다.

라. 오염된 대부분 음식물 섭취의 결과로 발생하는 질병을 말한다.

217 펀치의 목적으로 맞지 않는 것은?

가. 반죽온도를 균일하게 한다.

나. 반죽에 신선한 산소를 공급한다.

다. 이스트의 활성과 산화, 숙성을 촉진한다.

라. 발효시간을 늘리고 발효속도를 빠르게 한다.

218 다음 제품의 반죽 중에서 비중이 가장 낮은 것은?

가. 레이어케이크　　　　나. 스펀지케이크

다. 데블스푸드케이크　　라. 파운드케이크

정답 215 나　216 라　217 라　218 나

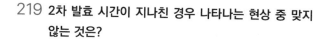

219 2차 발효 시간이 지나친 경우 나타나는 현상 중 맞지 않는 것은?

가. 부피가 너무 크다.

나. 껍질색이 진하다.

다. 기공이 거칠다.

라. 조직과 저장성이 나쁘다.

220 보균자에 의한 식품 오염과 비위생적 식품 취급 및 처리로 감염이 되는 식중독은?

가. 살모넬라
나. 장염비브리오
다. 비저균
라. 병원성대장균

221 단백질의 가장 중요한 기능은?

가. 체온유지

나. 유화작용

다. 체조직 구성

라. 체액의 압력조절

222 파이반죽을 휴지시키는 이유는?

가. 밀가루의 수분 흡수를 돕기 위해

나. 촉촉하고 끈적거리는 반죽을 만들기 위해

다. 유지를 부드럽게 하기 위해

라. 제품의 분명한 결 형성을 방지하기 위해

해설 219

2차 발효 시간이 지나친 경우
• 부피가 너무 크다
• 껍질색이 여리다
• 기공이 거칠다
• 조직과 저장성이 나쁘다

해설 220

병원대장균은 보균자에 의한 식품 오염, 비위생적 식품 취급 및 처리를 통해 감염되어 복통, 구토, 설사를 유발한다.

해설 221

단백질의 기능
• 단백질 1g에 4kcal 열량 제공
• 체조직 구성성분(피, 살과 뼈를 만듦)
• 수분 평형 유지
• 산, 염기 평형 유지(혈액의 pH 항상 일정한 상태)
• 면역기능(면역체계 사용되는 세포들의 주요성분)
• 호르몬, 효소, 신경 전달물질 및 글루타티온 형성
• 저장된 단백질을 탄수화물 공급 부족 시 포도당으로 전환 사용

해설 222

파이휴지의 목적
• 반죽 연화와 이완을 시킨다.
• 끈적거림을 방지하여 작업성이 좋다.
• 반죽과 유지의 경도를 맞춘다.
• 모든 재료가 수화될 수 있게 한다.(밀가루 수분 흡수)

정답 219 나 220 라 221 다 222 가

223 다음 제품 제조 시 2차 발효실의 습도를 가장 낮게 유지하는 것은?

　가. 빵도넛　　　　　　나. 햄버거빵

　다. 풀먼식빵　　　　　라. 과자빵

224 반죽형 케이크 제조 시 중심부가 솟는 경우는?

　가. 계란 사용량이 증가한 경우

　나. 유지 사용량이 감소한 경우

　다. 오븐 윗불이 약한 경우

　라. 굽기 시간이 증가한 경우

225 팬의 부피가 2,300cm³이고, 비용적(cm³/g)이 3.8이라면 적당한 분할량은?

　가. 약 480g　　　　　나. 약 605g

　다. 약 560g　　　　　라. 약 644g

226 제과제빵 공장의 내부 벽면재료로서 가장 적당한 것은?

　가. 타일　　　　　　　나. 합판

　다. 무늬목　　　　　　라. 황토 흙벽돌

227 반죽을 할 때 반죽의 손상을 줄일 수 있는 방법이 아닌 것은?

　가. 스트레이트법보다 스펀지법으로 반죽한다.

　나. 단백질 함량이 많은 질 좋은 밀가루로 만든다.

　다. 반죽온도를 높인다.

　라. 가수량이 최적인 상태의 반죽을 만든다.

정답　223 가　224 나　225 나　226 가　227 다

해설 223
도넛류의 2차 발효실의 습도는 65~75%로 가장 낮다.

해설 224
케이크 중앙이 솟는 경우
• 쇼트닝양이 적다.
• 반죽이 되다.
• 오븐의 윗불이 너무 강하다.

해설 225
틀의 용적÷비용적=반죽의 적정 분할량
2,300÷3.8=605.2

해설 226
벽면은 타일 재질로 청소와 관리가 편리해야 한다.

해설 227
반죽의 온도가 높으면 발효 속도가 촉진되고 반죽온도가 낮으면 속도가 지연된다.

228 팬 오일의 조건이 아닌 것은?

　가. 발연점이 130℃ 정도 되는 기름을 사용한다.

　나. 면실유, 대두유 등의 기름이 이용된다.

　다. 산패되기 쉬운 지방산이 적어야 한다.

　라. 보통 반죽무게의 0.1~0.2%를 사용한다.

229 유지의 크림성에 대한 설명 중 틀린 것은?

　가. 유지에 공기가 혼입되면 빛이 난반사되어 하얀색으로 보이는 현상을 크림화라고 한다.

　나. 버터는 크림성이 가장 뛰어나다.

　다. 액상기름은 크림성이 없다.

　라. 크림이 되면 부드러워지고 부피가 커진다.

230 감염병의 생성과정 순서가 맞는 것은?

　가. 병원체 → 환경 → 병원소로부터의 탈출 → 병원체의 전파 → 새로운 숙주에서의 침입 → 숙주의 감수성과 면역

　나. 병원체 → 병원소로부터의 탈출 → 환경 → 병원체의 전파 → 새로운 숙주에서의 침입 → 숙주의 감수성과 면역

　다. 병원체 → 병원소로부터의 탈출 → 환경 → 새로운 숙주에서의 침입 → 병원체의 전파 → 숙주의 감수성과 면역

　라. 병원체 → 환경 → 새로운 숙주에서의 침입 → 숙주의 감수성과 면역 → 병원소로부터의 탈출 → 병원체의 전파

해설 228

발연점이 210℃ 이상 높은 것이어야 한다.

해설 229

유지의 크리밍성은 쇼트닝, 마가린, 버터 순으로 사용하기기 좋다.

해설 230

병원체 → 환경 → 병원소로부터의 탈출 → 병원체의 전파 → 새로운 숙주에서의 침입 → 숙주의 감수성과 면역

정답 228 가 229 나 230 가

231 공장설비에서 배수관의 최소 내경으로 알맞은 것은?

　　가. 5cm　　　　　　　　나. 20cm

　　다. 2cm　　　　　　　　라. 10cm

232 굽기공정에 대한 설명 중 틀린 것은?

　　가. 이스트는 사멸되기 전까지 부피팽창에 기여한다.

　　나. 굽기 과정 중 당류의 캐러멜화가 일어난다.

　　다. 빵의 옆면에 슈레드가 형성되는 것이 억제된다.

　　라. 전분의 호화가 일어난다.

233 보존료의 구비조건으로 바람직하지 않은 것은?

　　가. 미량으로도 효과가 클 것

　　나. 독성이 없거나 극히 낮을 것

　　다. 공기, 광선에 잘 분해될 것

　　라. 무미, 무취일 것

234 빵 반죽으로 사용되는 믹서의 부대 기구가 아닌 것은?

　　가. 휘퍼　　　　　　　　나. 비터

　　다. 훅　　　　　　　　　라. 스크래퍼

정답　231 라　232 다　233 다　234 라

235 퍼프페이스트리를 제조할 때 주의할 점으로 틀린 것은?

가. 성형한 반죽을 장기간 보관하려면 냉장하
　는 것이 좋다.

나. 굽기 전에 적정한 최종 휴지를 시킨다.

다. 파치가 최소로 되도록 성형한다.

라. 충전물을 넣고 굽는 반죽은 구멍을 뚫고 굽
　는다.

236 쿠키 포장지의 특성으로 적합하지 않은 것은?

가. 방습성이 있어야 한다.

나. 통기성이 있어야 한다.

다. 내용물의 색, 향이 변하지 않아야 한다.

라. 독성 물질이 생성되지 않아야 한다.

237 땀을 많이 흘리는 중노동자는 어떤 물질을 특히 보충
해야 하는가?

가. 비타민　　　　　　나. 지방

다. 식염　　　　　　　라. 탄수화물

238 다음 중 온도가 가장 낮은 것은?

가. 엔젤푸드케이크 반죽온도

나. 퍼프페이스트리 반죽온도

다. 핑거쿠키 반죽온도

라. 도넛 글레이즈 온도

해설 235

정형 시 주의사항

• 과도한 밀어펴기를 하지 않도록
　한다.

• 성형한 반죽을 장기간 보관하려
　면 냉동하는 것이 좋다.

• 정형 후 굽기 전에 반죽이 건조하
　지 않게 최종 휴지시킨 뒤 굽는다.

• 계란 물칠을 너무 많이 하지 않는다.

• 파치를 최소화하도록 성형한다.

해설 236

방수성이 있고 통기성이 없어야 한다.
단가가 낮아야 한다.
상품의 가치를 높일 수 있어야 한다.
유해물질이 없는 포장지와 용기를
선택해야 한다.
세균, 곰팡이가 발생하는 오염포장
이 되어서는 안 된다.
포장 온도는 35~40℃, 수분함량은
38%여야 한다.

해설 237

땀을 많이 흘리게 되면 수분과 전해
질을 보충한다.

해설 238

엔젤푸드케이크 반죽온도 :
21~25℃
퍼프페이스트리 반죽온도 :
18~20℃
핑거쿠키 반죽온도 : 18~24℃
도넛 글레이즈 온도 : 45~50℃

정답　235 가　236 나　237 다　238 나

해설 239

이스트도넛(빵도넛)의 가장 적당한 튀김온도는 180~195℃이다.

해설 240

오븐온도가 높거나 낮으면 부피가 작아진다.
오래 구우면 제품이 수축한다.

해설 241

- 익스텐소그래프는 반죽의 신장성에 대한 저항측정과 밀가루의 내구성으로 발효시간을 추정한다. 밀가루의 산화처리 및 점탄성도 파악할 수 있다.
- 아밀로그래프는 밀가루의 호화정도 등 밀가루 전분의 질을 측정하며 온도 변화에 따라 밀가루의 α-아밀라아제의 효과를 측정한다.
- 패리노그래프는 흡수율, 믹싱내구성, 믹싱시간을 판단할 수 있다.
- 믹소그래프는 밀가루의 반죽 형성시간, 반죽 강도, 반죽의 안정성을 측정한다.

해설 242

스트레이트법과 비교할 때 스펀지법은 공정시간, 노동력, 시설과 공간이 더 필요하다.

239 **일반적으로 이스트도넛의 가장 적당한 튀김온도는?**

가. 230~245℃   나. 180~195℃

다. 100~115℃   라. 150~160℃

240 **스펀지케이크의 굽기 중 일어나는 현상과 관계없는 설명은?**

가. 오븐온도가 너무 높거나 오래 구우면 커진다.

나. 스펀지케이크는 굽기 중 전분의 호화로 일어나 부피가 증가된다.

다. 설탕량이 많거나 밀가루 품질이 나쁘면 굽는 동안 가라앉는다.

라. 단백질 응고와 더불어 껍질에 갈변반응이 일어난다.

241 **반죽의 신장성을 알아보는 그래프는?**

가. 아밀로그래프   나. 익스텐소그래프

다. 패리노그래프   라. 믹소그래프

242 **스트레이트법과 비교할 때 스펀지법의 특징이 아닌 것은?**

가. 저장성 증대

나. 제품의 부피 증가

다. 공정시간 단축

라. 이스트의 사용량 감소

정답 **239 나**   **240 가**   **241 나**   **242 다**

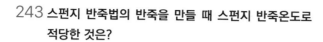

243 스펀지 반죽법의 반죽을 만들 때 스펀지 반죽온도로 적당한 것은?

가. 28℃ 나. 27℃

다. 24℃ 라. 26℃

244 제과 재료와 pH의 연결이 틀린 것은?

가. 설탕 pH 6.5~7.0

나. 베이킹파우더 pH 4.5~5.5

다. 치즈 pH 4.0~4.5

라. 밀가루(제과용) pH 4.9~5.8

245 빵 반죽을 성형기(moulder)에 통과시켰을 때 아령 모양으로 되었다면 성형기의 압력상태는?

가. 압력이 강하다.

나. 압력이 약하다.

다. 압력과는 관계없다.

라. 압력이 적당하다.

246 일반 세균이 잘 자라는 pH 범위는?

가. pH 4.0~6.0 나. pH 5.5~6.5

다. pH 6.5~7.5 라. pH 7.0~8.0

247 끈적거리는 아이싱을 보완할 때 넣는 것으로 틀린 것은?

가. 소금 나. 전분

다. 젤라틴 라. 밀가루

정답 243 다 244 나 245 가 246 다 247 가

248 튀김기름을 산화시키는 요인이 아닌 것은?

가. 온도　　　　　　　나. 수분

다. 공기　　　　　　　라. 유당

249 빵의 부패에 대한 설명으로 틀린 것은?

가. 빵의 부패는 배합률, 제조방법, 저장환경, 포장방법에 따라 달라진다.

나. 부패방지를 위해 불투과성 포장재로 포장하고 이산화탄소나 질소가스를 이용한다.

다. 빵의 부패에는 제품의 수분증발로 일어나는 건조, 향의 휘발, 전분의 노화 등이 있다.

라. 부패방지를 위해 보관시 미생물이 증식하지 못하도록 한다.

250 스펀지케이크 제조 시 계란을 줄이면 재료 단가를 줄일 수 있다. 계란을 20% 줄이면 물은 몇 % 증가시켜야 하는가?

가. 17%　　　　　　　나. 16%

다. 15%　　　　　　　라. 14%

251 지방 5g은 몇 칼로리의 열량을 내는가?

가. 45kcal　　　　　　나. 50kcal

다. 25kcal　　　　　　라. 20kcal

정답　248 라　249 다　250 다　251 가

252 다음 중 쿠키의 퍼짐성이 작은 이유에 해당되지 않는 것은?

가. 너무 진 반죽

나. 지나친 크림화

다. 높은 오븐온도

라. 설탕의 완전한 용해

253 1차 발효 중에 일어나는 생화학적 변화가 아닌 것은?

가. 프로테아제에 의한 단백질 분해로 아미노산이 생성된다.

나. 이스트에 의해 이산화탄소와 알코올이 생성된다.

다. 설탕은 인버타아제에 의해 포도당, 과당으로 가수분해된다.

라. 발효 중에 발생된 산은 반죽의 산도를 낮추어 pH가 높아진다

254 커스터드 크림은 우유, 계란, 설탕을 한데 섞고, 안정제로 무엇을 넣어 끓인 크림인가?

가. 한천   나. 젤라틴

다. 강력분   라. 옥수수 전분

해설 252

쿠키의 퍼짐이 작은 이유
- 산성 반죽
- 된 반죽
- 과도한 믹싱
- 높은 오븐온도
- 입자가 곱거나 적은 양의 설탕 사용

해설 253
- 효소 : 생화학적 반응을 일으킨다.
- 전분 : 아밀라아제에 의해 덱스트린과 맥아당으로 분해한다.
- 맥아당 : 말타아제에 의해 2개의 포도당으로 분해한다.
- 설탕 : 인벌타아제에 의해 포도당과 과당으로 분해한다.
- 포도당, 과당 : 치마아제에 의해 이산화탄소, 알코올, 유기산으로 분해한다.
- 유당 : 발효에 의해 분해되지 않고 잔류당으로 남아 캐러멜화 반응을 일으킨다.
- 반죽의 pH : 발효가 진행됨에 따라 pH 4.6으로 떨어진다.

해설 254
옥수수 전분이 결합제 역할을 한다.

정답 252 가 253 라 254 라

255 빵의 관능적 평가법에서 내부적 특성을 평가하는 항목이 아닌 것은?

가. 기공(grain)

나. 조직(texture)

다. 속색상(crumb color)

라. 입안에서의 감촉(mouth feel)

해설 255
관능적 평가(내부평가)
기공, 조직, 속 색상

256 도넛을 튀겼을 때 색상이 고르지 않은 이유로 맞지 않는 것은?

가. 재료가 고루 섞이지 않았다.

나. 덧가루가 많이 묻었다.

다. 탄 튀김가루가 붙었다.

라. 냉장반죽으로 만들었다.

해설 256
냉장반죽으로 만든 것과 색상은 관련이 없다.

257 다음 중 쿠키를 구울 때 퍼짐을 좋게 하는 방법에 해당되지 않는 것은?

가. 알칼리성 반죽

나. 팽창제 사용

다. 높은 오븐 온도

라. 입자가 큰 설탕 사용

해설 257
쿠키의 퍼짐을 좋게 하기 위한 조치
• 팽창제 사용
• 오븐온도를 낮게 한다.
• 입자가 큰 설탕을 사용한다.
• 알칼리성 재료의 사용량을 증가한다.

258 성형한 식빵 반죽을 팬에 넣을 때 이음매의 위치는 어느 쪽이 가장 좋은가?

가. 아래

나. 좌측

다. 우

라. 위

해설 258
이음매의 위치는 아래이다.

정답 255 라 256 라 257 다 258 가

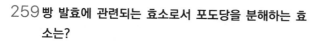

259 빵 발효에 관련되는 효소로서 포도당을 분해하는 효소는?

가. 아밀라아제　　　　　나. 말타아제

다. 치마아제　　　　　　라. 리파아제

260 굽기 중 대류에 의한 열이 충분히 공급되어야 팽창이 원활하게 이루어지므로 팬닝할 경우 다른 제과제품보다 제품의 간격을 가장 충분히 유지하여야 하는 제품은?

가. 슈　　　　　　　　　나. 오믈렛

다. 애플파이　　　　　　라. 쇼트브레드쿠키

261 냉제머랭, 온제머랭, 스위스머랭, 이탈리안머랭 등과 같은 일반법 제조에서 머랭이라고 하는 것은 어떤 것을 의미하는가?

가. 계란흰자를 건조한 것

나. 계란흰자를 중탕한 것

다. 계란흰자에 설탕을 넣어 믹싱한 것

라. 계란흰자에 식초를 넣어 믹싱한 것

262 밀가루 온도 25℃, 실내온도 26℃, 수돗물 온도 17℃, 결과온도 30℃, 희망온도 27℃일 때 마찰계수는?

가. 2　　　　　　　　　나. 22

다. 12　　　　　　　　　라. 32

해설 259
치마아제는 이스트에 들어 있는 분해효소로 포도당, 과당, 갈락토오스와 같은 단당류를 알코올과 이산화탄소로 분해한다.

해설 260
슈는 오븐팽창이 큰 제품으로 제품 간의 간격을 충분히 유지해야 한다.

해설 261
흰자에 설탕을 넣고 믹싱한 것이다.

해설 262
(결과온도×3)-(실내온도+밀가루 온도+수돗물 온도)
(30×3)-(26+25+17)=22

정답　259 다　260 가　261 다　262 나

해설 263

케이크 중앙이 솟는 경우
- 쇼트닝양이 적음
- 반죽이 됨
- 오븐의 윗불이 너무 강함(언더베이킹)

해설 264

- 열량 영양소: 탄수화물, 지방, 단백질(열량 발생, 체온유지, 에너지원으로 이용되는 영양소)
- 구성 영양소: 단백질, 무기질, 물(몸의 체조직, 효소, 호르몬 구성 영양소)
- 조절 영양소: 무기질, 비타민, 물(생체반응 - 생리작용, 대사작용 조절 영양소)

해설 265

효소는 생명체의 물질대사 과정에서 일어나는 화학반응의 대부분을 조절(촉매)하는 복합 단백질이다. 효소 활성에 영향을 주는 중요한 요소는 효소의 기질의 농도, pH, 온도 등이며 각종의 무기염류, 유기물에 의하여 촉진되거나 저해된다. 효소의 반응 속도는 온도가 상승하면 증가하지만 고온에서는 변성되어 활성을 잃는다.

해설 266

의사는 환자의 식중독이 확인되면 즉시 행정기관(관할 보건소장)에 보고한다.

263 반죽형 케이크의 반죽을 구울 때 중심부가 부풀어 오르는 원인은?

　가. 강력분을 사용하였다.

　나. 재료들이 고루 섞이지 않았다.

　다. 설탕과 액체재료의 사용량이 많았다.

　라. 언더 베이킹을 하였다.

264 다음 중 영양소와 주요 기능이 바르게 연결된 것은?

　가. 탄수화물, 무기질-열량 영양소

　나. 무기질, 비타민-조절 영양소

　다. 비타민, 물-구성 영양소

　라. 지방, 비타민-체온조절 영양소

265 다음 중 효소의 특성에 대한 설명으로 옳지 않은 것은?

　가. 유기화학 반응의 촉매 역할을 한다.

　나. 온도, pH, 수분 등의 요인에 큰 영향을 받는다.

　다. 효소는 일부 지방으로 구성되어 있다.

　라. 효소 활성의 최적 온도범위를 지나면 활성이 떨어진다.

266 식중독 발생 시 의사는 환자의 식중독이 확인되는 대로 가장 먼저 보고해야 하는 사람은?

　가. 식품의약품안전처장

　나. 국립보건원장

　다. 시 · 도 보건연구소장

　라. 시 · 군 보건소장

정답　263 라　264 나　265 다　266 라

267 빵의 껍질색이 연할 때의 원인은 무엇인가?

가. 설탕 사용 과다

나. 너무 짧은 중간발효

다. 과도한 믹싱

라. 연수 사용

268 다음 중 원가관리의 직접비를 계산할 때 필요하지 않은 항목은?

가. 직접재료비

나. 제조원가

다. 직접노무비

라. 직접경비

269 다음 중 설비위생관리 기준에 대한 설명으로 알맞은 것은?

가. 창의 면적은 바닥면적을 기준으로 하여 30%가 적당하다.

나. 벽면은 실크벽지의 재질로 청소와 관리가 편리해야 한다.

다. 모든 물품은 바닥에서 5cm, 벽에서 5cm 떨어진 곳에 보관하도록 한다.

라. 제과제빵 공정의 방충·방서용 금속망은 15mesh가 적당하다.

270 1940년대 미국에서 개발된 액종법에서 파생된 제법으로 이스트, 이스트푸드, 물, 설탕, 분유 등을 섞어 2~3시간 발효한 액종을 만들어 사용하는 반죽법은?

가. 연속식 제빵법

나. 비상반죽법

다. 노타임법

라. 찰리우드법

정답 267 라 268 나 269 가 270 가

해설 267

- 엷은 껍질색
- 설탕량 부족
- 2차 발효 습도가 낮음
- 오븐 속의 습도와 온도가 낮음
- 연수 사용
- 부적당한 믹싱
- 오래된 밀가루 사용
- 과숙성 반죽
- 굽기 시간의 부족

해설 268

- 직접비 = 직접재료비+직접노무비+직접경비
- 제조원가 = 직접비 + 제조간접비
- 총원가=제조원가+판매비+일반관리

해설 269

벽면은 타일 재질로 청소와 관리가 편리해야 한다.
모든 물품은 바닥에서 15cm, 벽에서 15cm 떨어진 곳에 보관하도록 한다.
제과제빵 공정의 방충·방서용 금속망은 30mesh가 적당하다.

해설 270

연속식 제빵법은 액체발효법을 한 단계 발전시켜 액종과 함께 믹싱하는 방법이다.

해설 271
높은 온도에 포장하면 제품을 썰 때 문제가 생기며 포장지에 수분이 응축되어 곰팡이가 발생한다.

해설 272
냉각목적 : 곰팡이, 세균의 피해를 막는다.
바람이 없는 실내에서 냉각을 하며 빵의 절단 및 포장을 용이하게 한다.

해설 273
발연점은 유지를 가열할 때 지방이 분해되어 생긴 글리세롤이 분해되면서 유지의 표면으로부터 점막을 자극하는 엷은 푸른 연기가 발생하기 시작하는 온도이며 고온 가열 시 발연점이 낮아진다.

271 완제품 빵을 충분히 식히지 않고 높은 온도에서 포장을 했을 경우 나타나는 현상이 아닌 것은?

가. 노화가 가속되어 껍질이 건조해진다.

나. 곰팡이가 발생할 수 있다.

다. 빵을 썰기가 어렵다.

라. 형태를 유지하기가 어렵다.

272 곰팡이 세균의 피해를 막고 빵의 절단 및 포장을 용이하게 하는 빵의 냉각방법으로 가장 적합한 것은?

가. 바람이 없는 실내에서 냉각

나. 냉동실에서 냉각

다. 수분 분사 방식

라. 강한 송풍을 이용한 급냉

273 유지를 고온으로 계속 가열하였을 때 다음 중 점차 낮아지는 것은?

가. 산가   나. 점도

다. 과산화물가   라. 발연점

274 다음 중 반죽의 6단계에 대한 설명으로 알맞은 것은?

가. 픽업 단계는 밀가루와 그 밖의 가루재료가 물과 수화되는 단계이다.

나. 클린업 단계는 탄력성이 최대로 증가하며 반죽이 강하고 단단해지는 단계이다.

다. 발전 단계는 글루텐이 형성이 되는 시기로 유지를 투입한다.

라. 최종 단계는 탄력성을 잃고, 신장성이 커져 고무줄처럼 늘어나는 단계이다.

275 어린 반죽(반죽, 발효가 덜된 것)에 대한 설명이 아닌 것은?

가. 위, 옆, 아랫면이 모두 어둡다.

나. 찢어짐과 터짐이 아주 적다.

다. 부피가 크다.

라. 제품이 무겁고 속색이 어둡다.

276 도넛을 튀길 때 사용하는 기름에 대한 설명으로 알맞지 않은 것은?

가. 발연점이 높은 기름이 좋다.

나. 기름이 너무 많으면 온도를 올리는 시간이 길어진다.

다. 튀김 기름의 평균 깊이는 12~15cm 정도가 좋다.

라. 기름의 온도는 80~95℃가 적당하다.

해설 274
클린업 단계는 글루텐이 형성되는 시기로 유지를 투입한다.
발전 단계는 탄력성이 최대로 증가하며 반죽이 강하고 단단해지는 단계이다.
최종 단계는 글루텐을 결합하는 마지막 단계로 최적의 상태이다.
렛다운 단계는 탄력성을 잃고, 신장성이 커져 고무줄처럼 늘어나는 단계이다.

해설 275
• 부피 : 부피가 작다.
• 껍질특성 : 두껍고 질기며 기포가 있다.
• 맛 : 덜 발효된 맛이 난다.
• 향 : 생밀가루 냄새가 난다.

해설 276
튀기기 : 180~195℃가 적당하며 기름의 적정 깊이는 12~15cm이다. 기름양이 낮으면 도넛을 뒤집기가 어렵고 과열되기가 쉽다.

정답 274 가 275 다 276 라

277 굽기 공정 중 일어나는 반죽의 변화로 알맞은 것은?

　　가. α-아밀라아제는 43℃에서 불활성화된다.

　　나. β-아밀라아제는 49℃에서 불활성화된다.

　　다. 이스트는 40℃가 되면 사멸하기 시작한다.

　　라. 전분의 호화는 약 60℃에서 시작한다.

278 소독약의 살균력 표시의 기준으로 사용되는 것은?

　　가. 승홍　　　　　　　　나. 크레졸

　　다. 석탄산　　　　　　　라. 에틸알코올

279 동물의 유즙, 유제품이나 식육을 거쳐 감염되며 사람에게 열성질환을 가져올 수 있는 인수공통전염병은?

　　가. 탄저병　　　　　　　나. 파상열

　　다. 결핵　　　　　　　　라. 야토병

280 산화방지제로 쓰이는 물질이 아닌 것은?

　　가. BHT　　　　　　　　나. BHA

　　다. 중조　　　　　　　　라. 비타민 E

281 화학물질에 의한 식중독 원인이 아닌 것은?

　　가. 유해한 중금속염

　　나. 기준을 초과한 잔류 농약

　　다. 사용이 금지된 식품첨가물

　　라. 솔라닌이 함유된 감자

정답　**277** 라　**278** 다　**279** 나　**280** 다　**281** 라

282 비용적이 2.5㎤/g인 제품을 지름 10cm, 높이 8cm 원형 팬을 이용하여 만들고자 한다. 필요한 반죽의 무게는?(단, 소수점 첫째 자리에서 반올림하시오.)

가. 100g

나. 251g

다. 628g

라. 1,270g

283 지름 12cm, 높이 10cm 원형 팬의 비용적은?(단, 소수점 첫째 자리에서 반올림하시오.)

가. 870㎤

나. 1,050㎤

다. 237㎤

라. 1,130㎤

해설 282

첫 번째로 틀의 부피를 계산한다.
팬의 용적(㎤)=반지름×반지름×3.14×높이(5×5×3.14×8=628㎤)
두 번째로 무게를 계산한다.
반죽무게=틀부피÷비용적(628÷2.5=251.2g)

해설 283

팬의 용적(㎤)=반지름×반지름×3.14×높이=(6×6×3.14×10=1,130㎤)

PART 2

제과기능사
총 기출문제

제과기능사 **총 기출문제 1**

해설 01

스펀지케이크 : 계란과 설탕을 이용하여 거품을 낸 케이크로 거품형에 속한다.

해설 02

레이어케이크 : 블렌딩법을 이용하여 만드는 반죽형 케이크이다.

해설 03

크림법은 유지, 설탕, 계란, 가루 순으로 혼합한다.

01 다음 반죽형 제품이 아닌 것은?

　가. 파운드케이크　　　　나. 스펀지케이크
　다. 레이어케이크　　　　라. 1단계법

02 다음 거품형 제품이 아닌 것은?

　가. 스펀지케이크　　　　나. 카스텔라
　다. 젤리롤케이크　　　　라. 레이어케이크

03 반죽형 케이크의 반죽 제조법에 대한 설명으로 맞는 것은?

　가. 크림법은 유지, 설탕, 계란, 가루 순으로 혼합한다.
　나. 블렌딩법은 차가운 유지와 설탕을 먼저 혼합한다.
　다. 설탕/물법은 설탕과 물을 1:1의 비율로 액당을 만들어 사용한다.
　라. 1단계법은 계란과 설탕을 넣고 거품을 낸다.

정답 　01 나　02 라　03 가

04 거품형 케이크의 반죽 제조법에 대한 설명으로 틀린 것은?

가. 더운 믹싱법은 계란과 설탕을 43℃로 중탕하여 사용한다.

나. 찬 믹싱법은 계란과 설탕을 넣고 거품을 낸다.

다. 별립법은 흰자와 노른자를 분리하여 각각 거품을 낸다.

라. 머랭법은 계란과 설탕을 넣고 거품을 낸다.

05 거품형 케이크의 반죽 제조법에 대한 설명으로 맞는 것은?

가. 더운 믹싱법은 계란과 설탕을 60℃로 중탕하여 사용한다.

나. 찬 믹싱법은 계란과 설탕 용해버터를 넣고 거품을 낸다.

다. 별립법은 흰자와 노른자를 분리하여 각각 거품을 낸다.

라. 머랭법은 계란과 설탕을 넣고 거품을 낸다.

06 별립법으로 제조하는 스펀지케이크의 제조방법 중 틀린 것은?

가. 노른자+설탕A+소금을 넣고 거품을 내준다.

나. 용해버터를 넣고 설탕을 충분히 녹인다.

다. 흰자+설탕B로 머랭을 만든다.

라. 밀가루는 체질하여 준비한다.

정답 04 라 05 다 06 나

해설 04
머랭법은 흰자와 설탕을 가지고 거품을 낸 것이다.

해설 05
별립법은 흰자와 노른자를 분리하여 각각 거품을 낸다.

해설 06
물을 넣고 설탕을 충분히 녹인다.

해설 07

실온상태의 유지를 부드럽게 풀면서 공기를 혼입한다.

해설 08

블렌딩법은 부드러운 제품을 얻고자 할 때 사용하는 방법으로 공기를 혼입하지 않는다.

해설 09

파운드케이크 0.85
레이어케이크 0.75
스펀지케이크 0.5
엔젤푸드케이크 0.4
젤리롤케이크 0.45~0.55

해설 10

파운드케이크 0.85
레이어케이크 0.75
스펀지케이크 0.5
엔젤푸드케이크 0.4
젤리롤케이크 0.45~0.55

07 크림법으로 제조하는 파운드케이크의 제조방법 중 틀린 것은?

    가. 차가운 유지를 잘게 쪼개어 밀가루와 피복시킨다.

    나. 설탕을 나누어 투입 후 공기를 혼입한다.

    다. 계란을 나누어 넣고 공기를 혼입한다.

    라. 체 친 가루를 넣고 혼합한다.

08 블렌딩법으로 제조하는 레이어케이크의 제조방법 중 틀린 것은?

    가. 차가운 유지를 준비한다.

    나. 유지와 밀가루를 잘게 쪼개어 피복시킨다.

    다. 설탕같은 건조재료를 투입한다.

    라. 계란을 넣고 공기를 혼입한다.

09 파운드케이크의 알맞은 반죽비중은?

    가. 0.95   나. 0.45 ~ 0.55

    다. 0.5   라. 0.85

10 스펀지케이크의 알맞은 반죽비중은?

    가. 0.85   나. 0.4

    다. 0.5   라. 0.75

정답 07 가 08 라 09 라 10 다

11 젤리롤케이크의 알맞은 반죽비중은?

　가. 0.85　　　　　　나. 0.45~0.55

　다. 0.5　　　　　　라. 0.75~0.85

12 엔젤푸드케이크의 알맞은 반죽비중은?

　가. 0.85　　　　　　나. 0.40

　다. 0.5　　　　　　라. 0.75~0.85

13 파운드케이크 제조 시 반죽의 비중을 측정할 때 필요 없는 것은?

　가. 버터　　　　　　나. 물

　다. 저울　　　　　　라. 비중컵

14 반죽형의 부드러움과 거품형의 조직, 부피를 가진 제품으로 복합팽창을 이루는 제품으로 맞는 것은?

　가. 스펀지케이크　　　나. 레이어케이크

　다. 마들렌　　　　　라. 시폰케이크

15 다음 중 체 치는 목적이 아닌 것은?

　가. 2가지 이상의 가루류를 분산시킨다.

　나. 공기를 혼입시킨다.

　다. 향미를 부여한다.

　라. 덩어리와 이물질을 제거할 수 있다.

해설 11

파운드케이크 0.85
레이어케이크 0.75
스펀지케이크 0.50
엔젤푸드케이크 0.40
젤리롤케이크 0.45~0.55

해설 12

파운드케이크 0.85
레이어케이크 0.75
스펀지케이크 0.50
엔젤푸드케이크 0.40
젤리롤케이크 0.45~0.55

해설 13

$$비중 = \frac{(반죽무게+컵\ 무게) - 컵\ 무게}{(물\ 무게+컵\ 무게) - 컵\ 무게}$$

해설 14

시폰형 : 노른자로 반죽형의 1단계 법으로 제조하고 흰자로 만든 머랭으로 거품형 조직을 만들어 2가지 복합팽창을 이루는 제법으로 시폰케이크가 있다.

해설 15

체 치는 목적 : 2가지 이상의 가루류를 분산시킨다.
덩어리와 이물질을 제거할 수 있다.
공기를 혼입시킨다.

정답 11 나　12 나　13 가　14 라　15 다

16 **제과의 기본온도로 맞는 것은?**

　가. 13~14℃　　　　　　　나. 19~20℃

　다. 23~24℃　　　　　　　라. 27~38℃

17 **반죽형 반죽 중 반죽온도가 낮을 때 나타나는 과정 및 결과가 아닌 것은?**

　가. 기포가 충분하지 않다.

　나. 설탕의 용해가 높아진다.

　다. 부피가 작은 케이크가 된다.

　라. 겉껍질색이 어두워진다.

18 **반죽형 반죽 중 반죽온도가 높을 때 나타나는 과정 및 결과가 아닌 것은?**

　가. 공기 혼입량이 많아진다.

　나. 겉껍질의 색상이 밝다.

　다. 부피가 작은 케이크가 된다.

　라. 비중이 높아진다.

19 **거품형 반죽 중 반죽온도가 높을 때 나타나는 과정 및 결과가 아닌 것은?**

　가. 굽는 시간이 늘어난다.

　나. 기포성이 올라가 공기혼입량이 많아진다.

　다. 조직이 거칠고 부피가 크다.

　라. 노화가 빠르다.

정답　16 다　17 나　18 가　19 가

20 다음 중 마찰계수를 구할 때 필요한 온도가 아닌 것은?

가. 결과 반죽온도   나. 실내온도

다. 밀가루 온도   라. 물 온도

21 다음 중 얼음 사용량을 구할 때 필요한 항목이 아닌 것은?

가. 수돗물 온도   나. 밀가루 온도

다. 사용수 온도   라. 물 사용량

22 반죽의 비중이 낮을 때 나타나는 현상과 맞지 않는 것은?

가. 부피가 크다

나. 기공이 열려 거칠다.

다. 큰 기포가 형성된다.

라. 무거운 조직이 된다.

23 반죽의 비중이 높을 때 나타나는 현상과 맞지 않는 것은?

가. 부피가 작다.

나. 기공이 조밀하다.

다. 무거운 조직이 된다.

라. 큰 기포가 형성된다.

24 재료의 산도 pH가 맞지 않는 것은?

가. 흰자 8.8~9.0

나. 증류수 7.0

다. 베이킹파우더 6.5~7.5

라. 박력분 3.0~4.0

해설 20
마찰계수
(결과 반죽온도×6)-(실내온도+밀가루 온도+설탕 온도+쇼트닝 온도+계란 온도+수돗물 온도)

해설 21
얼음 사용량=
$$\frac{물\ 사용량(g) \times (수돗물\ 온도-사용수\ 온도)}{80+수돗물\ 온도}$$

해설 22
반죽비중이 낮을 때 나타나는 현상
부피가 크다. 기공이 열려 거칠고 큰 기포가 형성된다.

해설 23
반죽비중이 높을 때 나타나는 현상
부피가 작다. 기공이 조밀하여 무거운 조직이 된다.

해설 24
흰자 8.8~9.0
베이킹파우더 6.5~7.5
증류수 7.0
박력분 5.0~6.0

정답 20 라 21 나 22 라 23 라 24 라

25 다음 중 반죽의 적정 pH가 가장 높은 제품은?

  가. 엔젤푸드케이크　　　　나. 스펀지케이크

  다. 화이트레이어케이크　　라. 파운드케이크

26 산성일 때 제품에 미치는 영향이 아닌 것은?

  가. 기공과 조직이 조밀하다.

  나. 기공과 조직이 거칠다.

  다. 부피가 작다.

  라. 색이 연하고 신맛이 강하다.

27 알칼리성일 때 제품에 미치는 영향이 아닌 것은?

  가. 기공과 조직이 조밀하다.

  나. 기공과 조직이 거칠다.

  다. 부피가 크다

  라. 색이 어둡고 강한 향과 쓴맛이 난다.

28 다음 중 파운드케이크의 반죽 1g당 팬용적(㎤)으로
  알맞은 것은?

  가. 2.40　　　　　　　나. 2.96

  다. 4.71　　　　　　　라. 5.08

29 다음 중 레이어케이크의 반죽 1g당 팬용적(㎤)으로
  알맞은 것은?

  가. 2.40　　　　　　　나. 2.96

  다. 4.71　　　　　　　라. 5.08

정답　25 다　26 나　27 가　28 가　29 나

30 식중독 발생 시 의사는 환자의 식중독이 확인되는 대로 가장 먼저 보고해야 하는 사람은?

가. 식품의약품안전처장
나. 국립보건원장
다. 시 · 도 보건연구소장
라. 시 · 군 보건소장

해설 30

의사는 환자의 식중독이 확인되면 즉시 행정기관(관할 보건소장)에 보고한다.

31 식중독의 주원인 세균인 중온균의 발육온도는?

가. 10~20℃
나. 15~25℃
다. 25~37℃
라. 50~60℃

해설 31

저온균 최적온도: 10~20℃
중온균 최적온도: 25~37℃
고윤균 최적온도: 50~60℃

32 밀가루의 표백과 숙성기간을 단축시키고 제빵 효과의 저해물질을 파괴시켜 분질을 개량하는 밀가루 개량제가 아닌 것은?

가. 염소
나. 과산화벤조일
다. 염화칼슘
라. 이산화염소

해설 32

과황산암모늄, 브롬산칼륨, 과산화벤조일, 이산화염소, 염소

33 다음 중 기생충과 숙주와의 연결이 틀린 것은?

가. 유구조충(갈고리촌충) – 돼지
나. 아니사키스 – 해산어류
다. 간흡충 – 소
라. 폐디스토마 – 다슬기

해설 33

간흡충(간디스토마)의 제1중간숙주는 다슬기, 제2중간숙주는 민물게, 가재이다.

34 환경오염 물질이 일으키는 화학성 식중독의 원인이 될 수 있는 것과 거리가 먼 것은?

가. 납
나. 칼슘
다. 수은
라. 카드뮴

해설 34

칼슘은 무기질의 종류 중 하나이다.

정답 30 라 31 다 32 다 33 다 34 나

35 다음 중 전분의 구조가 100% 아밀로펙틴으로 이루어진 것은 무엇인가?

　가. 콩　　　　　　　　나. 찰옥수수

　다. 보리　　　　　　　라. 멥쌀

36 다당류 중 포도당으로만 구성되어 있는 탄수화물이 아닌 것은?

　가. 펙틴　　　　　　　나. 셀룰로스

　다. 전분　　　　　　　라. 글리코겐

37 다음 중 빵 제품의 노화(staling)현상이 가장 일어나지 않는 온도는?

　가. -20~-18℃　　　나. 7~10℃

　다. 18~20℃　　　　라. 0~4℃

38 다음 중 3당류에 속하는 당은?

　가. 맥아당　　　　　　나. 라피노스

　다. 스타키오스　　　　라. 갈락토스

39 아밀로오스(amylose)의 특징이 아닌 것은?

　가. 아이오딘 용액에 청색 반응을 일으킨다.

　나. 비교적 적은 분자량을 가졌다.

　다. 퇴화의 경향이 적다.

　라. 일반 곡물 전분 속에 약 17~28% 존재한다.

40 전분에 대한 설명 중 옳은 것은?

　　가. 식물의 전분을 현미경으로 본 구조는 모두 동일하다.

　　나. 전분은 호화된 상태의 소화 흡수나 호화가 안 된 상태의 소화 흡수나 차이가 없다.

　　다. 전분은 아밀라아제(amylase)에 의해 분해되기 시작한다.

　　라. 전분은 물이 없는 상태에서도 호화가 일어난다.

41 당류 중에서 감미가 가장 강한 것은?

　　가. 맥아당　　　　　　나. 설탕

　　다. 과당　　　　　　　라. 포도당

42 다음 중 단당류가 아닌 것은?

　　가. 갈락토오스　　　　나. 포도당

　　다. 과당　　　　　　　라. 올리고당

43 유지의 산패에 영향을 미치는 요인이 아닌 것은?

　　가. 공기와 접촉이 많을수록 산패는 촉진된다.

　　나. 파장이 긴 광선일수록 산패는 촉진된다.

　　다. 온도가 높을수록 산패는 촉진된다.

　　라. 유리지방산 함량이 높을수록 산패는 촉진된다.

해설 40
전분은 아밀라아제에 의해 2당류인 맥아당으로 분해되며 맥아당은 말타아제에 의해 포도당으로 분해된다. 아밀로오스는 β – 아밀라아제에 완전히 분해되고, 아밀로펙틴은 β – 아밀라아제에 약 52% 정도 분해된다.

해설 41
당류의 상대적 감미도
과당(175)＞전화당(125)＞설탕(자당)(100)＞포도당(75)＞맥아당(32)＞유당(16)

해설 42
올리고당은 1개의 포도당에 2~4개의 과당이 결합된 3~5당류로서 감미도는 설탕의 30% 정도이고, 장내 유익균인 비피더스균의 증식인자이다.

해설 43
파장이 짧은 자외선에 산패가 촉진된다.

정답 40 다　41 다　42 라　43 나

해설 44

아밀로오스는 다수의 포도당이 α - 1, 4 - 글라이코사이드 결합에 의해 직선상으로 연결

해설 45

수분(물)의 기능은 체온유지, 영양소 운반, 노폐물 제거, 체조직 구성이다.

해설 46

카세인은 대표적 우유 단백질로 3% 함유(우유 단백질의 75~80%), 산이나 레닌에 응고 커드를 형성(치즈 제조), 열에 강하고 물에 용해된다.

해설 47

탄수화물 20g×4kcal = 80, 지방 10g×9kcal = 90, 단백질 5g×4kcal = 2,080 + 90 + 20 = 190×2(200g 열량) = 380kcal

44 다음 중 구성물질의 연결이 잘못된 것은?

가. 전분-포도당

나. 지방-글리세린+지방산

다. 아밀로오스-과당

라. 단백질-아미노산

45 체내에서 물의 역할에 대한 설명으로 틀린 것은?

가. 물은 영양소와 대사 산물을 운반한다.

나. 땀이나 소변으로 배설되며 체온 조절을 한다.

다. 영양소 흡수로 세포막에 농도차가 생기면 물이 바로 이동한다.

라. 변으로 배설될 때는 물의 영향을 받지 않는다.

46 카세인이 많이 들어 있는 식품은?

가. 빵

나. 우유

다. 밀가루

라. 콩

47 다음 단팥빵 영양가 표(영양소 100g 중 함유량)를 참고하여 단팥빵 200g의 열량을 구하면?

> • 탄수화물 20g   • 단백질 5g
> • 지방 10g   • 칼슘 2mg
> • 비타민 B_1 0.12mg

가. 190kcal

나. 300kcal

다. 380kcal

라. 460kcal

정답 44 다 45 라 46 나 47 다

48 제과 제조 시 사용되는 버터에 포함된 지방의 기능이 아닌 것은?

가. 에너지의 급원 식품이다.

나. 체온 유지에 관여한다.

다. 항체를 생성하고 효소를 만든다.

라. 음식에 맛과 향미를 준다.

49 혈당의 저하와 가장 관계가 깊은 것은?

가. 인슐린　　　　나. 리파아제

다. 프로테아제　　라. 펩신

50 pH가 중성인 것은?

가. 식초

나. 수산화나트륨 용액

다. 중조

라. 증류수

51 유용한 장내 세균의 발육을 왕성하게 하여 장에 좋은 영향을 미치는 이당류는?

가. 설탕(sucrose)

나. 유당(lactose)

다. 맥아당(maltose)

라. 포도당(glucose)

해설 48

버터는 우유의 유지방을 가공하여 유지방이 80% 이상인 가소성 제품으로 온도 변화에 의해 액체상태로 녹으면 고체로 환원이 잘 되지 않는다. 지방의 기능은 에너지원으로 열량이(1g당 9kcal) 발생한다. 세포의 구성성분, 피부를 윤택하게 하며 체온조절 및 내장기관을 보호한다. 조리 시 맛과 풍미를 느끼게 해주며 포만감을 준다.
다. 항체를 생성하고 효소를 만든다.
– 단백질의 기능

해설 49

인슐린 분비 이상으로 포도당이 세포로 유입되지 못하고 공복 시 혈당이 126mg/dL 이상, 식후 200mg/dL 이상이 된다. 혈당이 신장역치인 170mg/dL 이상이 되면 신세뇨관에서 포도당을 재흡수하지 못해 소변으로 당이 배설되고 당이 배설될 때 많은 수분과 나트륨이 배설되므로 다뇨, 다갈 증상이 나타난다.

해설 50

증류수는 물을 가열했을 때 발생하는 수증기를 냉각시켜 정제된 물로 pH 7(중성)의 완전히 순수한 물이다. 보통의 물(수돗물 등)은 pH 5.7 정도(약한 산성)이다.

해설 51

유당은 우유의 성분(4.75%)으로 이스트에 발효되지 않고 유산균에 의해 생성된다. 풍미와 향, 수분 보유제 역할로 노화방지에도 효과가 있다.

정답　48 다　49 가　50 라　51 나

해설 52

에너지원 열량 영양소: 탄수화물 1g에 4kcal, 단백질 1g에 4kcal, 지방 1g에 9kcal의 열량을 낸다.

52 식품의 열량(kcal)을 계산하는 공식으로 옳은 것은? (단, 각 영양소 양의 기준은 g 단위로 한다.)

　가. (탄수화물의 양+단백질의 양)×4+(지방의 양×9)

　나. (탄수화물의 양+지방의 양)×4+(단백질의 양×9)

　다. (지방의 양+단백질의 양)×4+(탄수화물의 양×9)

　라. (탄수화물의 양+지방의 양)×9+(단백질의 양×4)

해설 53

비타민 C
- 열에 약하고 산소에 산화가 잘되어 공기 중에 쉽게 파괴된다. 조리 시 파괴가 크다.
- 콜라겐 형성에 관여하는 항괴혈병 인자, 철의 흡수를 도와주며, 단백질, 지방대사를 돕는다. 피로회복에 도움을 준다.
- 결핍 시 괴혈병, 세균에 대한 저항력이 약해진다.
- 함유식품은 딸기, 레몬, 고추, 무잎 등

53 괴혈병을 예방하기 위해 어떤 영양소가 많은 식품을 섭취해야 하는가?

　가. 비타민 A　　　　나. 비타민 C

　다. 비타민 D　　　　라. 비타민 B₁

해설 54

비타민 D는 항구루병 인자로 칼슘의 흡수를 도와 뼈를 정상적으로 발육하게 한다. 에르고스테롤: 효모, 맥각, 버섯 → (자외선) → 비타민 D2(프로비타민), 콜레스테롤: 간유, 동물의 피하 → (자외선) → 비타민 D3. 결핍 시 : 구루병

54 '태양광선 비타민'이라고도 불리며 자외선에 의해 체내에서 합성되는 비타민은?

　가. 비타민 A　　　　나. 비타민 B

　다. 비타민 C　　　　라. 비타민 D

55 식품위생업에서 정하고 있는 식품위생 관련 내용 중 틀린 것은?

가. 집단급식소는 1회 50인 이상에게 식사를 제공하는 급식소를 말한다.

나. 유통기한이 경과된 식품을 판매의 목적으로 진열만 하는 것은 허용된다.

다. 리스테리아병, 살모넬라병, 파스튜렐라병 및 선모충증에 걸린 동물 고기는 판매 등이 금지된다.

라. 김치류 중 배추김치는 식품안전관리인증기준 대상식품이다.

56 식품위생법상 식품위생의 대상이 아닌 것은?

가. 식품

나. 식품첨가물

다. 조리방법

라. 기구와 용기, 포장

57 빵의 제조과정에서 빵들의 형태를 유지하며 달라붙지 않게 하기 위하여 사용되는 식품첨가물은?

가. 실리콘수지(규소수지) 나. 변성전분

다. 유동파라핀 라. 효모

58 독버섯의 독소가 아닌 것은?

가. 에르고톡신 나. 무스카린

다. 팔린 라. 무스카리딘

해설 55
유통기한은 섭취가 가능한 날짜가 아닌 식품 제조일로부터 소비자에게 판매가 가능한 기한을 말한다.

해설 56
식품위생의 대상으로 식품, 식품첨가물, 기구와 용기, 포장 등이 있다.

해설 57
이형제는 유동파라핀이다.

해설 58
독버섯의 독소 물질에는 무스카린, 무스카리딘, 콜린, 팔린, 아마니타톡신 등이 있다. 에르고톡신은 맥각균에 의해 발생하는 곰팡이독이다.

정답 55 나 56 다 57 다 58 가

해설 59

감염형 식중독의 종류
병원성대장균 식중독, 살모넬라균
식중독, 장염비브리오균 식중독

해설 60

안정성이 높고 유해가 없어야 한다.

59 **다음 중 감염형 식중독을 일으키는 것은?**

가. 보툴리누스균

나. 살모넬라균

다. 포도상구균

라. 고초균

60 **다음 중 소독제의 조건으로 맞지 않는 것은?**

가. 미량으로도 살균력이 강해야 한다.

나. 독성이 약해야 한다.

다. 사용법이 쉽고 간단해야 한다.

라. 안정성이 낮고 유해가 없어야 한다.

정답 59 나 60 라

제과기능사 총 기출문제 2

01 다음 중 엔젤푸드케이크의 반죽 1g당 팬용적(㎤)으로 알맞은 것은?

가. 2.40   나. 2.96

다. 4.71   라. 5.08

02 다음 중 제과의 성형방법으로 맞지 않는 것은?

가. 찍어내기   나. 접어밀기

다. 봉하기   라. 짤주머니 사용

03 비용적이 2.5㎤/g인 제품을 다음과 같이 지름 10cm, 높이 8cm 원형 팬을 이용하여 만들고자 한다. 필요한 반죽의 무게는?(단, 소수점 첫째 자리에서 반올림하시오.)

가. 100g   나. 251g

다. 628g   라. 1,270g

04 지름 12cm, 높이 10cm 원형 팬의 비용적은?(단, 소수점 첫째 자리에서 반올림하시오.)

가. 870㎤   나. 1,050㎤

다. 237㎤   라. 1,130㎤

해설 01

제품별 비용적
파운드케이크 2.40㎤/g
레이어케이크 2.96㎤/g
엔젤푸드케이크 4.71㎤/g
스펀지케이크 5.08㎤/g

해설 02

제과의 성형방법에는 찍어내기, 접어밀기, 짤주머니 사용, 틀에 채우기(팬닝)가 있다.
봉하기는 제빵의 성형 방법 중 하나이다.

해설 03

첫 번째로 틀의 부피를 계산한다.
팬의 용적(㎤)=반지름×반지름×3.14×높이(5×5×3.14×8=628㎤)
두 번째로 무게를 계산한다.
반죽무게=틀부피÷비용적(628÷2.5=251.2g)

해설 04

팬의 용적(㎤)=반지름×반지름×3.14×높이=(6×6×3.14×10=1,130㎤)

정답   01 다   02 다   03 나   04 라

해설 05

첫 번째로 평균 가로세로를 구한다.
(아래 가로+위 가로)÷2=평균 가로 (18+20)÷2=19
(아래 세로+위 세로)÷2=평균 세로 (6+7)÷2=6.5
두 번째로 틀의 부피를 계산한다.
팬의 용적(㎤)=평균 가로×평균 세로×높이 19×6.5×5=617.5㎤
세 번째로 무게를 계산한다.
틀부피÷비용적=반죽무게
617.5÷2.4=257.2g=257g

해설 06

첫 번째로 평균 가로세로를 구한다.
(아래 가로+위 가로)÷2=평균 가로 (18+20)÷2=19
(아래 세로+위 세로)÷2=평균 세로 (6+7)÷2=6.5
두 번째로 팬의 용적(㎤)=평균 가로×평균 세로×높이 19×6.5×5=617.5㎤=618㎤

해설 07

사용할 물 온도
(희망 반죽온도×6)-(실내온도+밀가루 온도+설탕 온도+쇼트닝 온도+계란 온도+마찰계수)
(24×6)-(24+24+24+19+19+19)
= 144-129 = 15

해설 08

마찰계수 구하는 공식
(결과 반죽온도×6)-(실내온도+밀가루 온도+설탕 온도+쇼트닝 온도+계란 온도+수돗물 온도)
(24 × 6)-(27+27+27+22+15+15)
= 144-133 = 11

05 비용적이 2.4㎤/g인 제품을 다음과 같이 위 가로20cm, 아래 가로 18cm, 위 세로 7cm, 아래 세로 6cm, 높이 5cm 파운드 팬을 이용하여 만들고자 한다. 필요한 반죽의 무게는?(단, 소수점 첫째 자리에서 반올림하시오.)

가. 257g
나. 267g
다. 579g
라. 580g

06 다음과 같이 위 가로 20cm, 아래 가로 18cm, 위 세로 7cm, 아래 세로 6cm, 높이 5cm 파운드팬의 비용적은?(단, 소수점 첫째 자리에서 반올림하시오.)

가. 328㎤
나. 329㎤
다. 521㎤
라. 618㎤

07 아래의 조건에서 사용할 물의 온도는?

- 희망 반죽온도 : 24℃   • 마찰계수 : 19
- 밀가루 온도 : 24℃   • 실내온도 : 24℃
- 설탕 온도 : 24℃   • 쇼트닝 온도 : 19℃
- 수돗물 온도 : 15℃   • 계란 온도 : 19℃

가. 5℃
나. 10℃
다. 15℃
라. 20℃

08 밀가루 온도 27℃, 실내온도 27℃, 계란 온도 15℃, 설탕 온도 27℃, 유지 온도 22℃, 수돗물 온도 15℃, 결과온도 23℃, 사용물의 양이 5kg일 때 마찰계수는?

가. 11
나. 21
다. 17
라. 18

정답   05 가   06 라   07 다   08 가

09 다음 중 고율배합의 특징으로 맞지 않는 것은?

가. 공기혼입량이 많다.

나. 화학팽창제 사용량이 줄어든다.

다. 반죽의 비중이 낮다.

라. 굽기는 오버베이킹을 한다.

10 다음 중 저율배합의 특징으로 맞지 않는 것은?

가. 공기혼입량이 적다.

나. 화학팽창제 사용량이 증가한다.

다. 반죽의 비중이 높다.

라. 굽기는 오버베이킹을 한다.

11 반죽온도가 제품에 미치는 영향으로 알맞지 않는 것은?

가. 반죽의 기포성에 영향을 미친다.

나. 반죽의 온도가 높으면 열린 기공이 된다.

다. 반죽의 온도가 낮으면 부피가 커진다.

라. 반죽의 온도가 높으면 노화가 빠른 제품이
된다.

12 반죽온도가 제품에 미치는 영향으로 알맞지 않는 것은?

가. 반죽의 기포성에 영향을 미친다.

나. 반죽의 온도가 높으면 기공이 작아진다.

다. 반죽의 온도가 낮으면 조밀한 기공으로 부
피가 작으며 식감이 나쁘다.

라. 반죽의 온도가 높으면 노화가 빠른 제품이
된다.

해설 09

고율배합 특징
- 공기혼입량이 많다.
- 반죽의 비중이 낮다.
- 오버베이킹한다.
- 화학팽창제 사용량이 줄어든다.

해설 10

저율배합 특징
- 공기혼입량이 적다.
- 반죽의 비중이 높다.
- 언더베이킹한다.
- 화학팽창제 사용량이 증가한다.

해설 11

반죽의 온도가 낮으면 조밀한 기공으로 부피가 작으며 식감이 나쁘다.

해설 12

반죽의 온도가 높으면 열린 기공이 된다.

정답 09 나 10 라 11 다 12 나

13 케이크 반죽의 pH가 알칼리성일 경우 제품에 미치는 영향이 아닌 것은?

가. 기공과 조직이 거칠다.

나. 제품의 부피가 커진다.

다. 색이 어둡고 강한 향과 쓴맛이 난다.

라. 색이 연하고 신맛이 강하다.

14 케이크 반죽의 pH가 산성일 경우 제품에 미치는 영향이 아닌 것은?

가. 기공과 조직이 거칠다.

나. 기공과 조직이 조밀해진다.

다. 제품의 부피가 작아진다.

라. 색이 연하고 신맛이 강하다.

15 과도한 오버베이킹(over baking)에 대한 설명 중 틀린 것은?

가. 높은 온도에서 짧은 시간 동안 구운 것이다.

나. 노화가 빨리 진행된다.

다. 수분손실이 크다.

라. 윗면이 평평하다.

16 언더베이킹(under baking)에 대한 설명 중 옳은 것은?

가. 고율배합은 다량의 반죽에 적합하다.

나. 저온 장시간 굽는다.

다. 과도하게 단시간 굽는 경우 설익거나 주저
앉는다.

라. 수분손실이 크다.

정답 13 라 14 가 15 가 16 다

17 도넛용 튀김기름이 갖추어야 할 조건이 아닌 것은?

가. 산패취가 없어야 한다.

나. 저장 중 안정성이 낮아야 한다.

다. 발연점이 높아야 한다.

라. 수분이 없고 저장성이 높아야 한다.

18 완제품의 무게 400g짜리 케이크 10개를 만들려고 한다. 굽기 및 냉각 손실이 20%라면 총분할 반죽의 무게는?

가. 5,000g
나. 4,500g

다. 4,000g
라. 3,500g

19 굽기 가열방식으로 맞지 않는 것은?

가. 대류열
나. 전도열

다. 증기열
라. 복사열

20 다음 중 수분으로 인해 도넛에 묻힌 설탕이 녹는 발한 현상의 조치사항 중 맞지 않는 것은?

가. 튀김시간을 늘려 도넛의 수분량을 줄인다.

나. 튀김을 한 직후 설탕을 뿌린다.

다. 도넛에 묻는 설탕량을 증가시킨다.

라. 접착력이 좋은 튀김기름을 사용한다.

해설 17

튀김기름이 갖추어야 할 조건
- 산패취가 없어야 한다.
- 발연점이 높아야 한다.
- 수분이 없고 저장성이 높아야 한다.
- 열을 잘 전달해야 한다.
- 저장 중에 안정성이 높아야 한다.

해설 18

제품의 총무게 = 400g×10% = 4,000g
분할반죽의 총무게 = 4,000g÷{1 − (20 ÷ 100)}= 5,000g

해설 19

굽기 가열방식으로는 복사열, 대류열, 전도열이 있다.

해설 20

튀기는 시간을 늘려 도넛의 수분량을 줄인다.
충분히 식힌 다음 설탕을 뿌린다.
접착력이 좋은 튀김기름을 사용한다.
냉각 중 환기를 충분히 한다.
도넛에 묻는 설탕량을 증가시킨다.

정답 17 나 18 가 19 다 20 나

해설 21

튀기는 시간을 늘려 도넛의 수분량을 줄인다.
충분히 식힌 다음 설탕을 뿌린다.
점착력이 좋은 튀김기름을 사용한다.
냉각 중 환기를 충분히 한다.
도넛에 묻는 설탕량을 증가시킨다.

해설 22

온도를 높이고 튀기는 시간을 적절하게 해준다.
제품을 식히면서 충분히 기름을 빼준다.
경화제인 스테아린을 3~6% 첨가한다.

해설 23

튀김기름의 4대 적 : 온도(열), 수분(물), 공기(산소), 이물질

해설 24

찜류 제품 : 찐빵, 치즈케이크, 찜케이크, 커스터드 푸딩, 중화만두류

21 다음 중 수분으로 인해 도넛에 묻힌 설탕이 녹는 발한 현상의 조치사항 중 맞지 않는 것은?

가. 튀김시간을 늘려 도넛의 수분량을 줄인다.

나. 충분히 식힌 다음 설탕을 뿌린다.

다. 도넛에 묻는 설탕량을 줄인다.

라. 점착력이 좋은 튀김기름을 사용한다.

22 다음 중 기름으로 인해 도넛에 묻힌 설탕이 녹는 황화 현상의 조치사항 중 맞지 않는 것은?

가. 기름 온도를 높이고 튀기는 시간을 적절히 한다.

나. 제품을 식히면서 충분히 기름을 뺀다.

다. 경화제인 스테아린을 3~6% 첨가한다.

라. 점착력이 좋은 튀김기름을 사용한다.

23 튀김기름의 4대 적으로 맞지 않는 것은?

가. 온도　　　　　　　나. 수분
다. 항산화제　　　　　라. 이물질

24 다음 중 찜류 제품인 것은?

가. 치즈케이크　　　　나. 스펀지케이크
다. 무스케이크　　　　라. 파운드케이크

25 다음 중 찜류 제품이 아닌 것은?

가. 치즈케이크

나. 커스터드 푸딩

다. 무스케이크

라. 찐빵

26 냉각환경에 대해 잘 설명한 것은?

가. 냉각환경은 온도, 습도, 시간을 잘 맞춘다.

나. 제품이 나오자마자 냉장고에서 식힌다.

다. 온도를 0~10℃ 정도로 맞추는 것이다.

라. 냉각장소는 밀폐된 공간에서 해야 한다.

27 냉각환경에 대해 설명이 틀린 것은?

가. 냉각환경은 온도, 습도, 시간을 잘 맞춘다.

나. 상온에서 천천히 온도를 내려야 한다.

다. 온도를 0~10℃ 정도로 맞추는 것이다.

라. 냉각장소는 환기시설이 잘되고 통풍이 잘 되는 곳이어야 한다.

28 아이싱을 하는 목적으로 맞지 않는 것은?

가. 제품의 맛과 윤기를 준다.

나. 장식을 함으로써 표면이 마르지 않도록 한다.

다. 보관을 오래 하기 위함이다.

라. 외관상 멋을 살리는 것이다.

정답 25 다 26 가 27 다 28 다

해설 25
무스케이크는 안정제를 넣고 굳힌 냉과류이다.

해설 26
• 냉각환경은 온도, 습도, 시간을 잘 맞춘다.
• 상온에서 천천히 온도를 내려 35~40℃ 정도로 맞추는 것이다.
• 냉각방법으로는 자연냉각, 터널식 냉각, 에어컨디션식 냉각으로 크게 나눌 수 있다.
• 냉각장소는 환기시설이 잘되고 통풍이 잘되는 곳이어야 한다.

해설 27
• 냉각환경은 온도, 습도, 시간을 잘 맞춘다.
• 상온에서 천천히 온도를 내려 35~40℃ 정도로 맞추는 것이다.
• 냉각방법으로는 자연냉각, 터널식 냉각, 에어컨디션식 냉각으로 크게 나눌 수 있다.
• 냉각장소는 환기시설이 잘되고 통풍이 잘되는 곳이어야 한다.

해설 28
아이싱이란 마무리라고도 하며 제품의 맛과 윤기를 주며 장식을 함으로써 표면이 마르지 않도록 한다. 외관상 멋을 살리며 충전물 또는 장식물이라고도 한다.

해설 29
물엿을 첨가하면 수분보유력을 높여 부드러운 식감을 만들 수 있다.

해설 30
물을 114~118℃로 끓인 뒤, 시럽을 저으면서 기포화 하여 만든 것이다.

해설 31
감염병 3대 요소는 병원체(병인), 환경, 숙주의 감수성이다.

해설 32
곰팡이는 주로 포자에 의하여 수를 늘리며, 빵, 밥 등의 부패에 관여하는 미생물이다.
종류로는 누룩곰팡이속, 푸른곰팡이속, 거미줄곰팡이속, 솜털곰팡이속이 있다.

29 아이싱에 물엿을 첨가하는 목적으로 알맞은 것은?

가. 수분보유력을 높여 부드러운 식감을 만들 수 있다.

나. 단단한 식감을 만들 수 있다.

다. 보관을 오래 하기 위함이다.

라. 안정제를 대신하여 넣는다.

30 퐁당아이싱의 시럽을 끓이는 온도로 맞는 것은?

가. 98~100℃   나. 110~112℃

다. 114~118℃   라. 120~125℃

31 감염병 및 질병 발생의 3대 요소가 아닌 것은?

가. 병인(병원체)   나. 환경

다. 숙주(인간)   라. 항생제

32 생물로서 최소 생활단위를 영위하는 미생물의 일반적 성질에 대한 설명으로 옳은 것은?

가. 세균은 주로 출아법으로 그 수를 늘리며 술 제조에 사용된다.

나. 효모는 주로 분열법으로 그 수를 늘린다.

다. 곰팡이는 주로 포자에 의하여 수를 늘리며, 빵, 밥 등의 부패에 관여하는 미생물이다.

라. 바이러스는 주로 출아법으로 수를 늘리며, 필요한 영양분을 합성한다.

정답 29 가 30 다 31 라 32 다

33 병원체가 음식물, 손, 식기, 완구, 곤충 등을 통하여 입으로 침입하여 감염을 일으키는 것 중 바이러스가 아닌 것은?

가. 유행성간염
나. 콜레라
다. 홍역
라. 폴리오

34 식품에 점착성 증가, 유화안정성, 선도유지, 형체보존에 도움을 주며, 점착성을 줌으로써 촉감을 좋게 하기 위하여 사용하는 식품 첨가물은?

가. 호료(증점제)
나. 발색제
다. 산미료
라. 유화제

35 복어 중독을 일으키는 성분은?

가. 테트로도톡신
나. 솔라닌
다. 무스카린
라. 아코니틴

36 튀김 기름을 산화시키는 요인이 아닌것은?

가. 온도
나. 수분
다. 공기
라. 유당

37 다음 중 단일 불포화지방산은?

가. 팔미트산
나. 리놀렌산
다. 아라키돈산
라. 올레산

정답 33 나 34 가 35 가 36 라 37 라

해설 38

유지의 가소성은 유지가 고체 모양을 유지하는 성질(파이용 마가린)
- 기능성 = 쇼트닝성으로 제품의 부드러움을 나타내는 수치이다.
- 안정성 = 지방의 산화와 산패를 억제하는 기능으로 저장기간이 긴 제품(쿠키)에 사용한다.
- 유화성 = 유지가 물을 흡수하여 보유하는 능력을 말하며 고율배합케이크, 파운드케이크에 중요한 기능이다.

해설 39

유화 쇼트닝은 쇼트닝에 유화제를 6~8% 첨가하여 쇼트닝의 기능(유동성)을 높인 제품으로 노화지연, 크림성 증가, 유화분산성 및 흡수성을 증대시킨다.

해설 40

지방을 가수분해하면 글리세롤 1분자와 지방산 3분자로 된다.

해설 41

산화방지제(항산화요소)
- 천연 항산화제 = 비타민 E, 세시몰(참깨, 참기름)
- 화학적 항산화제 = BHT, BHA, 몰식자산프로필
- 상승제

38 빵 제품의 모양을 유지하기 위하여 사용하는 유지제품의 특성을 무엇이라 하는가?

가. 기능성
나. 안정성
다. 유화성
라. 가소성

39 유지의 물리적 특성 중 쇼트닝에 대한 설명으로 맞지 않는 것은?

가. 라드(돼지기름)의 대용품으로 개발된 제품이다.
나. 비스킷, 쿠키 등을 제조할 때 제품이 잘 부서지도록 하는 성질을 지닌다.
다. 유화제 사용으로 공기 혼합 능력이 작다.
라. 케이크 반죽의 유동성 및 저장성 등을 개선한다.

40 글리세린(glycerin, glycerol)에 대한 설명으로 틀린 것은?

가. 3개의 수신기(−OH)를 가지고 있다.
나. 색과 향의 보존을 도와준다.
다. 탄수화물의 가수분해로 얻는다.
라. 무색, 무취한 액체이다.

41 방지제로 쓰이는 물질이 아닌 것은?

가. 중조
나. BHT
다. BHA
라. 세사몰

정답 38 라 39 다 40 다 41 가

42 모노글리세리드(monoglyceride)와 디글리세리드(diglyceride)는 제과에 있어 주로 어떤 역할을 하는가?

가. 유화제

나. 항산화제

다. 감미제

라. 필수영양제

43 다음 중 유지의 경화 공정과 관계가 없는 물질은?

가. 불포화지방산

나. 수소

다. 콜레스테롤

라. 촉매제

44 유지를 고온으로 계속 가열하였을 때 다음 중 점차 낮아지는 것은?

가. 산가

나. 점도

다. 과산화물가

라. 발연점

45 포화지방산과 불포화지방산에 대한 설명 중 옳은 것은?

가. 포화지방산은 이중결합을 함유하고 있다.

나. 포화지방산은 할로겐이나 수소첨가에 따라 불포화될 수 있다.

다. 코코넛 기름에는 불포화지방산이 더 높은 비율로 들어있다.

라. 식물성 유지에는 불포화지방산이 더 높은 비율로 들어있다.

해설 42

모노디글리세리드는 유지가 가수분해될 때의 중간 산물인 인공 유화제를 제과에 사용 시 기공과 속결 개선, 부피의 증가, 노화지연 등의 효과가 있다.

해설 43

유지의 경화란 지방산의 2중결합(불포화지방산)에 수소를 첨가하여 지방이 고체가 되는 현상이며 불포화도를 감소시키고 포화도가 높아지며 융점이 높고 단단해지는 것을 뜻하며 촉매제로 니켈과 백금이 있다.

해설 44

발연점은 유지를 가열할 때 지방이 분해되어 생긴 글리세롤이 분해되면서 유지의 표면으로부터 점막을 자극하는 엷은 푸른 연기가 발생하기 시작하는 온도이며 고온 가열 시 발연점이 낮아진다.

해설 45

포화지방산은 단일결합만으로 이루어져 있으며, 불포화지방산에 수소첨가로 포화될 수 있고 코코넛 기름은 포화지방산이 더 높은 비율로 들어 있다.

정답 42 가 43 다 44 라 45 라

46 식품별 영양소의 연결이 틀린 것은?

　가. 콩류–트레오닌

　나. 곡류–리신

　다. 채소류–메티오닌

　라. 옥수수–트립토판

47 노인의 경우 필수 지방산의 흡수를 위해 섭취하면 좋은 기름은?

　가. 콩기름　　　　　나. 닭기름

　다. 돼지기름　　　　라. 소기름

48 1일 2,000kcal를 섭취하는 성인의 경우 탄수화물의 적절한 섭취량은?

　가. 1,100~1,400g　　나. 850~1,050g

　다. 500~725g　　　라. 275~350g

49 콜레스테롤 흡수와 가장 관계 깊은 것은?

　가. 타액　　　　　　나. 위액

　다. 담즙　　　　　　라. 장액

50 생리 기능의 조절 작용을 하는 영양소는?

　가. 탄수화물, 지방질

　나. 탄수화물, 단백질

　다. 지방질, 단백질

　라. 무기질, 비타민

51 건조된 아몬드 100g에 탄수화물 16g, 단백질 18g, 지방 54g, 무기질 3g, 수분 6g, 기타 성분 등이 함유되어 있다면 이 아몬드 100g의 열량은?

　가. 약 200kcal　　나. 약 364kcal

　다. 약 622kcal　　라. 약 751kcal

52 시금치에 들어 있으며 칼슘의 흡수를 방해하는 유기산은?

　가. 초산　　　　　나. 호박산

　다. 수산　　　　　라. 구연산

53 질병에 대한 저항력을 지닌 항체를 만드는 데 꼭 필요한 영양소는?

　가. 탄수화물　　　나. 지방

　다. 칼슘　　　　　라. 단백질

54 대장 내의 작용에 대한 설명으로 틀린 것은?

　가. 무기질의 흡수가 일어난다.

　나. 수분 흡수가 주로 일어난다.

　다. 소화되지 못한 물질의 부패가 일어난다.

　라. 섬유소가 완전 소화되어 정장 작용을 한다.

정답 50 라　51 다　52 다　53 라　54 라

해설 50

생리 기능의 조절 작용을 하는 조절 영양소는 무기질, 비타민, 물이며 각종 생체반응을 조절, 대사를 원활하게 하는 영양소이다.

해설 51

탄수화물 16g×4kcal = 64kcal
단백질 18g×4kcal = 72kcal
지방 54g×9kcal = 486kcal
∴ 64 + 72 = 486 = 622kca

해설 52

칼슘의 흡수를 촉진하는 요인은 비타민 D, 유당, 김치의 젖산이다. 흡수방해 요인은 시금치(수산), 초콜릿(옥산살)으로 결석을 유발한다.

해설 53

단백질은 몸의 근육이나 혈액을 만들고, 호르몬, 효소, 질병에 대한 저항력의 주체로 되는 항체를 구성한다. 과잉섭취 시 체온, 혈압의 상승, 신경과민, 불면증 및 사고력이 저하된다.

해설 54

대장 내의 작용

• 수분, 소디움, 짧은 사슬 지방산 및 질소화합물을 흡수·분비하여 변을 저장하고 배변에 관여한다.

• 섬유소를 분해하는 셀룰라아제 효소가 존재하지 않아 소화시킬 수 없는 구성성분이나 배변활동을 돕는다.

해설 55
자유수(유리수): 용매로서 작용하며 건조 시 쉽게 제거되고 0℃ 이하에서도 쉽게 동결되며 미생물에 이용된다. 밀도가 작다.

해설 56
표준위생관리기준(SSOP)

해설 57
빵, 밥, 술, 된장, 간장 등 양조에 이용되는 누룩곰팡이처럼 유용한 것도 있다.

해설 58
저장해야 할 음식은 온도가 낮은 냉장고에서 저장한다.

55 자유수를 올바르게 설명한 것은?

가. 당류와 같은 용질에 작용하지 않는다.

나. 0도 이하에서 얼지 않는다.

다. 정상적인 물보다 그 밀도가 크다.

라. 염류, 당류 등을 녹이고 용매로서 작용한다.

56 HACCP의 구성 요소 중 일반적인 위생관리 운영기준, 영업자관리, 종업원관리, 보관 및 운송관리, 검사관리, 회수관리 등의 운영 절차는?

가. HACCP관리계획(HACCP PLAN)

나. 표준위생관리기준(SSOP)

다. 우수제조기준(GMP)

라. HACCP

57 밀가루를 부패시키는 미생물(곰팡이)은?

가. 누룩곰팡이속

나. 푸른곰팡이속

다. 털곰팡이속

라. 거미줄곰팡이속

58 냉장고에 식품을 저장하는 방법으로 바르지 않은 것은?

가. 조리하지 않은 식품과 조리한 식품은 분리하여 따로 저장한다.

나. 오랫동안 저장해야 할 식품은 온도가 높은 곳에 저장한다.

다. 버터와 생선은 가까이 두지 않는다.

라. 냉동식품은 냉동실에 보관한다.

정답 55 라 56 나 57 가 58 나

59 다음 중 인수공통감염병은?

　　가. 탄저병　　　　　나. 장티푸스

　　다. 세균성이질　　　라. 콜레라

60 다음 중 감염병과 관련 내용이 바르게 연결되지 않은 것은?

　　가. 콜레라 – 외래 감염병

　　나. 세균성이질 – 점액성 혈변

　　다. 파상열 – 바이러스성 인수공통감염병

　　라. 장티푸스 – 고열 수반

해설 59

인수공통감염병은 탄저병, 파상열, 결핵, 야토병, 돈닥독, Q열, 리스테리아증이 있다.

해설 60

인수공통감염병은 사람과 척추동물 사이에서 발생하는 질병 또는 감염상태를 말한다.

정답　59 가　60 다

제과기능사 **총 기출문제 3**

해설 01
과자류 표면에 광택을 내는 것이다.
다양한 재료를 이용하여 표면에 발라주는 작업이다.
글레이즈가 부스러지면 설탕의 0.25~1% 안정제를 사용한다.
설탕을 수분보유력이 큰 포도당 전화당 시럽으로 대처한다.
글레이즈 작업온도는 45~50℃이다.

해설 02
가나슈는 우유나 생크림을 끓이고 초콜릿과 섞어 만든 부드러운 초콜릿크림이다.

01 **글레이즈 설명에 맞지 않는 내용은?**

　가. 과자류 표면에 광택을 내는 것이다.

　나. 다양한 재료를 이용하여 표면에 발라주는 작업이다.

　다. 글레이즈가 부스러지면 설탕의 1~2% 안정제를 사용한다.

　라. 글레이즈 작업온도는 45~50℃이다.

02 **다음 중 가나슈 크림의 설명으로 맞는 것은?**

　가. 우유나 생크림을 끓이고 초콜릿과 섞어 만든 크림이다.

　나. 우유와 설탕 전분을 넣고 끓여 만든 크림이다.

　다. 버터에 당류를 첨가하여 부드러운 크림으로 만든 것이다.

　라. 식물성 지방이 40% 이상인 크림이다.

정답 01 다 02 가

03 **다음 중 프렌치 머랭의 설명으로 맞는 것은?**

가. 흰자와 설탕을 중탕한 뒤 거품을 낸 머랭이다.

나. 제과에서 기본이 되는 머랭이며 흰자 100 : 설탕 200으로 낸 머랭이다.

다. 114~118℃의 시럽을 끓여 흰자에 천천히 부어가며 살균처리한 머랭이다.

라. 냉제머랭을 만들어 온제머랭을 첨가하며 장식물 제조 시 사용된다.

04 **아몬드가루와 분당을 주재료로 하여 만든 페이스트로 장식물로 사용되는 것은?**

가. 스위스머랭　　　　나. 커스터드 크림

다. 마지팬　　　　　　라. 글레이즈

05 **쿠키 포장지 선택 시 알맞은 것은?**

가. 세균, 곰팡이와는 무관하다.

나. 방수성이 없어야 한다.

다. 통기성이 없어야 한다.

라. 시각적 효과를 위해 단가가 높아도 선택할 수 있다.

해설 03
프렌치머랭은 제과에서 기본이 되는 머랭이며 흰자 100 : 설탕 200으로 낸 머랭이다.

해설 04
마지팬은 아몬드가루와 분당을 주재료로 하여 만든 페이스트로 제과에서 장식물로 많이 사용된다.

해설 05
포장용기 선택 시 주의점
• 방수성이 있고 통기성이 없어야 한다.
• 단가가 낮아야 한다.
• 상품의 가치를 높일 수 있어야 한다.
• 유해물질이 없는 포장지와 용기를 선택해야 한다.
• 세균, 곰팡이가 발생하는 오염포장이 되어서는 안 된다.

정답　03 나　04 다　05 다

06 제품의 구성요소에서 팽창물질에 대한 설명 중 맞는 것은?

　가. 볼륨과 부드러운 식감을 형성한다.

　나. 제품 모양을 유지하여 주는 성질이다.

　다. 글루텐을 약화시켜 부드럽고 바삭한 식감을 준다.

　라. 제품의 잡내를 제거하고 풍미를 개선할 수 있다.

07 제품의 구성요소에서 보형성에 대한 설명 중 맞는 것은?

　가. 볼륨과 부드러운 식감을 형성한다.

　나. 제품 모양을 유지하여 주는 성질이다.

　다. 글루텐을 약화시켜 부드럽고 바삭한 식감을 준다.

　라. 제품의 잡내를 제거하고 풍미를 개선할 수 있다.

08 제품의 구성요소에서 풍미물질에 대한 설명 중 맞는 것은?

　가. 볼륨과 부드러운 식감을 형성한다.

　나. 제품 모양을 유지하여 주는 성질이다.

　다. 글루텐을 약화시켜 부드럽고 바삭한 식감을 준다.

　라. 제품의 잡내를 제거하고 풍미를 개선할 수 있다.

정답　06 가　07 나　08 라

09 다음은 어떤 재료의 기능을 설명한 것인가?

> • 단맛을 느끼게 해준다.
> • 캐러멜화 반응을 촉진하여 껍질색을 진하게 한다.
> • 수분보유력을 높인다.

가. 계란 나. 유지
다. 설탕 라. 밀가루

10 다음은 어떤 재료의 기능을 설명한 것인가?

> • 레시틴의 유화작용을 한다.
> • 단백질로 인한 구조형성을 한다.
> • 결합제 역할을 한다.
> • 팽창 역할을 한다.

가. 계란 나. 유지
다. 설탕 라. 밀가루

11 다음은 어떤 재료의 기능을 설명한 것인가?

> • 유화성을 가져 크림에 많은 양의 수분을 흡수할 수 있는 성질이다.
> • 신장성이 있어 반죽 사이에 밀어펴지는 성질이다.
> • 제품을 유연하게 만들어주는 재료이다.
> • 믹싱 중 공기를 포집시킬 수 있다.

가. 계란 나. 유지
다. 설탕 라. 밀가루

해설 09
• 감미제 : 단맛을 느끼게 해준다.
• 색채형성 : 굽기 중 캐러멜화 반응을 촉진하여 갈변반응으로 껍질색을 진하게 한다.
• 연화작용 : 밀가루 단백질을 연화시켜 제품의 속결과 기공을 부드럽게 한다.
• 보습성 : 수분보유력을 높여 제품의 수분을 잡아 노화를 지연시킴으로, 저장성이 좋아진다.
• 퍼짐성 관여 : 믹싱 정도에 따라 흐름성이 달라져 퍼짐 정도를 조절할 수 있게 된다.

해설 10
• 천연유화제 : 노른자의 레시틴이 유화작용을 한다.
• 구조형성(응고성) : 계란 단백질로 인해 구조형성을 할 수 있다.
• 결합제 : 커스터드 크림같이 농후화 작용(농도가 진하게)으로 결합제 역할을 한다.
• 팽창제 : 스펀지케이크와 같이 믹싱 중 기포를 형성하여 부풀리는 역할을 한다.

해설 11
• 유지류는 제품을 유연하게 만들어주는 재료로서 믹싱 중 공기를 포집할 수 있다.
• 유화성 : 크림에 많은 양의 수분을 흡수할 수 있는 성질이다.(흡수성)
• 신장성 : 반죽 사이에서 밀어펴지는 성질이다.(파이, 페이스트리)

정답 09 다 10 가 11 나

12 **화학적 팽창의 대한 설명으로 옳은 것은?**

　　가. 베이킹파우더나 소다와 같은 화학팽창제에 의존하는 것이다.

　　나. 반죽 시 포집된 공기에 의존하는 것이다.

　　다. 이스트에 의존하며 이산화탄소를 발생시켜 팽창하는 것이다.

　　라. 팽창이 이루어지지 않는 상태이다.

13 **물리적 팽창에 대한 설명으로 옳은 것은?**

　　가. 베이킹파우더나 소다와 같은 화학팽창제에 의존하는 것이다.

　　나. 반죽 시 포집된 공기에 의존하는 것이다.

　　다. 이스트에 의존하며 이산화탄소 발생시켜 팽창하는 것이다.

　　라. 팽창이 이루어지지 않는 상태이다.

14 **복합형 팽창에 대한 설명으로 옳은 것은?**

　　가. 베이킹파우더나 소다와 같은 화학팽창제에 의존하는 것이다.

　　나. 반죽 시 포집된 공기에 의존하는 것이다.

　　다. 이스트에 의존하며 이산화탄소를 발생시켜 팽창하는 것이다.

　　라. 2가지 이상 병용된 팽창이다.

정답 12 가 13 나 14 라

15 맛과 시각적인 부분을 표현한 케이크는 어떠한 것인가?

가. 공예과자

나. 데커레이션 케이크

다. 냉과자

라. 양과자

해설 15
데커레이션 케이크는 맛과 시각적인 부분을 표현한 케이크이다.

16 무스케이크는 가공형태에 어디에 속한 것인가?

가. 공예과자

나. 데커레이션 케이크

다. 냉과자

라. 양과자

해설 16
냉과자 : 무스류(무스케이크), 젤리, 바바루아, 푸딩류

17 전시용이나 화려한 멋을 살려 미각적인 부분을 표현한 케이크는?

가. 공예과자

나. 데커레이션 케이크

다. 냉과자

라. 양과자

해설 17
공예과자는 전시용이나 화려한 멋을 살려 미각적인 부분을 표현하며, 케이크나 과자류로 먹을 수 없는 재료도 일부 사용한다.

18 수분 함량이 30% 이상인 과자류는 어떠한 것인가?

가. 공예과자　　　　　나. 건과자

다. 냉과자　　　　　　라. 생과자

해설 18
생과자는 수분함량이 30% 이상이다.

정답 **15** 나　**16** 다　**17** 가　**18** 라

19 수분 함량이 5% 이하인 과자류는 어떠한 것인가?

가. 공예과자
나. 건과자
다. 냉과자
라. 생과자

20 파운드케이크 제조 시 이중팬을 사용하는 목적인 것은?

가. 제품 바닥에 두꺼운 껍질을 형성하기 위하여
나. 제품 옆면에 두꺼운 껍질을 형성하기 위하여
다. 오븐에서 열전도율을 높이기 위하여
라. 제품의 조직과 맛을 개선하기 위하여

21 파운드케이크 굽기 시 윗면이 터지는 이유가 아닌 것은?

가. 설탕이 용해가 안 될 때
나. 반죽의 수분이 부족할 때
다. 반죽을 즉시 굽지 않아 표면이 말랐을 때
라. 낮은 온도에서 구워 껍질이 천천히 형성되었을 때

22 마블파운드케이크에서 사용하는 재료는 무엇인가?

가. 코코아
나. 흰자
다. 녹차
라. 커피

정답 19 가 20 라 21 라 22 가

23 과일케이크 과일의 전처리 목적으로 맞지 않는 것은?

　가. 반죽 내 수분이 과일로 이동하지 않기 위함 이다.

　나. 반죽에 과일이 가라앉지 않게 하기 위해서 이다.

　다. 과일의 풍미가 살아난다.

　라. 식감을 개선시키기 위함이다.

24 과일케이크의 과일 전처리 방법으로 맞지 않는 것은?

　가. 건포도 무게 22~25%의 물을 넣는다.

　나. 물을 넣고 4시간가량 불린다.

　다. 미온수를 10분 정도 담가 배수하여 사용한다.

　라. 물 대신 럼주와 같은 술을 사용하면 풍미개 선에 도움이 될 수 있다.

25 데블스푸드케이크 제조 시 중조를 8g 사용했을 경우 가스발생량으로 비교했을 때 베이킹파우더 몇 g의 효과와 같은 것인가?

　가. 18g　　　　　　나. 20g

　다. 22g　　　　　　라. 24g

26 데블스푸드케이크의 제법으로 맞는 것은?

　가. 크림법　　　　　나. 블렌딩법

　다. 1단계법　　　　라. 설탕물법

해설 23

과일케이크의 전처리 목적
• 과일 풍미가 살아난다.
• 식감을 개선시키기 위함이다.
• 과일을 충분히 불려 반죽 내 수 분이 과일로 이동하지 않기 위함 이다.

해설 24

• 건포도 무게 12~15%의 물을 넣 고 4시간
• 잠길 정도의 미온수를 10분 정도 담가 배수하여 사용
• 물 대신 럼주와 같은 술을 사용하 면 풍미개선에 도움이 될 수 있다.

해설 25

중조(소다, 탄산수소나트륨) 사용 량은 베이킹파우더의 3배이다.
중조사용량 8g×3=24g

정답 23 나　24 가　25 라　26 나

27 **파운드케이크의 기본 배합률로 맞는 것은?**

가. 밀가루 100% : 유지 100% : 계란 100% :
   설탕 100%

나. 밀가루 150% : 유지 100% : 계란 100% :
   설탕 100%

다. 밀가루 166% : 계란 166% : 설탕 166% :
   소금 2%

라. 밀가루 100% : 계란 166% : 설탕 166% :
   소금 2%

28 **스펀지케이크의 기본 배합률로 맞는 것은?**

가. 밀가루 100% : 유지 100% : 계란 100% :
   설탕 100% : 소금 1%

나. 밀가루 150% : 유지 100% : 계란 100% :
   설탕 100% : 소금 1%

다. 밀가루 166% : 계란 166% : 설탕 166% :
   소금 2%

라. 밀가루 100% : 계란 166% : 설탕 166% :
   소금 2%

29 **반죽형 제법이 아닌 것은?**

가. 공립법   나. 블렌딩법
다. 1단계법   라. 설탕물법

30 **거품형 제법이 아닌 것은?**

가. 공립법   나. 블렌딩법
다. 별립법   라. 머랭법

[정답] 27 가 28 다 29 가 30 나

31 독소형 식중독에 속하는 것은?

가. 장염비브리오균 나. 살모넬라균

다. 병원성대장균 라. 보툴리누스균

32 중금속이 일으키는 식중독 증상으로 틀린 것은?

가. 수은 – 지각 이상, 언어 장애 등 중추 신경 장애 증상(미나마타병)을 일으킴

나. 카드뮴 – 구토, 복통, 설사를 유발하고 임산부에게 유산, 조산을 일으킴

다. 납 – 빈혈, 구토, 피로, 소화기 및 시력 장애, 급성 시 사지 마비 등을 일으킴

라. 비소 – 위장 장애, 설사 등의 급성중독과 피부 이상 및 신경 장애 등의 만성 중독을 일으킴

33 다음 중 제2급 법정 감염병에 해당하는 것은?

가. B형간염 나. 한센병

다. 탄저병 라. 파상풍

34 물과 기름처럼 서로 혼합이 잘 되지 않는 두 종류의 액체 또는 고체를 액체에 분산시키기 위해 사용하는 것은?

가. 착향료 나. 표백제

다. 유화제 라. 강화제

해설 31
독소형 식중독은 보툴리누스균, 포도상구균, 웰치균이 있다.

해설 32
카드뮴(Cd) – 도금, 플라스틱의 안정제로 쓰이며 폐광석에서 버린 카드뮴이 체내에 축적되어 이타이이타이병 발생

해설 33
제2급 법정 감염병은 한센병이다.

해설 34
유화제의 종류로는 글리세린, 레시틴, 모노디글리세라이드, 대두 인지질, 에스테르, 에스에스엘(SSL) 등이 있다.

정답 31 라 32 나 33 나 34 다

35 포자형성균의 멸균에 가장 적절한 것은?

　가. 자비소독　　　　　나. 염소액

　다. 역성비누　　　　　라. 고압증기

36 쇼트닝에 대한 설명으로 틀린 것은?

　가. 라드(돼지기름) 대용품으로 개발되었다.

　나. 정제한 동 · 식물성 유지로 만든다.

　다. 온도 범위가 넓어 취급이 용이하다.

　라. 수분을 16% 함유하고 있다.

37 발연점을 고려했을 때 튀김기름으로 가장 좋은 것은?

　가. 낙화생유　　　　　나. 올리브유

　다. 라드　　　　　　　라. 면실유

38 유지가 층상구조를 이루는 파이, 크루아상, 데니시 페이스트리 등의 제품은 유지의 어떤 성질을 이용한 것인가?

　가. 쇼트닝성　　　　　나. 가소성

　다. 안정성　　　　　　라. 크리밍성

39 자유수를 올바르게 설명한 것은?

　가. 당류와 같은 용질에 작용하지 않는다.

　나. 0도 이하에서 얼지 않는다.

　다. 정상적인 물보다 그 밀도가 크다.

　라. 염류, 당류 등을 녹이고 용매로서 작용한다.

정답　35 라　36 라　37 라　38 나　39 라

40 다당류 중 포도당으로만 구성되어 있는 탄수화물이 아닌 것은?

가. 펙틴
나. 셀룰로스
다. 전분
라. 글리코겐

41 전분에 대한 설명 중 옳은 것은?

가. 식물의 전분을 현미경으로 본 구조는 모두 동일하다.
나. 전분은 호화된 상태의 소화 흡수나 호화가 안 된 상태의 소화 흡수나 차이가 없다.
다. 전분은 아밀라아제(Amylase)에 의해 분해 되기 시작한다.
라. 전분은 물이 없는 상태에서도 호화가 일어 난다.

42 다음 중 단당류가 아닌 것은?

가. 갈락토오스
나. 포도당
다. 과당
라. 올리고당

43 다음 중 구성물질의 연결이 잘못된 것은?

가. 전분-포도당
나. 지방-글리세린+지방산
다. 아밀로오스-과당
라. 단백질-아미노산

정답 40 가 41 다 42 라 43 다

해설 44

유화제의 종류로는 글리세린, 레시틴, 모노디글리세라이드, 대두 인지질, 에스테르, 에스에스엘(SSL) 등이 있다.

해설 45

펩타이드 결합 : 한 아미노산의 아미노기와 다른 아미노산의 카복실기 사이에 물 1분자가 빠져나가면서 이룬 공유결합으로 단백질은 100개 이상의 아미노산들이 펩타이드 결합으로 이루어진 고분자 화합물이다.

해설 46

비타민 A(retinol) : 열에 안정적이고 산과 빛에 약하다. 동물의 성장, 생식에 깊은 관계가 있어서 부족하면 정상발육이 되지 않고 힘이 저하된다. 항안성, 질병에 대한 저항력 기능이 있다.

해설 47

인(P): 칼슘과 결합하여 골격과 치아 구성(80%), 핵산과 핵단백질의 구성성분(DNA, RNA의 성분), 세포의 분열과 재생, 삼투압 조절, 신경자극의 전달, 인지질의 성분이다. Ca:P의 섭취비율은 1:1 정도가 적합하다. 흡수촉진: 비타민 D, 부족 시 뼈와 영양에 장애가 있고 저항력 약화를 초래한다.

해설 48

1일 총열량의 15%(성인 남자 75g, 성인 여자 60g)이다. 체중 1kg당 단백질 생리적 필요량은 약 1g이다.

44 물과 기름처럼 서로 혼합이 잘 되지 않는 두 종류의 액체 또는 고체를 액체에 분산시키기 위해 사용하는 것은?

가. 착향료 나. 표백제

다. 유화제 라. 강화제

45 아미노산과 아미노산과의 결합은?

가. 글리코사이드 결합

나. 펩타이드 결합

다. $\alpha - 1, 4$ 결합

라. 에스테르 결합

46 비타민 A 부족 시 생기는 증상이 아닌 것은?

가. 각화증 나. 안구건조증

다. 야맹증 라. 각기병

47 다음 중 인(P)에 대한 설명 중 틀린 것은?

가. 골격, 세포의 구성성분이다.

나. 부족 시 정신장애, 칼슘의 배설 촉진, 골연화증이 발생한다.

다. 대사의 중간물질이다.

라. 주로 우유, 생선, 채소류 등에 함유되어 있다.

48 일반적으로 체중 1kg당 단백질의 생리적 필요량은?

가. 5g 나. 1g

다. 15g 라. 20g

정답 44 다 45 나 46 라 47 나 48 나

49 칼슘(Ca)과 인(P)이 소변 중으로 유출되는 골연화증 현상을 유발하는 유해 중금속은?

가. 납

나. 카드뮴

다. 수은

라. 주석

50 곡류의 영양성분을 강화할 때 쓰이는 영양소가 아닌 것은?

가. 비타민 B_1

나. 비타민 B_2

다. 비타민 B_{12}

라. 니아신

51 다음 연결 중 관계가 먼 것끼리 묶은 것은?

가. 비타민 B_1 – 각기병–쌀겨, 돼지고기

나. 비타민 D – 발육부진 – 녹황색 채소

다. 비타민 A – 상피세포의 각질화 – 버터, 녹황색 채소

라. 비타민 C – 괴혈병 – 신선한 과일, 채소

52 성인의 에너지 적정 비율의 연결이 옳은 것은?

가. 탄수화물 – 30~55%

나. 단백질 – 7~20%

다. 지질 – 5~10%

라. 비타민 – 30~40%

해설 49

카드뮴

• 공기, 물, 토양, 음식물에 미량씩 존재하며, 살충제나 인산비료, 하수폐기물, 담배, 화석연료 등에 함유되어 있다.

• 내식성이 강해 정밀기기의 도금, 선박이나 기계류의 방청제, 땜납 등에 사용한다.

• 오염경로는 식기(법랑, 도자기 안료 성분), 공장폐수, 광산폐수 등이며 중독증상은 구토, 설사, 신장이상, 골연화증, 골다공증이다.

• 대중적 카드뮴 중독 증세로 이타이이타이병이 있다.

해설 50

비타민 B12(코발라민): 항빈혈성 비타민으로 악성빈혈을 예방한다. 철저한 채식자에게서 결핍증 발생. 고등식물에 존재하지 않고 동물성 식품에 함유 – 동물의 간, 굴, 치즈

해설 51

비타민 D(칼시페롤)

• 항구루병 인자로 칼슘의 흡수를 도와 뼈를 정상적으로 발육하게 한다.

• 부족 시 구루병, 골연화증, 골다공증 – 간유, 난황, 버터, 일광 건조식품(말린 버섯, 말린 생선, 말린 과일)

• 비타민 D는 자외선을 통해 생성 가능하다.

해설 52

• 에너지 섭취 권장량: 탄수화물(60~70%), 단백질(15~20%), 지방(15~20%),

• 지용성 비타민(필요량 매일 공급 불필요), 수용성 비타민(필요량 매일 공급)

해설 53

필수 지방산
- 체내에서 합성이 되지 않는데 성장과 영양에는 꼭 필요하다.(음식물로 섭취해야 한다)
- 콜레스테롤 농도를 낮게 한다.
- 성장촉진, 피부염, 피부건조증 예방, 리놀레산, 리놀렌산, 아라키돈산을 '비타민 F'라고도 한다.
- 대두유, 옥수수유 등의 식물성 기름에 많이 함유되어 있다.

해설 54

세레브로시드
- 당지질로 갈락토시드라고도 하며 배당체이다.
- 인지질과 함께 복합지질을 구성하고 있다.
- 가수분해 시 스핑고신, 지방산, 갈락토오스가 생성된다.
- 뇌, 신경계에 많이 존재하는 구조성 지질이다.

해설 55

무기질의 기능
- 뼈와 치아 등의 경조직을 구성한다.(Ca, P, Mg), 체액의 성분으로서 산과 알칼리의 평형을 유지하며 pH 및 삼투압을 조절하여 항상성을 유지하도록 한다.(Na, K, Cl)
- 효소반응의 촉매작용, 신경의 흥분 전달 및 근육의 수축에 관여한다.(Ca, Mg)

53 필수 지방산의 기능이 아닌 것은?

가. 머리카락, 손톱의 구성성분이다.

나. 세포막의 구조적 성분이다.

다. 혈청 콜레스테롤을 감소시킨다.

라. 뇌와 신경조직, 시각 기능을 유지시킨다.

54 신경 조직의 주요 물질인 당지질은?

가. 세레브로시드(cerebroside)

나. 스핑고미엘린(sphingomyelin)

다. 레시틴(lecithin)

라. 이노시톨(inositol)

55 무기질의 기능이 아닌 것은?

가. 우리 몸의 경조직 구성성분이다.

나. 열량을 내는 열량 급원이다.

다. 효소의 기능을 촉진한다.

라. 세포의 삼투압 평형 유지 작용을 한다.

정답 53 가 54 가 55 나

56 다음 중 HACCP의 정의를 맞지 않게 설명한 것은?

가. 위생적인 식품생산을 위한 시설, 설비요건 및 기준, 건물위치 등에 관한 기준이다.

나. 제조, 가공, 조리, 유통의 모든 과정에서 위해한 물질이 오염되는 것을 방지하기 위한 것이다.

다. 위해요소를 확인·평가하여 중점적으로 관리하는 관리제도이다.

라. 위해요소 분석과 중요관리점의 약자로 해썹 또는 안전관리인증기준이라고 한다.

57 제2급에 해당하는 감염병이 아닌 것은?

가. 결핵

나. 수두

다. 홍역

라. 파상풍

58 다음 중 인수공통감염병이 아닌 것은?

가. 탄저병

나. 장티푸스

다. 결핵

라. 야토병

59 식품첨가물 규격과 사용기준은 누가 정하는가?

가. 보건복지부장관

나. 시장, 군수, 구청장

다. 시 · 도지사

라. 식품의약품안전처장

60 빵 및 케이크류에 사용이 허가된 보존료는?

가. 탄산암모늄

나. 탄산수소나트륨

다. 프로피온산

라. 포름알데하이드

정답 56 가 57 라 58 나 59 라 60 다

해설 56

HACCP 정의
• 식품 및 축산물의 원료관리 및 제조·가공·조리·유통의 모든 과정에서 위해한 물질이 오염되는 것을 방지하기 위하여 위해요소를 확인·평가하여 중점적으로 관리하는 관리제도
• 위해요소 분석과 중요관리점의 영문 약자로서 해썹 또는 안전관리인증기준이라 한다.

해설 57

파상풍은 제3급에 해당한다.

해설 58

인수공통감염병의 종류는 탄저병, 파상열, 결핵, 야토병, 돈닥독, Q열, 리스테리아증이며 장티푸스는 세균성 경구전염병이다.

해설 59

식품첨가물의 규격과 사용기준은 식품의약품안전처장이 정한다.

해설 60

프로피온산칼슘, 프로피온산나트륨 – 빵류, 과자류에 사용되는 보존료 (방부제)

제과기능사 총 기출문제 4

해설 01
해설 01
더운 믹싱법의 중탕온도는 43℃이다.

01 거품형 중 더운 믹싱법의 설명 중 옳지 않은 것은?

가. 계란과 설탕을 이용하여 거품을 올린다.

나. 60℃ 중탕하여 거품을 올린다.

다. 거품을 낸 후 체 친 가루를 가볍게 혼합한다.

라. 용해버터를 혼합한다.

해설 02
설탕의 일부는 물엿 또는 시럽과 같은 보습력이 있는 것으로 대체한다.
덱스트린을 사용하여 점착성을 증가시킨다.
노른자를 줄이고 전란을 증가시킨다.
오버베이킹을 주의한다.

02 롤케이크 말 때 터짐을 방지하기 위한 조치사항으로 적절하지 않은 것은?

가. 설탕의 일부는 물엿 또는 시럽과 같은 보습력이 있는 것으로 대체한다.

나. 덱스트린을 사용하여 점착성을 증가시킨다.

다. 노른자를 늘리고 전란을 감소시킨다.

라. 오버베이킹을 주의한다.

해설 03
설탕의 일부는 물엿 또는 시럽과 같은 보습력이 있는 것으로 대체한다.
덱스트린을 사용하여 점착성을 증가시킨다.
노른자를 줄이고 전란을 증가시킨다.
오버베이킹을 주의한다.

03 롤케이크 말 때 터짐을 방지하기 위한 조치사항으로 적절하지 않은 것은?

가. 설탕의 일부는 물엿 또는 시럽과 같은 보습력이 있는 것으로 대체한다.

나. 덱스트린을 사용하여 점착성을 증가시킨다.

다. 노른자를 줄이고 전란을 증가시킨다.

라. 언더베이킹을 주의한다.

정답 01 나 02 다 03 라

04 엔젤푸드케이크 제조 시 재료비율의 합이 몇이어야
하는가?

　가. 80%　　　　　　나. 100%

　다. 110%　　　　　　라. 120%

해설 04
엔젤푸드케이크는 baker's %가 아
닌 ture%로 작성한다.
트루퍼센트는 합이 100%이다.

05 흰자 100에 대해 설탕 180의 비율로 만든 머랭으로
구웠을 때 표면에 광택이 나고 하루쯤 두었다가 사용
해도 무방한 머랭은?

　가. 이탈리안머랭　　　　나. 온제머랭

　다. 냉제머랭　　　　　　라. 스위스머랭

해설 05
흰자와 설탕의 비율을 1:1.8로 하
고 온제머랭과 일반머랭(냉제머랭)
을 섞어 만드는 머랭은 스위스머랭
이다.

06 계란의 흰자와 노른자를 분리하여 별립법과는 다르게
제조하며 부드러운 식감의 제품을 만들 수 있는 제법은?

　가. 반죽형　　　　　　나. 거품형

　다. 시폰형　　　　　　라. 복합형

해설 06
반죽형의 부드러움과 거품형의 조
직, 부피를 가진 제품이다
화학적 팽창제를 사용하며, 식용유
를 넣음으로써 팽창이 크다.

07 엔젤푸드케이크를 제조할 때 팬에 사용하는 이형제로
가장 적합한 것은?

　가. 유화성　　　　　　나. 라드

　다. 물　　　　　　　　라. 밀가루

해설 07
엔젤푸드케이크 팬은 가운데 모양
이 있으므로 종이나 유지를 사용하
지 않고 물을 이형제로 사용한다.

08 퍼프페이스트리를 제조할 때 사용하는 유지의 특성은
어느 것인가?

　가. 유화성　　　　　　나. 크리밍성

　다. 쇼트닝성　　　　　라. 가소성

해설 08
페이스트리용 유지는 강도가 강하
면서 가소성 범위가 넓어야 한다.
유지가 너무 무르면 새어나와 작업
성이 떨어지고 반죽에 흡수된다.

정답 04 나　05 나　06 다　07 다　08 라

해설 09

휴지의 목적

- 밀가루 수화가 잘 이루어져 글루텐을 연화 및 안정시킨다.
- 글루텐을 재정돈 시킨다.
- 정형 시 과도한 수축을 방지시킨다.
- 반죽을 연화시켜 밀어펴기를 용이하게 만든다.

해설 10

퍼프페이스트리는 이스트가 들어가지 않는 제과 제품이지만 유지의 층을 살리기 위해 단백질 함량이 높은 강력분으로 반죽을 한다.

해설 11

전분에 물을 넣고 가열하면 전분이 팽윤하며 결합제 역할을 하는 농후화 작용을 한다.

해설 12

물에 설탕을 녹여 껍질을 벗긴 사과를 담그면 산화촉진을 막아 갈변을 방지할 수 있다.

09 **퍼프페이스트리 제조 시 휴지의 목적이 아닌 것은?**

가. 밀가루의 수화가 잘 이루어져 글루텐을 긴장시킨다.

나. 반죽과 유지의 되기를 같게 한다.

다. 반죽을 연화시켜 밀어펴기를 용이하게 만든다.

라. 밀어펴기를 쉽게 한다.

10 **퍼프페이스트리 굽기 후 결점과 그 원인으로 틀린 것은?**

가. 밀어펴기 과다, 불충분한 휴지 시간으로 수축이 심하다.

나. 단백질 함량이 낮은 밀가루로 반죽을 하여 수포가 생겼다.

다. 충전물 양 과다, 부적절한 봉합으로 충전물이 흘러나왔다.

라. 수분이 없는 경화 쇼트닝을 충전용 유지로 사용하여 부피가 작아졌다.

11 **사과파이 충전물 제조 시 농후화 작용을 하는 재료는?**

가. 밀가루   나. 전분

다. 설탕   라. 소금

12 **사과파이 제조 시 사과의 갈변을 막기 위해 첨가할 수 있는 재료는?**

가. 밀가루   나. 전분

다. 설탕   라. 소금

정답 09 가 10 나 11 나 12 다

13 도넛을 튀길 때 사용하는 기름에 대한 설명으로 알맞지 않는 것은?

가. 발연점이 낮은 기름이 좋다.

나. 기름이 너무 많으면 온도를 올리는 시간이 길어진다.

다. 튀김 기름의 평균 깊이는 12~15cm 정도가 좋다.

라. 기름의 온도는 180~195℃가 적당하다.

14 도넛의 튀김 온도로 적당한 것은?

가. 170~185℃   나. 185~190℃

다. 180~195℃   라. 190~195℃

15 도넛의 기름의 적정 깊이로 알맞은 것은?

가. 7~9cm   나. 12~15cm

다. 15~18cm   라. 18~20cm

16 다음 중 쿠키의 퍼짐 원인이 아닌 것은?

가. 반죽의 되기가 묽을 때

나. 알칼리성 반죽

다. 입자가 작은 설탕을 사용했을 때

라. 굽는 온도가 낮을 때

해설 13
튀기기 : 180~195℃가 적당하며 기름의 적정 깊이는 12~15cm이다. 기름양이 낮으면 도넛을 뒤집기가 어렵고 과열되기가 쉽다.

해설 14
튀기기 : 180~195℃가 적당하다.

해설 15
기름의 적정 깊이는 12~15cm이다.

해설 16
쿠키의 퍼짐을 좋게 하는 조치
• 팽창제를 사용한다.
• 오븐 온도를 낮게 한다.
• 입자가 큰 설탕을 사용한다.
• 알칼리성 재료의 사용량을 증가한다.

17 반죽형 쿠키와 거품형 쿠키 중 수분이 가장 많고 부드러운 쿠키는?

　가. 스냅쿠키　　　　　나. 쇼트브레드 쿠키

　다. 드롭쿠키　　　　　라. 스펀지 쿠키

18 반죽형 쿠키 중 짜는 형태의 쿠키는?

　가. 스냅쿠키　　　　　나. 쇼트브레드 쿠키

　다. 드롭쿠키　　　　　라. 스펀지 쿠키

19 반죽형 쿠키 중 정형기를 사용해 밀어펴는 형태의 쿠키는?

　가. 스냅쿠키　　　　　나. 머랭쿠키

　다. 드롭쿠키　　　　　라. 스펀지 쿠키

20 도넛에 기름이 많이 흡수되는 이유가 아닌 것은?

　가. 믹싱이 부족하다.

　나. 반죽에 수분이 많다.

　다. 배합에 설탕과 팽창제가 많다.

　라. 튀김 온도가 높다.

21 슈의 침지 또는 분무의 목적이 아닌 것은?

　가. 팽창 전 껍질형성을 방지한다.

　나. 슈 껍질을 얇게 만들 수 있다.

　다. 균일한 터짐을 만들 수 있다.

　라. 호화를 시킨다.

정답　17 라　18 다　19 가　20 라　21 라

22 냉과에 해당하는 것은?

　가. 파운드케이크　　　나. 젤리롤케이크
　다. 무스케이크　　　　라. 양갱

23 쿠키반죽의 퍼짐성에 기여하여 표면을 크게 하는 재료는?

　가. 소금　　　　　　　나. 밀가루
　다. 설탕　　　　　　　라. 계란

24 유지 중 성질이 다른 것은?

　가. 버터　　　　　　　나. 마가린
　다. 쇼트닝　　　　　　라. 샐러드유

25 계란의 일반적인 수분 함량은?

　가. 50%　　　　　　　나. 75%
　다. 88%　　　　　　　라. 90%

26 흰자의 일반적인 수분 함량은?

　가. 50%　　　　　　　나. 75%
　다. 88%　　　　　　　라. 90%

27 물 100g에 설탕 66g을 녹이면 당도는 얼마인가?

　가. 30%　　　　　　　나. 40%
　다. 50%　　　　　　　라. 60%

정답　22 다　23 다　24 라　25 나　26 다　27 라

해설 22

냉과류 제품은 차갑게 굳힌 제품으로 젤리, 무스, 바바루아, 푸딩 등이 해당된다.

해설 23

퍼짐성은 반죽 속에 남아 있는 설탕 입자가 굽는 과정에서 녹으면서 반죽 전체가 퍼져 쿠키의 표면을 크게 만든다.

해설 24

버터, 마가린, 쇼트닝은 고체유지(fat)고 샐러드유는 액체유지(oil)이다.

해설 25

전란의 수분은 75%, 흰자의 수분은 88%, 노른자의 수분은 50%이다.

해설 26

전란의 수분은 75%, 흰자의 수분은 88%, 노른자의 수분은 50%이다.

해설 27

$$당도(brix\%) = \frac{용질}{용매 + 용질} \times 100$$

$$당도(brix\%) = \frac{100}{100 + 66} \times 100$$

$$= 60.24 brix\%$$

해설 28

베이킹파우더를 반죽에 많이 사용하면 밀도가 작아지고 부피가 커진다.

해설 29

계란과 설탕을 넣고 기포를 형성시킨 뒤 밀가루를 가볍게 섞어 준다. 반죽의 최종 단계에 용해버터를 투입한다.

해설 30

케이크가 단단하고 질길 때 나타나는 현상
부적절한 밀가루 사용, 계란 과다 사용과 오븐온도 높음, 팽창이 작음 (팽창제 사용이 적음)

해설 31

자외선 살균은 표면 투과성이 없어 조리실에서는 물이나 공기, 용액의 살균, 도마, 조리기구의 표면살균에만 이용된다.

28 베이킹파우더를 과도하게 사용할 때 제품에 나타나는 설명으로 틀린 것은?

　가. 밀도가 크고 부피가 작다.

　나. 속결이 거칠다.

　다. 오븐스프링이 커서 찌그러지기 쉽다.

　라. 속색이 어둡다.

29 거품형 케이크를 만들 때 녹인 버터를 넣어야 하는 경우는?

　가. 처음부터 다른 재료와 함께 넣는다.

　나. 밀가루와 섞어 넣는다.

　다. 설탕과 섞어 넣는다.

　라. 반죽의 최종 단계에 넣는다.

30 완성된 반죽형 케이크가 단단하고 질길 때 그 원인이 아닌 것은?

　가. 부적절한 밀가루의 사용

　나. 계란의 과다 사용

　다. 높은 굽기 온도

　라. 팽창제의 과다 사용

31 자외선 살균의 이점이 아닌 것은?

　가. 살균효과가 크다.

　나. 균에 내성을 주지 않는다.

　다. 표면 투과성이 좋다.

　라. 사용이 간편하다.

정답 28 가　29 라　30 라　31 다

32 미나마타병의 원인 되는 물질은?

가. Cd

나. Hg

다. Ag

라. Cu

33 수은이 일으키는 화학성 식중독의 증상은?

가. 미나마타병

나. 이타이이타이병

다. 단백뇨

라. 폐기종

34 제2급에 해당하는 감염병이 아닌 것은?

가. 결핵

나. 수두

다. 홍역

라. 파상풍

35 제1급 법정감염병이 아닌 것은?

가. 탄저병

나. 신종인플루엔자

다. 야토병

라. B형간염

36 환원당과 아미노화합물의 축합이 이루어질 때 생기는 갈색 반응은?

가. 메일라드 반응(maillard reaction)

나. 캐러멜화 반응(caramelization)

다. 아스코브산(ascorbic acid)

라. 효소적 갈변(enzymatic browning reaction)

해설 32

수은(Hg) – 미나마타병의 원인 물질이며, 수은에 오염된 해산물 섭취로 발생한다.

해설 33

수은(Hg) – 미나마타병의 원인 물질이며, 수은에 오염된 해산물 섭취로 발생한다.

해설 34

파상풍은 제3급에 해당한다.

해설 35

B형간염은 제3급에 해당한다.

해설 36

메일라드 반응은 아미노카르보닐 반응이라고도 하며 탄수화물의 일종인 환원당(포도당, 과당)이 아미노산과 반응하여 여러 단계를 거친 후 갈색 물질인 멜라노이드 색소를 만드는 것으로 색이 짙어지고 향기가 생성된다.

정답 32 나 33 가 34 라 35 라 36 가

해설 37

밀가루에는 빵 제품의 생산에 필수적인 전분을 분해하는 알파-아밀라아제, 베타-아밀라아제, 단백질을 분해하는 프로티아제, 지방을 분해하는 리파아제가 들어있다.

해설 38

손상된 전분 1% 증가 시 흡수율은 2% 증가한다.

해설 39

제빵용 밀가루는 강력분을 사용하는데 단백질 함량은 12~15%이다. 강력분 사용 시 믹싱내구성, 발효내구성이 크므로 흡수율이 높다.

해설 40

반죽의 온도가 높으면 열린 기공이 된다.

37 밀가루 구성성분의 특징 중 바르지 않은 것은?

가. 단백질은 밀가루로 빵을 만들 때 품질을 좌우하는 중요한 자료이다.

나. 밀가루에는 1~2%의 지방이 포함되어 있다.

다. 밀가루에 함유되어 있는 수분의 함량은 10~14% 정도이다.

라. 밀가루에는 효소가 존재하지 않는다.

38 손상된 전분 1% 증가 시 흡수율의 변화는?

가. 2% 감소 　　　　　나. 1% 감소

다. 1% 증가 　　　　　라. 2% 증가

39 강력 밀가루의 단백질 함량으로 가장 적합한 것은?

가. 7% 　　　　　나. 10%

다. 13% 　　　　　라. 16%

40 반죽온도가 제품에 미치는 영향으로 알맞지 않은 것은?

가. 반죽의 기포성에 영향을 미친다.

나. 반죽의 온도가 높으면 기공이 작아진다.

다. 반죽의 온도가 낮으면 조밀한 기공으로 부피가 작으며 식감이 나쁘다.

라. 반죽의 온도가 높으면 노화가 빠른 제품이 된다.

정답 37 라 38 다 39 다 40 나

41 빵을 만들기에 적합한 120~180ppm 정도인 물의 경도는?

가. 아경수
나. 연수
다. 아연수
라. 경수

42 자유수를 올바르게 설명한 것은?

가. 당류와 같은 용질에 작용하지 않는다.
나. 0℃ 이하에서도 얼지 않는다.
다. 정상적인 물보다 그 밀도가 크다.
라. 염류, 당류 등을 녹이고 용매로서 작용한다.

43 아이싱을 하는 목적으로 맞지 않는 것은?

가. 제품의 맛과 윤기를 준다.
나. 장식을 함으로써 표면이 마르지 않도록 한다.
다. 보관을 오래 하기 위함이다.
라. 외관상 멋을 살리는 것이다.

44 유지 중 성질이 다른 것은?

가. 버터
나. 마가린
다. 쇼트닝
라. 샐러드유

해설 41
물의 경도는 빵의 발효 및 반죽에 많은 영향을 미친다.아경수는 글루텐을 경화시키는 효과와 이스트의 영양물질을 공급하므로 빵을 만들기에 적합하다.

해설 42
자유수는 용매로 작용, 건조에 의해 쉽게 증발하여 유리상태로 존재, 0℃ 이하에서 쉽게 동결, 미생물 번식에 이용, 밀도가 작다.

해설 43
아이싱이란 마무리라고도 하며 제품의 맛과 윤기를 주며 장식을 함으로써 표면이 마르지 않도록 한다. 외관상 멋을 살리며 충전물 또는 장식물이라고도 한다.

해설 44
버터, 마가린, 쇼트닝은 고체유지(fat)이고 샐러드유는 액체유지(oil)이다.

정답 41 가 42 라 43 다 44 라

해설 45
가나슈는 우유나 생크림을 끓이고 초콜릿과 섞어 만든 부드러운 초콜릿크림이다.

해설 46
비타민 B_1(티아민)은 포도당의 연소과정(당질 대사)에서 직접 작용하기 때문에 그 필요량은 에너지 섭취량과 비례한다. 비타민 B_1은 두류, 견과류, 굴, 간, 돼지고기에 많이 함유되어 있다.

해설 47
밀가루의 단백질 함량은 7~15%로 가장 많다.

해설 48
포도당은 혈액 속에 0.1% 함유되어 있어 혈당량을 유지하는 작용을 한다. 혈당은 뇌를 비롯한 각 기관 세포의 주된 열량원으로 사용된다. 혈당량이 감소되면 뇌의 활동이 급격히 저하되고 심하면 혼수상태에 이른다.

해설 49
지용성 비타민 A, D, E, K – 기름과 기름 용매에 녹고 필요량 이상 섭취하면 체내(간)에 저장되며, 체외로 쉽게 방출되지 않는다. 결핍증상은 서서히 나타나며, 필요량을 매일 공급할 필요는 없다.

45 다음 중 가나슈 크림의 설명으로 맞는 것은?

　가. 우유나 생크림을 끓이고 초콜릿과 섞어 만든 크림이다.

　나. 우유와 설탕 전분을 넣고 끓여 만든 크림이다.

　다. 버터에 당류를 첨가하여 부드러운 크림으로 만든 것이다.

　라. 식물성 지방이 40% 이상인 크림이다.

46 비타민 B_1이 관여하는 영양소 대사는?

　가. 당질　　　　　　　　나. 단백질

　다. 지용성 비타민　　　　라. 수용성 비타민

47 다음 중 단백질의 함량(%)이 가장 많은 것은?

　가. 당근　　　　　　　　나. 밀가루

　다. 버터　　　　　　　　라. 설탕

48 뇌신경계와 적혈구의 주 에너지원인 것은?

　가. 포도당　　　　　　　나. 유당

　다. 맥아당　　　　　　　라. 과당

49 유지의 도움으로 흡수, 운반되는 비타민으로만 구성된 것은?

　가. 비타민 A, B, C, D

　나. 비타민 A, D, E, K

　다. 비타민 B, C, E, K

　라. 비타민 A, B, C, K

정답　45 가　46 가　47 나　48 가　49 나

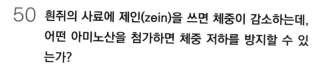

50 흰쥐의 사료에 제인(zein)을 쓰면 체중이 감소하는데, 어떤 아미노산을 첨가하면 체중 저하를 방지할 수 있는가?

　가. 알라닌(alanine)

　나. 글루타민산(glutamic acid)

　다. 발린(valine)

　라. 트립토판(tryptophan)

51 다음 무기질 중 갑상선에 이상(갑상선종)을 일으키는 것은?

　가. 철(Fe)　　　　　나. 플루오린(F)

　다. 아이오딘(I)　　　라. 구리(Cu)

52 지방에 항산화 작용을 하는 비타민은?

　가. 비타민 A　　　　나. 비타민 C

　다. 비타민 D　　　　라. 비타민 E

53 음식물을 통해서만 얻어야 하는 아미노산과 거리가 먼 것은?

　가. 트립토판　　　　나. 페닐알라닌

　다. 발린　　　　　　라. 글루타민

54 단백질 섭취량이 1kg당 1.5g이다. 60kg을 섭취했을 때 단백질의 열량을 계산하면 얼마인가?

　가. 340kcal　　　　나. 350kcal

　다. 360kcal　　　　라. 370kcal

해설 50

수수의 제인은 생명유지와 성장발육의 기능을 모두 다 하지 못하며, 계속 섭취 시 성장이 지연되고 체중이 감소되는 불완전 식품이다. 옥수수를 주식으로 하는 사람들에게 펠라그라 피부병이 자주 발생하는데 육류 섭취를 통해 필수 아미노산인 트립토판을 보충해서 트립토판이 니아신을 만들어 부족증이 없어진다.

해설 51

아이오딘(I) – 요오드는 갑상선 호르몬(티록신)의 구성성분이다. 요오드는 기초대사를 촉진하며 특히 해산물, 해조류(미역, 다시마)에 많이 함유되어 있다. 결핍증: 갑상선종, 갑상선부종

해설 52

비타민 E는 항불임성 인자
• 열에 아주 안정, 비타민 A의 산화를 막고 흡수를 촉진한다.
• 지방의 산화(산패)에 항산화 작용을 하며 결핍 시 불임증, 노화현상이 촉진된다. 함유식품은 식물성 기름, 두류, 녹황색 채소, 난황, 간유 등

해설 53

필수 아미노산
성인의 경우 = 이소류신, 류신, 리신, 페닐알라닌, 메티오닌, 트레오닌, 트립토판, 발린(8종) + 유아는 히스티딘 추가(9종)

해설 54

60kg × 1.5g = 90g × 4kcal(단백질 1g당 4kcal 열량원) = 360kcal

55 다음 중 부족하면 야맹증, 결막염 등을 유발하는 비타민은?

가. 비타민 B_1
나. 비타민 B_2
다. 비타민 B_{12}
라. 비타민 A

56 포자형성균의 멸균에 가장 적절한 것은?

가. 자비소독
나. 염소액
다. 역성비누
라. 고압증기

57 자외선 살균의 이점이 아닌 것은?

가. 살균효과가 크다.
나. 균에 내성을 주지 않는다.
다. 표면 투과성이 좋다.
라. 사용이 간편하다.

58 미나마타병의 원인 되는 물질은?

가. Cd
나. Hg
다. Ag
라. Cu

59 다음 중 인수공통감염병이 아닌 것은?

가. 탄저병
나. 장티푸스
다. 결핵
라. 야토병

정답 55 라 56 라 57 다 58 나 59 나

60 **식품첨가물 규격과 사용기준은 누가 정하는가?**

　가. 보건복지부장관

　나. 시장, 군수, 구청장

　다. 시 · 도지사

　라. 식품의약품안전처장

해설 60

식품첨가물의 규격과 사용기준은 식품의약품안전처장이 정한다.

정답 60 라

제과기능사 총 기출문제 5

해설 01

고율배합 케이크의 부피가 작아지는 원인
- 액체류가 많거나 팽창제가 부족한 경우, 계란양이 부족하거나 품질이 낮은 경우
- 유지의 유화성과 크림성이 나쁜 경우, 강력분을 사용한 경우

해설 02

거품형 케이크의 겉껍질이 두꺼워지는 원인
- 설탕량이 과도함
- 팬닝양이 과도함
- 오븐온도가 높거나 오래 구움

01 반죽형 케이크의 결점과 원인의 연결이 잘못된 것은?

가. 고율배합 케이크의 부피가 작다: 설탕과 액체재료의 사용량이 적었다.

나. 굽는 동안 부풀어 올랐다가 가라앉았다: 설탕과 팽창제 사용량이 많았다.

다. 케이크 껍질에 반점이 생겼다: 입자가 굵고 크기가 서로 다른 설탕을 사용했다.

라. 케이크가 단단하고 질기다: 고율배합 케이크에 맞지 않는 밀가루를 사용했다.

02 거품형 케이크의 결점과 원인의 연결이 잘못된 것은?

가. 굽는 동안 가라앉았다: 오븐온도가 낮으며 비중이 낮았다.

나. 부피가 작았다: 오븐온도가 높거나 낮았다.

다. 겉껍질이 두껍다: 설탕량이 과도하며 오븐온도가 낮거나 짧게 구웠다.

라. 맛과 향이 떨어졌다: 틀과 철판 위생이 나쁘며 향료를 과다 사용했다.

정답 01 가 02 다

03 거품형 케이크의 부피가 작아진 원인으로 맞지 않는 것은?

가. 설탕의 일부는 물엿 또는 시럽과 같은 보습력이 있는 것으로 대체한다.

나. 덱스트린을 사용하여 점착성을 증가시킨다.

다. 노른자를 줄이고 전란을 증가시킨다.

라. 언더베이킹을 주의한다.

04 산 사전 처리법에 의한 엔젤푸드케이크 제조공정에 대한 설명으로 틀린 것은?

가. 흰자에 산을 넣어 머랭을 만든다.

나. 설탕 일부를 머랭에 투입하여 튼튼한 머랭을 만든다.

다. 밀가루와 분당을 넣어 믹싱을 완료한다.

라. 기름칠이 균일하게 된 팬에 넣어 굽는다

05 굽기 전 충분히 휴지를 한 후 굽는 제품은?

가. 오믈렛

나. 버터스펀지케이크

다. 퍼프페이스트리

라. 드롭쿠키

해설 03

거품형 케이크의 부피가 작아진 원인
- 배합비의 균형이 맞지 않는다.
- 오븐의 온도가 높거나 낮다.
- 팬닝양이 적다.
- 반죽혼합이 부적절하다.

해설 04

엔젤푸드케이크 팬의 이형제는 물을 사용한다.

해설 05

퍼프페이스트리는 밀고 접기를 반복하여야 하므로 충분한 휴지를 하여 신장성을 회복시킨다.

정답 03 다 04 라 05 다

도넛을 튀길 때 기름양이 적으면 뒤집기가 어렵다.

페이스트리 반죽에 설탕이 들어가면 단백질을 연화시켜 쉽게 끈적거리게 된다.

풍당시럽 온도: 114~118℃

---

06 도넛을 튀길 때 사용하는 기름에 대한 설명으로 틀린 것은?

　가. 기름이 너무 많으면 온도를 올리는 시간이 길어진다.

　나. 기름이 적으면 뒤집기가 쉽다.

　다. 발연점이 높은 기름이 좋다.

　라. 튀김 기름의 평균 깊이는 12~15cm 정도가 좋다.

07 도넛을 튀길 때 사용하는 기름에 대한 설명으로 틀린 것은?

　가. 기름이 너무 많으면 온도를 올리는 시간이 길어진다.

　나. 기름이 적으면 뒤집기가 쉽다.

　다. 발연점이 높은 기름이 좋다.

　라. 튀김 기름의 평균 깊이는 12~15cm 정도가 좋다.

08 풍당(fondant)을 만들기 위하여 시럽을 끓일 때 시럽액 온도로 가장 적당한 범위는?

　가. 114~118℃　　　　나. 72~78℃

　다. 131~135℃　　　　라. 82~85℃

정답　06 나　07 가　08 가

09 케이크 반죽의 pH가 적정범위를 벗어난 경우 제품에 미치는 영향은?

가. 반죽의 pH가 알칼리성일 경우 제품의 껍질 색이 여리다.

나. 반죽의 pH가 산성일 경우 부피가 크고 껍질색이 진하다.

다. 반죽의 pH가 산성일 경우 기공이 조밀하고 신맛이 난다.

라. 반죽의 pH가 알칼리성일 경우 향이 약하고 기공이 거칠다.

10 아이싱에 사용되는 재료 중 조성이 나머지 세 가지와 다른 하나는?

가. 로얄 아이싱　　　　나. 버터크림

다. 스위스머랭　　　　라. 이탈리안머랭

11 다음 제품 중 건조 방지를 목적으로 나무틀을 사용하여 굽기를 하는 제품은?

가. 퍼프페이스트리　　나. 카스텔라

다. 밀푀유　　　　　　라. 슈

12 반죽형 케이크 제조 시 중심부가 솟는 경우는?

가. 굽기 시간이 증가한 경우

나. 오븐 윗불이 약한 경우

다. 계란 사용량이 증가한 경우

라. 유지 사용량이 감소한 경우

[해설 09]
산성 : 기공과 조직이 조밀하여 부피가 작다, 색이 연하고 신맛이 강하다.
알칼리성 : 기공과 조직이 거칠어 부피가 크다. 색이 어둡고 강한 향과 쓴맛이 난다.

[해설 10]
버터크림은 크림류에 속한다.

[해설 11]
카스텔라는 오랜 시간 굽기 때문에 두꺼운 껍질 형성을 방지하기 위해 열전도가 낮은 나무틀을 사용한다.

[해설 12]
케이크 중앙이 솟는 경우
• 쇼트닝양이 적다.
• 반죽이 되다.
• 오븐의 윗불이 너무 강하다.

[정답] 09 다　10 나　11 나　12 라

해설 13
식용유로 굳은 버터크림의 되기를 맞추어 준다.

해설 14
$$비중 = \frac{(반죽무게+컵\ 무게) - 컵\ 무게}{(물\ 무게+컵\ 무게) - 컵\ 무게}$$

$$비중 = \frac{(180) - 40}{(240) - 40} = 140 \div 200 = 0.7$$

해설 15
고율배합은 저온 장시간 굽는 오버 베이킹(over baking)을 한다.

해설 16
설탕을 함유한 시럽 100%에 대하여 전분을 6~10% 정도 사용한다.

13 겨울철 굳어버린 버터크림의 농도를 조절하기 위한 첨가물은?

가. 초콜릿
나. 캐러멜 색소
다. 분당
라. 식용유

14 비중컵의 무게 40g, 물을 담은 비중컵의 무게 240g, 반죽을 담은 비중컵의 무게가 180g일 때 반죽의 비중은?

가. 0.6
나. 0.7
다. 0.2
라. 0.4

15 다음 중 고율배합 제품의 굽기에 대한 설명으로 가장 적합한 것은?

가. 낮은 온도에서 장시간 굽는다.
나. 낮은 온도에서 단시간 굽는다.
다. 높은 온도에서 단시간 굽는다.
라. 높은 온도에서 장시간 굽는다.

16 과일파이의 충전물용 농후화제로 사용하는 전분은 설탕을 함유한 시럽의 몇 %를 사용하는 것이 가장 적당한가?

가. 12~14%
나. 17~19%
다. 6~10%
라. 1~2%

정답 13 라 14 나 15 가 16 다

17 굽기에 대한 설명으로 가장 적합한 것은?

가. 저율배합은 낮은 온도에서 장시간 굽는다.

나. 저율배합은 높은 온도에서 단시간 굽는다.

다. 고율배합은 낮은 온도에서 단시간 굽는다.

라. 고율배합은 높은 온도에서 장시간 굽는다.

18 수돗물 온도 25℃, 사용해야 할 물 온도 5℃, 물 사용량 4,000g일 때 필요한 얼음 양은?

가. 862g　　　　　　나. 962g

다. 762g　　　　　　라. 662g

19 중조 1.2%를 사용하는 배합비율의 팽창제를 베이킹파우더로 대체하고자 할 경우 사용량으로 알맞은 것은?

가. 2.4%　　　　　　나. 3.6%

다. 4.8%　　　　　　라. 1.2%

20 커스터드 크림을 제조할 때 결합제의 역할을 하는 것은?

가. 설탕　　　　　　나. 소금

다. 계란　　　　　　라. 밀가루

21 퍼프페이스트리를 제조할 때 주의할 점으로 틀린 것은?

가. 굽기 전에 적정한 휴지를 시킨다.

나. 파지가 최소로 되도록 성형한다.

다. 충전물을 넣고 굽는 반죽은 구멍을 뚫고 굽는다.

라. 박력분을 사용하여 부드럽게 만든다.

정답 **17** 나 **18** 다 **19** 나 **20** 다 **21** 라

해설 **17**

고율배합은 저온 장시간 굽는 오버 베이킹(over baking)을 한다. 저율배합은 고온 단시간 굽는 언더 베이킹(under baking)을 한다.

해설 **18**

얼음 사용량 :

$$\frac{물사용량 \times (수돗물\ 온도 - 사용할물\ 온도)}{80 + 수돗물\ 온도}$$

얼음 사용량 :

$$\frac{4,000g \times (25-5)}{80+25} = \frac{80,000}{105} = 761.9 = 762(반올림)$$

해설 **19**

중조를 베이킹파우더로 대체 사용 시 3배이다.

해설 **20**

계란의 노른자의 역할은 크림을 농도를 결정 짓는 농후화 작용으로 결합제 역할을 한다.

해설 **21**

양질의 제빵용 강력분을 사용해야 유지의 무게를 지탱한다.

해설 22

유지가 응고되어 기공이 작아진다.
설탕의 용해도가 떨어진다.
겉껍질이 두껍다.
향이 강해진다.
내부색이 밝다

해설 23

오랜 시간 방치하여 노화가 진행되지 않도록 하고, 각 어울리는 잼류를 발라 롤링한다.

해설 24

파운드케이크(0.85)
레이어케이크(0.75)
스펀지케이크(0.50)
데블스푸드케이크(0.80)

해설 25

커스터드와 생크림을 1 : 1 동량으로 섞은 크림을 디프로매트 크림이라고 한다.

22 반죽형 케이크 제품에서 반죽온도가 정상보다 낮을 때 나타나는 제품의 변화 중 틀린 것은?

가. 내부색이 밝다　　　나. 향이 강하다.

다. 기공이 너무 커진다.　　라. 껍질이 두껍다.

23 젤리롤케이크를 만드는 방법으로 적합하지 않은 것은?

가. 무늬 반죽은 남은 반죽을 캐러멜 색소와 섞어 만든다.

나. 무늬를 그릴 때는 가능한 한 천천히 짜야 깨끗하게 그려지고 가라앉지 않는다.

다. 충전물을 샌드할 때는 충분히 식힌 후 샌드하여 준다.

라. 롤을 마는 방법은 종이를 사용하는 방법과 천을 사용하는 방법이 있다.

24 다음 제품의 반죽 중에서 비중이 가장 낮은 것은?

가. 레이어케이크　　　나. 스펀지케이크

다. 데블스푸드케이크　　라. 파운드케이크

25 일반적으로 우유 1L로 만든 커스터드 크림과 휘핑크림 1L로 만든 생크림을 혼합하여 만드는 제품은?

가. 퐁당

나. 디프로매트 크림

다. 퍼지 아이싱

라. 마시멜로

정답　22 다　23 다　24 나　25 나

26 케이크의 아이싱으로 생크림을 많이 사용하고 있다. 이러한 목적으로 사용할 수 있는 생크림의 지방 함량은 얼마 이상인가?

가. 20%

나. 35%

다. 10%

라. 7%

해설 26
생크림 : 유지방 함량이 35~40% 정도의 생크림을 휘핑하여 사용한다.

27 다음 중 튀김용 기름의 조건으로 알맞지 않는 것은?

가. 과산화물가가 높을수록 기름의 흡유율이 적어 담백한 맛이 나고 건강에 도움이 된다.

나. 도넛에 기름기가 적게 남고 식은 후에는 고체로 변하는 것이 유리하다.

다. 장시간 튀김에 자유지방산 생성이 적고 산패가 되지 않아야 한다.

라. 튀김 중 연기가 나지 않는 발연점이 높은 기름이 유리하다.

해설 27
과산화물가가 높을수록 산패가 진행되는 것이다.

28 파이반죽을 휴지시키는 이유는?

가. 밀가루의 수분 흡수를 돕기 위해

나. 촉촉하고 끈적거리는 반죽을 만들기 위해

다. 유지를 부드럽게 하기 위해

라. 제품의 분명한 결 형성을 방지하기 위해

해설 28
파이휴지의 목적
• 반죽을 연화와 이완을 시킨다. 끈적거림을 방지하여 작업성이 좋다.
• 반죽과 유지의 경도를 맞춘다. 모든 재료가 수화될 수 있게 한다.(밀가루 수분 흡수)

정답 26 나 27 가 28 가

해설 29

사용할 물 온도
(희망 반죽온도×6)−(실내온도+밀
가루 온도+설탕 온도+쇼트닝 온도
+계란 온도+마찰계수)
(23×6)−(25+25+25+15+20+20)
138−130=8℃

해설 30

케이크가 단단하고 질겨지는 원인
• 부적절한 밀가루 사용
• 계란의 과다 사용
• 오븐온도 높음
• 팽창이 작음(팽창제 사용이 적음)

해설 31

식품첨가물의 규격과 사용기준은
식품의약품안전처장이 정한다.

해설 32

프로피온산칼슘, 프로피온산나트륨
– 빵류, 과자류에 사용되는 보존료
(방부제)

29 다음의 조건에서 물 온도를 계산하면?

• 희망 반죽온도 23℃	• 쇼트닝 온도 15℃
• 밀가루 온도 25℃	• 계란 온도 20℃
• 실내온도 25℃	• 수돗물 온도 23℃
• 설탕 온도 25℃	• 마찰계수 20

가. 8℃　　　　　　　나. 3℃

다. 0℃　　　　　　　라. 12℃

30 완성된 반죽형 케이크가 단단하고 질길 때 그 원인이 아닌 것은?

가. 부적절한 밀가루의 사용

나. 계란의 과다 사용

다. 높은 굽기 온도

라. 팽창제의 과다 사용

31 식품첨가물 규격과 사용기준은 누가 정하는가?

가. 보건복지부장관

나. 시장, 군수, 구청장

다. 시 · 도지사

라. 식품의약품안전처장

32 빵 및 케이크류에 사용이 허가된 보존료는?

가. 탄산암모늄

나. 탄산수소나트륨

다. 프로피온산

라. 포름알데하이드

정답 29 가 30 라 31 라 32 다

33 타르색소 사용상 문제점 및 원인으로 옳은 것은?

가. 퇴색 – 환원성 미생물에 의한 오염

나. 색조의 둔화 – 색소의 함량 미달

다. 색소용액의 침전 – 용매 과다

라. 착색 탄산음료의 보존성 저하 – 아조색소
   의 사용량 미달

해설 33
타르색소 사용 시 환원성 미생물에 의한 오염으로 퇴색이 될 수 있다.

34 HACCP의 7가지 원칙 중 설명이 다른 것은?

가. 1단계 – 위해분석

나. 2단계 – 개선조치 설정

다. 3단계 – 한계기준의 설정

라. 4단계 – 모니터링의 설정

해설 34
2단계는 중요관리점의 결정이다.

35 밀가루를 부패시키는 미생물(곰팡이)은?

가. 누룩곰팡이속

나. 푸른곰팡이속

다. 털곰팡이속

라. 거미줄곰팡이속

해설 35
빵, 밥, 술, 된장, 간장 등 양조에 이용되는 누룩곰팡이처럼 유용한 것도 있음

36 전분을 효소나 산에 의해 가수분해시켜 얻은 포도당 액을 효소나 알칼리 처리로 포도당과 과당으로 만들어 놓은 당의 명칭은?

가. 전화당   나. 맥아당

다. 이성화당   라. 전분당

해설 36
이성화당은 고과당 물엿으로 시럽 상태

정답 33 가 34 나 35 가 36 다

해설 37
마지팬은 아몬드가루와 분당을 주재료로 하여 만든 페이스트로 제과에서 장식물로 많이 사용된다.

해설 38
- 팽창물질 : 볼륨과 부드러운 식감을 형성한다. 계란, 화학팽창제, 고체유지, 생크림류
- 유지하는 물질(보형성) : 제품 모양을 유지하여 주는 성질이다. 밀가루, 전분, 계란, 고체유지, 초콜릿류
- 유연성 물질 : 글루텐을 약화시켜 부드럽고 바삭한 식감을 준다. 유지, 전분, 설탕, 팽창제류
- 풍미물질 : 제품의 잡내를 제거하고 풍미를 개선할 수 있다. 설탕, 유제품, 소금, 향신료류

해설 39
- 천연유화제 : 노른자의 레시틴이 유화작용을 한다.
- 구조형성(응고성) : 계란 단백질로 인해 구조형성을 할 수있다.
- 결합제 : 커스터드 크림같이 농후화 작용으로 결합제 역할을 한다.
- 팽창제 : 스펀지케이크와 같이 믹싱 중 기포를 형성하여 부풀리는 역할을 한다.

해설 40
이스트의 3대 기능은 발효 시 팽창, 글루텐 숙성, 풍미 형성이다.

37 아몬드가루와 분당을 주재료로 하여 만든 페이스트로 장식물로 사용되는 것은?

가. 스위스머랭　　　　나. 커스터드 크림

다. 마지팬　　　　　　라. 글레이즈

38 제품의 구성요소에서 팽창물질에 대한 설명 중 맞는 것은?

가. 볼륨과 부드러운 식감을 형성한다.

나. 제품 모양을 유지하여 주는 성질이다.

다. 글루텐을 약화시켜 부드럽고 바삭한 식감을 준다.

라. 제품의 잡내를 제거하고 풍미를 개선할 수 있다.

39 다음은 어떤 재료의 기능을 설명한 것인가?

- 레시틴의 유화작용을 한다.
- 단백질로 인한 구조형성을 한다.
- 결합제 역할을 한다.
- 팽창역할을 한다.

가. 계란　　　　　　나. 유지

다. 설탕　　　　　　라. 밀가루

40 이스트의 3대 기능과 가장 거리가 먼 것은?

가. 팽창 작용　　　　나. 향 개발

다. 반죽 발전　　　　라. 저장성 증가

정답 37 다　38 가　39 가　40 다

41 무스케이크는 가공형태 중 어디에 속한 것인가?

가. 공예과자

나. 데커레이션 케이크

다. 냉과자

라. 양과자

해설 41

냉과자 : 무스류(무스케이크), 젤리, 바바루아, 푸딩류

42 제과제빵에서 사용하는 도구에 대한 설명 중 알맞지 않는 것은?

가. 온도계는 반죽의 온도와 재료의 온도를 측정할 때 사용한다.

나. 스쿱은 밀가루나 설탕 등을 손쉽게 퍼내는 도구이다.

다. 스파이크 롤러는 파이나 피자류를 만들 때 반죽에 구멍을 골고루 내는 도구이다.

라. 데포지터는 초콜릿을 템퍼링한 초콜릿에 담갔다 빼거나 모양을 낼 때 사용한다.

해설 42

데포지터는 제과반죽을 일정하게 짜주는 제과전용 기계이다.(쿠키류 성형 시)

디핑포크는 초콜릿을 템퍼링한 초콜릿에 담갔다 빼거나 모양을 낼 때 사용한다.

43 다음 중 생산관리의 목표가 아닌 것은?

가. 납기관리

나. 인력관리

다. 원가관리

라. 품질관리

해설 43

생산관리의 목표 : 납기관리, 원가관리, 품질관리, 생산량 관리

44 다음 중 원가관리의 직접비를 계산할 때 필요하지 않은 항목은?

가. 직접재료비

나. 제조원가

다. 직접노무비

라. 직접경비

해설 44

• 직접비 = 직접재료비+직접노무비+직접경비
• 제조원가 = 직접비 + 제조간접비
• 총원가 = 제조원가+판매비+일반관리

정답 **41** 다 **42** 라 **43** 나 **44** 나

해설 45

앞치마는 전처리용, 조리용, 배식용, 세척용으로 구분하여 사용한다.

해설 46

- 열량 영양소: 탄수화물, 지방, 단백질(열량 발생, 체온유지, 에너지원으로 이용되는 영양소)
- 구성 영양소: 단백질, 무기질, 물(몸의 체조직, 효소, 호르몬 구성 영양소)
- 조절 영양소: 무기질, 비타민, 물(생체반응 – 생리작용, 대사작용 조절 영양소)

해설 47

지방은 1g에 9kcal의 열량을 내므로 $5 \times 9 = 45kcal$

해설 48

단순갑상선종은 갑상선호르몬 생산에는 이상이 없이 단지 갑상선의 크기만 전체적으로 커지는 경우이다. 무기질인 요오드(I)의 결핍증의 하나로 요오드의 과잉증으로는 갑상선기능항진증, 바세도우씨병(갑상선중독증)이 있다. 해조류와 어패류가 급원식품이다.

45 다음 중 개인위생 복장에 대한 설명으로 알맞지 않는 것은?

가. 앞치마는 외부용, 내부용으로 구분하여 사용한다.

나. 하의는 몸에 여유가 있는 복장이어야 한다.

다. 화장과 향수는 지나치지 않도록 하며 인조눈썹을 금한다.

라. 신발은 신고 벗기 편리하며 미끄럽지 않아야 한다.

46 다음 중 영양소와 주요 기능이 바르게 연결된 것은?

가. 탄수화물, 무기질－열량 영양소

나. 무기질, 비타민－조절 영양소

다. 비타민, 물－구성 영양소

라. 지방, 비타민－체온조절 영양소

47 지방 5g은 몇 칼로리의 열량을 내는가?

가. 45kcal

나. 50kcal

다. 25kcal

라. 20kcal

48 성인의 단순갑상선종의 증상은?

가. 갑상선이 비대해진다.

나. 피부병이 발생한다.

다. 목소리가 쉰다.

라. 안구가 돌출된다.

정답 45 가 46 나 47 가 48 가

49 땀을 많이 흘리는 중노동자는 어떤 물질을 특히 보충해야 하는가?

　　가. 비타민　　　　　　나. 지방

　　다. 식염　　　　　　　라. 탄수화물

50 칼국수 100g에 탄수화물이 40% 함유되어 있다면 칼국수 200g을 섭취하였을 때 탄수화물로부터 얻을 수 있는 열량은?

　　가. 320kcal　　　　　나. 800kcal

　　다. 400kcal　　　　　라. 720kcal

51 심한 운동으로 열량이 크게 필요할 때 지방은 여러 유리한 점을 가지고 있는데 그중 잘못된 것은?

　　가. 위 내에 체재시간이 길어 만복감을 준다.

　　나. 단위 중량당 열량이 높다.

　　다. 비타민 B_{12}의 절약작용을 한다.

　　라. 총열량의 30% 이상을 지방으로 충당할 수 있다.

52 단백질의 가장 중요한 기능은?

　　가. 체온유지

　　나. 유화작용

　　다. 체조직 구성

　　라. 체액의 압력조절

해설 49
땀을 많이 흘리게 되면 수분과 전해질을 보충한다.

해설 50
탄수화물 1g에 4kcal의 열량을 내므로 200g×40% = 80g×4kcal = 320kcal

해설 51
지질의 기능
- 지질 1g당 9kcal 열량 발생, 당질이나 단백질의 2배 이상의 열량을 낸다.
- 피하지방을 구성, 체온을 보존시킨다.
- 지용성 비타민 A, D, E, K의 흡수를 돕는다.
- 외부의 충격으로부터 주요 장기 보호한다.
- 독특한 맛과 향미를 음식에 제공하고 위에 머무는 시간이 길어 포만감을 준다.
- 비타민 B_1 절약작용

해설 52
단백질의 기능
- 단백질 1g에 4kcal 열량 제공
- 체조직 구성성분(피, 살과 뼈를 만듦)
- 수분 평형 유지
- 산, 염기 평형 유지(혈액의 pH 항상 일정한 상태)
- 면역기능(면역체계 사용되는 세포들의 주요성분)
- 호르몬, 효소, 신경 전달물질 및 글루타티온 형성
- 저장된 단백질을 탄수화물 공급 부족 시 포도당으로 전환 사용

53 다음 중 체중 1kg당 단백질 권장량이 가장 많은 대상으로 옳은 것은?

가. 1~2세 유아 　　　　 나. 9~11세 여자

다. 15~19세 남자 　　　 라. 65세 이상 노인

54 다음 중 산성식품은?

가. 빵 　　　　　　　　 나. 오이

다. 사과 　　　　　　　 라. 양상추

55 소장에 대한 설명으로 틀린 것은?

가. 소장에서는 호르몬이 분비되지 않는다.

나. 영양소가 체내로 흡수된다.

다. 길이는 약 6m이며 대장보다 많은 일을 한다.

라. 췌장과 담낭이 연결되어 있어 소화액이 유입된다.

56 독소형 식중독에 속하는 것은?

가. 장염비브리오균 　　　 나. 살모넬라균

다. 병원성대장균 　　　　 라. 보툴리누스균

정답 | 53 가 　54 가 　55 가 　56 라

57 중금속이 일으키는 식중독 증상으로 틀린 것은?

　　가. 수은 – 지각 이상, 언어 장애 등 중추 신경
　　　　장애 증상(미나마타병)을 일으킨다.

　　나. 카드뮴 – 구토, 복통, 설사를 유발하고 임
　　　　산부에게 유산, 조산을 일으킨다.

　　다. 납 – 빈혈, 구토, 피로, 소화기 및 시력 장
　　　　애, 급성 시 사지 마비 등을 일으킨다.

　　라. 비소 – 위장 장애, 설사 등의 급성중독과
　　　　피부 이상 및 신경 장애 등의 만성중독을
　　　　일으킨다.

해설 57

카드뮴(Cd) – 도금, 플라스틱의 안정제로 쓰이며 폐광석에서 버린 카드뮴이 체내에 축적되어 이타이이타이병 발생

58 다음 중 제2급 법정 감염병에 해당하는 것은?

　　가. B형간염　　　　　나. 한센병
　　다. 탄저병　　　　　　라. 파상풍

해설 58

제2급 법정 감염병은 한센병이다.

59 물과 기름처럼 서로 혼합이 잘 되지 않는 두 종류의 액체 또는 고체를 액체에 분산시키기 위해 사용하는 것은?

　　가. 착향료　　　　　나. 표백제
　　다. 유화제　　　　　라. 강화제

해설 59

유화제의 종류로는 글리세린, 레시틴, 모노디글리세라이드, 대두 인지질, 에스테르, 에스에스엘(SSL) 등이 있다.

정답 **57** 나　**58** 나　**59** 다

해설 60

집단급식소란 영리를 목적으로 하지 아니하면서 특정 다수인에게 계속하여 음식물을 공급하는 급식시설로서 대통령령으로 정하는 시설을 말한다.

60 **식품위생법상 용어 정의에 대한 설명 중 틀린 것은?**

가. '식품'이라 함은 의약으로 섭취하는 것을 제외한 모든 음식을 말한다.

나. '표시'라 함은 식품, 식품첨가물, 기구 또는 용기,포장에 게재되는 문자, 숫자 또는 도형을 말한다.

다. 농업 및 수산업에 속하는 식품의 채취업은 식품위생법상 '영업'에서 제외된다.

라. '집단급식소'라 함은 영리를 목적으로 하면서 특정 다수인에게 계속하여 음식물을 공급하는 시설을 말한다.

정답 60 라

제과기능사 총 기출문제 6

01 다음 중 퍼프페이스트리 제품을 구울 때 유지가 흘러 나오는 원인이 아닌 것은?

가. 장시간 굽기를 한 경우

나. 오래된 반죽을 사용한 경우

다. 약한 밀가루를 사용한 경우

라. 밀어펴기가 불충분한 경우

02 제과제빵 공장의 내부 벽면재료로서 가장 적당한 것은?

가. 타일

나. 합판

다. 무늬목

라. 황토 흙벽돌

03 아이싱에 대한 설명 중 틀린 것은?

가. 아이싱에 이용되는 퐁당(fondant)은 설탕의 용해성을 이용한 것이다.

나. 도넛 설탕 아이싱 사용온도로 40℃ 전후가 적당하다.

다. 아이싱의 수분흡수제로는 전분이나 밀가루가 사용된다.

라. 아이싱의 끈적거림을 방지하기 위해서는 최소한의 액체를 사용한다.

해설 01

유지가 새어나오는 현상

• 봉합이 부적절함

• 오래된 반죽 사용

• 과도한 밀어펴기

• 장시간 굽기를 함

• 단백질 함량이 적은 밀가루(박력) 사용

• 너무 낮거나 높은 오븐 온도

해설 02

벽면은 타일의 재질로 청소와 관리가 편리해야 한다.

해설 03

퐁당은 114~118℃의 시럽을 끓인 뒤 시럽을 저어가며 기포화 하여 만든 것이다.

정답 **01** 라 **02** 가 **03** 가

해설 04

초콜릿은 블룸현상으로 기름이 분리될 수 있으므로 습도를 낮게 하여 보관한다.

해설 05

아이싱 굳은 것 풀기 : 35~43℃로 가열, 최소의 액체를 넣고 중탕, 시럽을 첨가

해설 06

유지의 크리밍성은 쇼트닝, 마가린, 버터 순으로 사용하기가 좋다.

해설 07

파운드케이크(0.85)
레이어케이크(0.75)
스펀지케이크(0.5)
젤리롤케이크(0.45)

04 다음 중 상대습도를 가장 낮게 보관하는 제품은?

가. 몰드형 초콜릿 나. 생크림케이크

다. 무스 라. 파운드케이크

05 굳어진 설탕 아이싱 크림을 여리게 하는 방법으로 부적합한 것은?

가. 전분이나 밀가루를 넣는다.

나. 소량의 물을 넣고 중탕으로 가온한다.

다. 중탕으로 가열한다.

라. 설탕시럽을 더 넣는다.

06 유지의 크림성에 대한 설명 중 틀린 것은?

가. 유지에 공기가 혼입되면 빛이 난반사되어 하얀색으로 보이는 현상을 크림화라고 한다.

나. 버터는 크림성이 가장 뛰어나다.

다. 액상기름은 크림성이 없다.

라. 크림이 되면 부드러워지고 부피가 커진다.

07 다음 중 비중이 가장 낮은 케이크는?

가. 젤리롤케이크

나. 버터스펀지케이크

다. 옐로레이어케이크

라. 파운드케이크

정답 04 가 05 가 06 나 07 가

08 공장설비에서 배수관의 최소 내경으로 알맞은 것은?

가. 5cm
나. 20cm
다. 2cm
라. 10cm

09 다음 중 비용적이 가장 큰 제품은?

가. 스펀지케이크
나. 레이어케이크
다. 파운드케이크
라. 식빵

10 케이크 반죽에서 같은 팬을 사용한 경우 반죽양에 관한 설명으로 틀린 것은?

가. 레이어케이크는 파운드케이크보다 반죽양을 적게 한다.
나. 스펀지케이크는 레이어케이크보다 반죽양을 많게 한다.
다. 시폰케이크는 초콜릿케이크보다 반죽양을 적게 한다.
라. 파운드케이크는 스펀지케이크보다 반죽양을 많게 한다.

11 다음 중 파이롤러를 사용하지 않는 제품은?

가. 롤케이크
나. 데니시 페이스트리
다. 퍼프페이스트리
라. 케이크도넛

해설 08
설비위생관리에서는 배수가 잘 되어야 하며 배수관의 최소 내경은 10cm 정도가 좋다.

해설 09
파운드케이크 : 2.40cm³/g
레이어케이크 : 2.96cm³/g
산형식빵 : 3.2~3.4cm³/g
스펀지케이크 : 5.08cm³/g

해설 10
작은 부피 : 반죽형 반죽(파운드, 레이어케이크) / 큰 부피 : 거품형 반죽(스펀지케이크)
동일한 틀에 구웠을 때 비용적이 작을수록 팬닝양이 많고, 클수록 팬닝양이 적다.

해설 11
롤케이크는 반죽을 구운 다음 잼을 발라 롤링한 제품이다.

정답 08 라 09 가 10 나 11 가

12 퍼프페이스트리를 제조할 때 주의할 점으로 틀린 것은?

가. 성형한 반죽을 장기간 보관하려면 냉장하는 것이 좋다.

나. 굽기 전에 적정한 최종 휴지를 시킨다.

다. 파치가 최소로 되도록 성형한다.

라. 충전물을 넣고 굽는 반죽은 구멍을 뚫고 굽는다.

13 옐로레이어케이크에서 설탕 120%, 유화쇼트닝 50%를 사용한 경우 우유 사용량은?

가. 60% 나. 70%

다. 90% 라. 100%

14 쿠키 포장지의 특성으로 적합하지 않은 것은?

가. 방습성이 있어야 한다.

나. 통기성이 있어야 한다.

다. 내용물의 색, 향이 변하지 않아야 한다.

라. 독성 물질이 생성되지 않아야 한다.

정답 12 가 13 다 14 나

15 파이를 구운 후 다음과 같은 결함이 나타났을 때 그 원인으로 적합한 것은?

> • 껍질이 과도하게 수축되었다.
> • 과일 충전물이 끓어 넘쳤다.

가. 과다한 자투리 반죽 사용

나. 너무 높은 충전물 온도

다. 너무 높은 오븐온도

라. 질이 나쁘거나 단백질 함량이 높은 밀가루 사용

16 다음 중 온도가 가장 낮은 것은?

가. 엔젤푸드케이크 반죽온도

나. 퍼프페이스트리 반죽온도

다. 핑거쿠키 반죽온도

라. 도넛 글레이즈 온도

17 쿠키의 퍼짐이 크게 되는 경우에 대한 설명으로 옳은 것은?

가. 반죽이 알칼리성 쪽에 있다.

나. 믹싱 시 설탕이 완전히 용해되었다.

다. 전 설탕을 일시에 넣고 충분히 크림화하였다.

라. 반죽이 된 상태로 되었다.

18 다음 재료 중 가장 정확한 계량을 요구하는 재료는?

가. 밀가루　　　　나. 중조

다. 탈지분유　　　　라. 물엿

정답 15 나　16 나　17 가　18 나

해설 **15**
과일 충전물이 끓어 넘치는 이유는 충전물의 온도가 높을 때 나타나는 현상이다.

해설 **16**
엔젤푸드케이크 반죽온도 : 21~25℃
퍼프페이스트리 반죽온도 : 18~20℃
핑거쿠키 반죽온도 : 18~24℃
도넛 글레이즈 온도 : 45~50℃

해설 **17**
쿠키의 퍼짐을 좋게 하기 위한 조치
• 팽창제 사용
• 오븐 온도를 낮게 한다.
• 입자가 큰 설탕을 사용한다.
• 알칼리성 재료의 사용량을 증가 한다.

해설 **18**
팽창제는 정확한 계량을 하여 오차 없이 사용한다.

19 기포를 안정되게 하기 위해 오븐에 들어가기 직전 충격을 가하는 제품은?

가. 마카롱　　　　　　나. 슈
다. 쇼트브레드　　　　라. 카스텔라

20 스펀지케이크의 굽기 중 일어나는 현상과 관계없는 설명은?

가. 오븐온도가 너무 높거나 오래 구우면 커진다.
나. 스펀지케이크는 굽기 중 전분의 호화로 일어나 부피가 증가된다.
다. 설탕량이 많거나 밀가루 품질이 나쁘면 굽는 동안 가라앉는다.
라. 단백질 응고와 더불어 껍질에 갈변반응이 일어난다

21 스펀지케이크 제조 시 아몬드 분말을 사용할 경우의 장점은?

가. 식감이 단단하다.
나. 노화가 지연되며 맛이 좋다.
다. 반죽이 안정적이다.
라. 원가가 절감된다.

22 제과 재료와 pH의 연결이 틀린 것은?

가. 설탕 – pH 6.5~7.0
나. 베이킹파우더 – pH 4.5~5.5
다. 치즈 – pH 4.0~4.5
라. 밀가루(제과용) – pH 4.9~5.8

정답　19 라　20 가　21 나　22 나

23 파운드케이크 배합에서 계란 양이 증가할 때 다른 재료들의 변화가 바르게 된 것은?

　가. 소금은 비슷하거나 약간 감소한다.

　나. 쇼트닝 양이 감소한다.

　다. 베이킹파우더 양이 증가한다.

　라. 우유 양이 감소한다.

24 제과반죽에서 작용하는 물리·화학적인 설탕의 주된 기능이 아닌 것은?

　가. 수분 보유력으로 노화 지연

　나. 제품에 향을 부여

　다. 캐러멜화 작용으로 껍질 착색

　라. 제품의 형태를 유지

25 반죽형 반죽으로 만드는 제품의 종류가 아닌 것은?

　가. 레이어케이크　　　나. 파운드케이크

　다. 스펀지케이크　　　라. 과일케이크

26 스펀지 케이크의 질긴 질감을 완화하기 위하여 유지를 넣은 버터스펀지케이크 반죽제조법에서 버터의 중탕온도는?

　가. 40℃　　　　　　　나. 60℃

　다. 80℃　　　　　　　라. 90℃

해설 23
계란 증가 시 다른 재료와의 관계
우유 감소(수분함유량의 균형)
베이킹파우더 감소(팽창의 균형)
유지 증가(팽창력, 연화력 증가)
소금 증가(맛 증가)

해설 24
퍼짐성에 관여하여 믹싱 정도에 따라 흐름성이 달라져 퍼짐 정도를 조절할 수 있게 된다.

해설 25
스펀지케이크는 거품형에 속한다.

해설 26
버터의 중탕온도는 60℃로 녹여 사용한다.

해설 27
얼음 사용량 :

$$\frac{물\ 사용량 \times (수돗물\ 온도 - 사용할\ 물\ 온도)}{80 + 수돗물\ 온도}$$

얼음 사용량 :

$$\frac{4,000g \times (25-5)}{80+25} = \frac{80,000}{105} = 761.9 = 762(반올림)$$

해설 28
소금은 과도한 끈적임을 방지할 수 있으며 젤라틴(안정제), 전분(흡수제)로 끈적거림을 방지할 수 있다.

해설 29
유당은 우유 속의 당으로 껍질색을 착색시킨다.

해설 30
인수공통감염병은 사람과 척추동물 사이에서 발생하는 질병 또는 감염상태를 말한다.

해설 31
LD₅₀은 통상 포유동물의 독성을 측정하는 것으로 LD값과 독성은 반비례한다.
LD₅₀: Lethal Dose 50%로 약물 독성치사량 단위이다.

27 수돗물 온도 23℃, 사용할 물 온도 8℃, 물 사용량이 3,000g일 때 필요한 얼음의 양은?

　가. 637g　　　　나. 537g
　다. 437g　　　　라. 337g

28 끈적거리는 아이싱을 보완할 때 넣는 것으로 틀린 것은?

　가. 소금　　　　나. 전분
　다. 젤라틴　　　라. 밀가루

29 튀김기름을 산화시키는 요인이 아닌 것은?

　가. 온도　　　　나. 수분
　다. 공기　　　　라. 유당

30 다음중 감염병과 관련 내용이 바르게 연결되지 않은 것은?

　가. 콜레라 – 외래감염병
　나. 세균성이질 – 점액성 혈변
　다. 파상열 – 바이러스성 인수공통감염병
　라. 장티푸스 – 고열 수반

31 어떤 첨가물의 LD₅₀ 값이 작다는 것은 무엇을 의미하는가?

　가. 독성이 많다.　　　나. 독성이 적다.
　다. 저장성이 작다.　　라. 안정성이 크다.

정답 27 다　28 가　29 라　30 다　31 가

32 식품위생업에서 정하고 있는 식품위생 관련 내용 중 틀린 것은?

  가. 집단급식소는 1회 50인 이상에게 식사를 제공하는 급식소를 말한다.

  나. 유통기한이 경과된 식품을 판매의 목적으로 진열만 하는 것은 허용된다.

  다. 리스테리아병, 살모넬라병, 파스튜렐라병 및 선모충증에 걸린 동물 고기는 판매 등이 금지된다.

  라. 김치류 중 배추김치는 식품안전관리인증기준 대상식품이다.

33 식품위생법상 식품위생의 대상이 아닌 것은?

  가. 식품

  나. 식품첨가물

  다. 조리방법

  라. 기구와 용기, 포장

34 빵의 제조과정에서 빵들의 형태를 유지하며 달라붙지 않게 하기 위하여 사용되는 식품첨가물은?

  가. 실리콘수지(규소수지)   나. 변성전분

  다. 유동파라핀   라. 효모

35 다음 중 인수공통감염병은?

  가. 탄저병   나. 장티푸스

  다. 세균성이질   라. 콜레라

해설 32
유통기한은 섭취가 가능한 날짜가 아닌 식품 제조일로부터 소비자에게 판매가 가능한 기한을 말한다.

해설 33
식품위생의 대상으로 식품, 식품첨가물, 기구와 용기, 포장 등이 있다.

해설 34
이형제는 유동파라핀이다.

해설 35
인수공통감염병은 탄저병, 파상열, 결핵, 야토병, 돈닥독, Q열, 리스테리아증이 있다.

정답 32 나 33 다 34 다 35 가

해설 36
이스트의 3대 영양소는 질소, 인산, 칼륨이다.

해설 37
건포도 무게 12~15%의 물을 넣고 4시간, 잠길 정도의 미온수를 10분 정도 담가 배수하여 사용
물 대신 럼주와 같은 술을 사용하면 풍미개선에 도움이 될 수 있다.

해설 38
밀가루의 단백질 함량은 7~15%로 가장 많다.

해설 39
지효성 제품(파운드케이크), 속효성 제품(찜을 이용한 제품 – 찐빵, 핫케이크, 도넛류)이고 산성팽창제는 색깔이 연한 제품에, 알칼리성 팽창제는 색깔이 진한 제품(코코아, 초콜릿케이크)에 사용한다.

36 이스트가 필요로 하는 3대 영양소로 바르게 짝지어진 것은?

가. 칼슘, 질소, 인

나. 질소, 인산, 칼륨

다. 칼슘, 칼륨, 인산

라. 물, 비타민, 마그네슘

37 과일케이크의 과일 전처리 방법으로 맞지 않는 것은?

가. 건포도 무게 22~25%의 물을 넣는다.

나. 물을 넣고 4시간가량 불린다.

다. 미온수를 10분 정도 담가 배수하여 사용한다.

라. 물 대신 럼주와 같은 술을 사용하면 풍미개선에 도움이 될 수 있다.

38 다음 중 단백질의 함량(%)이 가장 많은 것은?

가. 당근

나. 밀가루

다. 버터

라. 설탕

39 베이킹파우더의 사용 방법으로 틀린 것은?

가. 굽는 시간이 긴 제품에는 지효성 제품을 사용한다.

나. 굽는 시간이 짧은 제품에는 속효성 제품을 사용한다.

다. 색깔을 연하게 해야 할 제품에는 알칼리성 팽창제를 사용한다.

라. 낮은 온도에서 오래 구워야 하는 제품에는 속효성과 지효성 산성염을 잘 배합한 제품을 사용한다.

정답 36 나 37 가 38 나 39 다

40 동물의 가죽이나 뼈 등에서 추출하여 안정제로 사용되는 것은?

가. 젤라틴
나. 한천
다. 펙틴
라. 카라기난

41 잎을 건조하여 만든 향신료는?

가. 계피
나. 넛메그
다. 메이스
라. 오레가노

42 젤리화의 3요소가 아닌 것은?

가. 유기산류
나. 염류
다. 당분류
라. 펙틴류

43 냉과에 해당하는 것은?

가. 파운드케이크
나. 젤리롤케이크
다. 무스케이크
라. 양갱

44 일반적으로 초콜릿은 코코아와 카카오버터로 나눈다. 초콜릿 56%를 사용할 때 코코아의 양은 얼마인가?

가. 35%
나. 37%
다. 38%
라. 41%

45 유지 중 성질이 다른 것은?

가. 버터
나. 마가린
다. 쇼트닝
라. 샐러드유

해설 **40**

젤라틴은 동물의 뼈, 가죽, 연골, 인대 등의 결합조직(콜라겐)을 가수분해하여 얻은 동물성 단백질로 무미, 무취하며 정제하여 식용 젤라틴을 제조하여 안정제, 농후제, 품질개량제로 과자, 젤리, 아이스크림 등에 이용한다.

해설 **41**

오레가노의 원산지는 유럽과 서아시아이며 잎을 건조하여 사용한다. 토마토 요리, 피자, 파스타, 드레싱 등에 필수 재료로 사용한다.

해설 **42**

젤리화(잼)의 3요소는 산, 펙틴, 설탕이다.

해설 **43**

냉과류 제품은 차갑게 굳힌 제품으로 젤리, 무스, 바바루아, 푸딩 등이 해당된다.

해설 **44**

초콜릿의 구성: 코코아 62.5%(5/8), 카카오버터 37.5%(3/8)이므로 56%×5/8=35%

해설 **45**

버터, 마가린, 쇼트닝은 고체유지(fat)고 샐러드유는 액체유지(oil)이다.

정답 40 가 41 라 42 나 43 다 44 가 45 라

46 건조된 아몬드 100g에 탄수화물 16g, 단백질 18g, 지방 54g, 무기질 3g, 수분 6g, 기타 성분 등이 함유되어 있다면 이 아몬드 100g의 열량은?

　　가. 약 200kcal　　　　　나. 약 364kcal
　　다. 약 622kcal　　　　　라. 약 751kcal

47 콜레스테롤 흡수와 가장 관계 깊은 것은?

　　가. 타액　　　　　　　　나. 위액
　　다. 담즙　　　　　　　　라. 장액

48 노인의 경우 필수 지방산의 흡수를 위해 섭취하면 좋은 기름은?

　　가. 콩기름　　　　　　　나. 닭기름
　　다. 돼지기름　　　　　　라. 소기름

49 다음 중 유지의 경화 공정과 관계가 없는 물질은?

　　가. 불포화지방산　　　　나. 수소
　　다. 콜레스테롤　　　　　라. 촉매제

50 단백질을 구성하는 아미노산의 특징이 아닌 것은?

　　가. 단백질을 구성하는 기본 단위로 아미노산은 20종류가 있다.
　　나. 아미노기($-NH_2$)는 산성을, 카복시기($-COOH$)는 염기성을 나타낸다.
　　다. 단백질을 가수분해하면 알파 아미노산이 된다.
　　라. 아미노산은 물에 녹아 중성을 띤다.

정답　46 다　47 다　48 가　49 다　50 나

51 고시폴은 어떤 식품에서 발생할 수 있는 식중독의 원인 성분인가?

　가. 고구마

　나. 풋살구

　다. 보리

　라. 면실유

해설 51

고시폴은 목화씨에서 면실유가 잘못 정제되었을 때 남아 식중독을 일으키는 독성 물질이다.

52 다음 중 지방을 분해하는 효소는?

　가. 아밀레이스(amylase)

　나. 라이페이스(lipase)

　다. 치메이스(zymase)

　라. 프로테이스(protease)

해설 52

지방을 분해하는 효소는 라이페이스(리파아제, lipase)이고 지방을 글리세롤과 지방산으로 분해한다.

53 무기질의 기능이 아닌 것은?

　가. 우리몸의 경조직 구성성분이다.

　나. 열량을 내는 열량 급원이다.

　다. 효소의 기능을 촉진한다.

　라. 세포의 삼투압 평형유지 작용을 한다.

해설 53

무기질의 기능

• 뼈와 치아 등의 경조직을 구성한다.(Ca, P, Mg), 체액의 성분으로서 산과 알칼리의 평형을 유지하며 pH 및 삼투압을 조절하여 항상성을 유지하도록 한다.(Na, K, Cl)

• 효소반응의 촉매작용, 신경의 흥분 전달 및 근육의 수축에 관여한다.(Ca, Mg)

54 다음 중 영양소와 주요 기능이 바르게 연결된 것은?

　가. 탄수화물, 무기질-열량 영양소

　나. 무기질, 비타민-조절 영양소

　다. 비타민, 물-구성 영양소

　라. 지방, 비타민-체온조절 영양소

해설 54

• 열량 영양소: 탄수화물, 지방, 단백질(열량 발생, 체온유지, 에너지원으로 이용되는 영양소)

• 구성 영양소: 단백질, 무기질, 물(몸의 체조직, 효소, 호르몬 구성 영양소)

• 조절 영양소: 무기질, 비타민, 물(생체반응 – 생리작용, 대사작용 조절 영양소)

정답 51 라 52 나 53 나 54 나

해설 55
• 산성식품: 단백질을 포함하고 있는 육류, 계란, 생선, 빵, 과자, 아이스크림, 사탕, 초콜릿 등
• 알칼리식품: 비타민, 무기질 등의 영양소를 많이 함유한 채소, 과일, 우유, 굴 등

해설 56
감염병 3대 요소는 병원체(병인), 환경, 숙주의 감수성이다.

해설 57
곰팡이는 주로 포자에 의하여 수를 늘리며, 빵, 밥 등의 부패에 관여하는 미생물이다.
종류로는 누룩곰팡이속, 푸른곰팡이속, 거미줄곰팡이속, 솜털곰팡이속이 있다.

해설 58
유행성간염, 감염성설사증, 폴리오(급성회백수염, 소아마비), 천열, 홍역

55 다음 중 산성식품은?

가. 빵
나. 오이
다. 사과
라. 양상추

56 감염병 및 질병 발생의 3대 요소가 아닌 것은?

가. 병인(병원체)
나. 환경
다. 숙주(인간)
라. 항생제

57 생물로서 최소 생활단위를 영위하는 미생물의 일반적 성질에 대한 설명으로 옳은 것은?

가. 세균은 주로 출아법으로 그 수를 늘리며 술 제조에 사용된다.
나. 효모는 주로 분열법으로 그 수를 늘린다.
다. 곰팡이는 주로 포자에 의하여 수를 늘리며, 빵, 밥 등의 부패에 관여하는 미생물이다.
라. 바이러스는 주로 출아법으로 수를 늘리며, 필요한 영양분을 합성한다.

58 병원체가 음식물, 손, 식기, 완구, 곤충 등을 통하여 입으로 침입하여 감염을 일으키는 것 중 바이러스가 아닌 것은?

가. 유행성간염
나. 콜레라
다. 홍역
라. 폴리오

정답 55 가 56 라 57 다 58 나

59 식품에 점착성 증가, 유화안정성, 선도유지, 형체보존에 도움을 주며, 점착성을 줌으로써 촉감을 좋게 하기 위하여 사용하는 식품첨가물은?

　　가. 호료(증점제)　　　나. 발색제

　　다. 산미료　　　　　　라. 유화제

60 복어 중독을 일으키는 성분은?

　　가. 테트로도톡신　　　나. 솔라닌

　　다. 무스카린　　　　　라. 아코니틴

해설 59
식품의 형태유지 및 촉감을 좋게 하기 위해 사용한다.
유화안정성, 선도유지, 점착성을 주기 위해 사용한다.

해설 60
동물성 식중독 중 복어의 독소는 테트로도톡신이다.

제과기능사 총 기출문제 7

해설 01

파운드케이크의 굽기 중 윗면이 터지는 원인
- 설탕이 다 녹지 않았다.
- 높은 온도에서 구워 껍질이 빨리 생겼다.
- 반죽수분이 부족하다.
- 팬닝 후 바로 굽지 않아 겉껍질이 말랐다.

해설 02

계란 사용량을 1% 감소시킬 때 조치사항
밀가루 사용량을 0.25% 추가, 물 사용량을 0.75% 추가,
베이킹파우더 0.03% 사용, 유화제를 0.03% 사용
계란 20%×물 0.75%=15%

해설 03

도넛의 흡유율이 높은 이유
- 튀김온도가 낮고 튀김시간이 길다.
- 글루텐이 부족하다.
- 믹싱시간이 짧다.
- 반죽에 수분이 많다.
- 설탕, 유지, 팽창제 사용량이 많다.(고율배합)

---

01 파운드케이크 반죽을 구울 때 윗면이 터지는 원인으로 맞는 것은?

가. 설탕 입자가 용해되었다.

나. 반죽에 수분이 불충분하다.

다. 오븐온도가 낮아 껍질 형성이 느리다.

라. 팬닝 후 단시간에 바로 구웠다.

02 스펀지케이크 제조 시 계란을 줄이면 재료 단가를 줄일 수 있다. 계란을 20% 줄이면 물은 몇 % 증가시켜야 하는가?

가. 17% 나. 16%

다. 15% 라. 14%

03 도넛의 흡유율이 높았다면 그 이유는?

가. 튀김시간이 짧다.

나. 튀김온도가 높다.

다. 휴지시간이 짧다.

라. 고율배합 제품이다.

정답 01 나 02 다 03 라

04 다음 중 쿠키의 퍼짐성이 작은 이유에 해당되지 않는 것은?

가. 너무 진 반죽

나. 지나친 크림화

다. 높은 오븐온도

라. 설탕의 완전한 용해

05 반죽형 반죽제조법의 종류와 제조 공정의 특징으로 바르지 않은 것은?

가. 블렌딩법–유지에 밀가루를 먼저 넣고 반죽한다.

나. 1단계법–유지에 모든 재료를 한꺼번에 넣고 반죽한다.

다. 크림법–유지에 건조 및 액체 재료를 넣어 반죽한다.

라. 설탕/물반죽법–유지에 설탕물을 넣고 반죽한다.

06 반죽형 반죽 제조법과 장점이 맞게 연결된 것은?

가. 블렌딩법–제품을 부드럽고 유연하게 만듦

나. 크림법–노동력과 제조시간의 절약

다. 설탕/물반죽법–제품의 부피를 크게 만듦

라. 1단계법–균일한 껍질색과 대량생산 용이

해설 04

쿠키의 퍼짐이 작은 이유
- 산성반죽
- 된반죽
- 과도한 믹싱
- 높은 오븐온도
- 입자가 곱거나 적은 양의 설탕 사용

해설 05

크림법은 유지에 설탕을 우선적으로 넣고 공기를 포집시킨다.

해설 06

크림법–부피를 우선적으로 할 때
설탕/물법–대량생산에 적합
1단계법–시간과 노동력 절감

정답 04 가 05 다 06 가

07 다음 제품 중 반죽의 pH가 가장 높은 것은?

가. 파운드케이크

나. 초콜릿케이크

다. 데블스푸드케이크

라. 옐로레이어케이크

08 커스터드 크림은 우유, 계란, 설탕을 한데 섞고, 안정제로 무엇을 넣어 끓인 크림인가?

가. 한천   나. 젤라틴
다. 강력분   라. 옥수수 전분

09 100% 물에 설탕을 50% 용해시켰을 때 당도는 얼마인가?

가. 37%   나. 36%
다. 35%   라. 33%

10 도넛을 튀겼을 때 색상이 고르지 않은 이유로 맞지 않는 것은?

가. 재료가 고루 섞이지 않았다.

나. 덧가루가 많이 묻었다.

다. 탄 튀김가루가 붙었다.

라. 냉장반죽으로 만들었다.

정답 07 다 08 라 09 라 10 라

11 슈 제조공정에 대한 설명으로 적당하지 않은 것은?

가. 평철판 위에 충분한 간격을 유지하며 일정 크기로 짜야 한다.

나. 밀가루는 버터가 다 녹지 않은 상태에서 넣고 호화해야 한다.

다. 계란은 불에서 내려 반죽되기를 보며 소량씩 넣는다.

라. 찬 공기가 들어가면 슈가 주저앉게 되므로 팽창과정 중에 오븐 문을 여닫지 않는다.

12 다음 중 쿠키를 구울 때 퍼짐을 좋게 하는 방법에 해당되지 않는 것은?

가. 알칼리성 반죽

나. 팽창제 사용

다. 높은 오븐온도

라. 입자가 큰 설탕 사용

13 옐로레이어케이크에 코코아 분말을 넣어 만드는 케이크로 악마의 음식이라고도 불리는 이 레이어케이크에서 전체 액체량(우유와 계란)을 구하는 식은?

가. 설탕+30+(코코아분말×1.5)−계란

나. 설탕−30−(코코아분말×1.5)−계란

다. 설탕×30×(코코아분말×1.5)−계란

라. 설탕÷30÷(코코아분말×1.5)−계란

해설 11
물과 소금 버터를 충분히 끓인 뒤 밀가루를 넣고 호화시킨다.

해설 12
쿠키의 퍼짐을 좋게 하기 위한 조치
• 팽창제 사용
오븐 온도를 낮게한다.
• 입자가 큰 설탕을 사용한다.
• 알칼리성 재료의 사용량을 증가한다.

해설 13
설탕+30+(코코아분말×1.5)−계란

정답 11 나 12 다 13 가

14 사용하고 남은 설탕 아이싱 크림이 굳어진 경우 여리게 풀어주는 방법으로 적합한 것은?

가. 로커스트 빈검, 카라야검을 넣고 중탕으로 가열한다.

나. 젤라틴, 한천을 넣고 중탕으로 가열한다.

다. 소량의 물을 넣고 중탕으로 가열한다.

라. 전분이나 밀가루를 넣고 중탕으로 가온한다.

15 다음 제품 중 코코아분말을 사용하지 않는 것은?

가. 브라우니

나. 데블스푸드케이크

다. 초코머핀케이크

라. 엔젤푸드케이크

16 굽기 중 대류에 의한 열이 충분히 공급되어야 팽창이 원활히 이루어지므로 팬닝할 경우 다른 제과제품보다 제품의 간격을 가장 충분히 유지하여야 하는 제품은?

가. 슈

나. 오믈렛

다. 애플파이

라. 쇼트브레드쿠키

17 빵, 과자 제품에 덮거나 한 겹 씌우는 아이싱에 많이 쓰이는 퐁당은 설탕의 재결정성을 이용하여 만든다. 퐁당을 만들기 위한 시럽을 끓일 때 가장 적당한 온도는?

가. 106~110℃

나. 114~118℃

다. 120~124℃

라. 130~134℃

18 냉제머랭, 온제머랭, 스위스머랭, 이탈리안머랭 등과 같은 일반법 제조에서 머랭이라고 하는 것은 어떤 것을 의미하는가?

　가. 계란 흰자를 건조한 것

　나. 계란 흰자를 중탕한 것

　다. 계란 흰자에 설탕을 넣어 믹싱한 것

　라. 계란 흰자에 식초를 넣어 믹싱한 것

해설 18

흰자에 설탕을 넣고 믹싱한 것이다.

19 밀가루의 여러 성분 중에서 회분 함량은 쿠키의 품질에 어떤 영향을 미치는가?

　가. 쿠키의 퍼짐성을 좋게 한다.

　나. 쿠키의 모양과 형태에 영향을 미친다.

　다. 좀 더 부드럽고 바삭한 쿠키를 만든다.

　라. 회분 함량은 쿠키의 품질에 별다른 영향을 미치지 않는다.

해설 19

밀가루 : 전분 70%, 단백질 12~15%, 수분 13%, 회분 0.4~0.5%로 구성되어 있다.
쿠키의 품질에 크게 영향을 주진 않는다.

20 반죽형 케이크의 반죽을 구울 때 중심부가 부풀어 오르는 원인은?

　가. 강력분을 사용하였다.

　나. 재료들이 고루 섞이지 않았다.

　다. 설탕과 액체재료의 사용량이 많았다.

　라. 언더 베이킹을 하였다.

해설 20

케이크 중앙이 솟는 경우
• 쇼트닝양이 적다.
• 반죽이 되다.
• 오븐의 윗불이 너무 강하다.(언더 베이킹)

21 다음 재료 중 제조 시 pH를 낮추어 완제품의 색을 하얗게 하고자 할 때 사용하는 산성재료는?

　가. 흰자　　　　　　나. 주석산크림

　다. 증류수　　　　　라. 중조

해설 21

pH를 낮출 때는 주석산크림, 사과산, 구연산 같은 산성류를 사용한다. pH를 높일 때는 소다, 중조를 첨가한다.

정답 18 다　19 라　20 라　21 나

해설 22

- 휘퍼 : 제과용으로 공기를 넣어 부피를 형성한다.(공기포집용)
- 비터 : 유연한 반죽을 만들 때 사용한다.
- 훅 : 제빵용으로 강력분을 사용할 때 글루텐을 형성한다.

해설 23

도우컨디셔너(dough conditioner): 자동 제어 장치에 의해 반죽의 급속 냉동, 냉장, 완만해동, 2차 발효 등의 다양한 기능이 있는 기계이다.

22 믹서기에 사용하는 기구를 알맞게 설명한 것은?

　가. 믹싱볼 : 반죽을 하기 위해 재료들을 넣는 스테인리스 볼로 여러 가지 크기가 있다.

　나. 휘퍼 : 유연한 반죽을 만들 때 사용한다.

　다. 비터 : 제빵용으로 강력분을 사용할 때 글루텐을 형성한다.

　라. 훅 : 제과용으로 공기를 넣어 부피를 형성한다.

23 제과제빵에서 사용하는 기계에 대한 설명으로 알맞지 않는 것은?

　가. 식빵 슬라이서 : 식빵을 일정한 두께로 자를 때 사용한다.

　나. 오븐: 오븐 내 매입 철판 수로 제품 생산능력을 계산한다.

　다. 도우컨디셔너 : 자동 제어 장치에 의해 반죽의 믹싱을 하는 기계이다.

　라. 파이롤러 : 반죽을 균일하게 접기 및 밀어 펴기 할 때 사용한다.

정답 **22** 가 **23** 다

24 제품관리에서 유통기한에 대한 설명으로 보기 어려운 것은?

가. 유통기한은 섭취가 가능한 날짜가 아닌 식품 제조일로부터 소비자에게 판매가 가능한 기한을 말한다.

나. 식품의 용기 포장에 지워지지 않는 잉크 각인 등으로 잘 보이도록 한다.

다. 00일, 00월, 00년을 차례대로 표시한다.

라. 냉동보관과 냉장보관을 표시해야 한다.

25 기업활동의 구성요소 중 제2차 관리에 해당하지 않는 것은?

가. 사람(man)
나. 방법(method)
다. 시간(minute)
라. 기계(machine)

26 다음 중 생산관리의 목표가 아닌 것은?

가. 납기관리
나. 인력관리
다. 원가관리
라. 품질관리

27 다음 중 원가관리의 직접비를 계산할 때 필요하지 않은 항목은?

가. 직접재료비
나. 제조원가
다. 직접노무비
라. 직접경비

해설 24
유통기한의 표시 :
00년, 00월, 00일/0000년, 00월, 00일/0000, 00, 00까지 표기하며 유통기한이 1년 이상인 경우 '제조일로부터 ~년까지'로 표시해야 한다.

해설 25
• 제1차 관리: 사람(man), 재료(material), 자금(money)
• 제2차 관리: 방법(method), 시간(minute), 기계(machine), 시장(market)

해설 26
생산관리의 목표 : 납기관리, 원가관리, 품질관리, 생산량 관리

해설 27
직접비 = 직접재료비+직접노무비+직접경비
제조원가 = 직접비 + 제조간접비
총원가 = 제조원가+판매비+일반관리

정답 24 다 25 가 26 나 27 나

28 제과제빵업에 종사하는 근로자의 개인위생관리법에 대한 설명으로 바르지 않은 것은?

가. 결핵, 피부병에 걸리면 근무하지 못한다.

나. 매년 1회의 건강검진을 받아야 한다.

다. 화농성 질환이 있는 환자는 근무하지 못한다.

라. 식품첨가물을 운반하거나 판매하는 일에 종사하는 사람도 매년 검진을 받아야 한다.

29 다음 중 설비위생관리 기준에 대한 설명으로 알맞은 것은?

가. 창의 면적은 바닥면적을 기준으로 하여 30%가 적당하다.

나. 벽면은 실크벽지의 재질로 청소와 관리가 편리해야 한다.

다. 모든 물품은 바닥에서 5cm, 벽에서 5cm 떨어진 곳에 보관하도록 한다.

라. 제과제빵 공정의 방충·방서용 금속망은 15mesh가 적당하다.

30 1품종당 제조 수량을 기준으로 생산활동을 구분할 때 공예과자, 웨딩케이크 등과 같이 1회 주문에 1~2개만 만드는 한정 생산방식은?

가. 예약생산   나. 개별생산

다. 연속생산   라. 로트생산

정답 28 라 29 가 30 라

31 어떤 첨가물의 LD50의 값이 작다는 것은 무엇을 의미하는가?

가. 독성이 많다.　　　나. 독성이 적다.

다. 저장성이 작다.　　　라. 안정성이 크다.

해설 31

LD50은 통상 포유동물의 독성을 측정하는 것으로 LD값과 독성은 반비례한다.

LD50: Lethal Dose 50%로 약물독성 치사량 단위이다.

32 식품위생업에서 정하고 있는 식품위생 관련 내용 중 틀린 것은?

가. 집단급식소는 1회 50인 이상에게 식사를 제공하는 급식소를 말한다.

나. 유통기한이 경과된 식품을 판매의 목적으로 진열만 하는 것은 허용된다.

다. 리스테리아병, 살모넬라병, 파스튜렐라병 및 선모충증에 걸린 동물 고기는 판매 등이 금지된다.

라. 김치류 중 배추김치는 식품안전관리인증기준 대상식품이다.

해설 32

유통기한은 섭취가 가능한 날짜가 아닌 식품 제조일로부터 소비자에게 판매가 가능한 기한을 말한다.

33 식품위생법상 식품위생의 대상이 아닌 것은?

가. 식품

나. 식품첨가물

다. 조리방법

라. 기구와 용기, 포장

해설 33

식품위생의 대상으로 식품, 식품첨가물, 기구와 용기, 포장 등이 있다.

34 빵의 제조과정에서 빵들의 형태를 유지하며 달라붙지 않게 하기 위하여 사용되는 식품첨가물은?

가. 실리콘수지(규소수지)　　　나. 변성전분

다. 유동파라핀　　　라. 효모

해설 34

이형제는 유동파라핀이다.

정답　31 가　32 나　33 다　34 다

35 다음 중 감염병과 관련 내용이 바르게 연결되지 않은 것은?

가. 콜레라 – 외래감염병
나. 세균성이질 – 점액성 혈변
다. 파상열 – 바이러스성 인수공통감염병
라. 장티푸스 – 고열 수반

36 흰자의 일반적인 수분 함량은?

가. 50%   나. 75%
다. 88%   라. 90%

37 베이킹파우더를 과도하게 사용할 때 제품에 나타나는 설명으로 틀린 것은?

가. 밀도가 크고 부피가 작다.
나. 속결이 거칠다.
다. 오븐스프링이 커서 찌그러지기 쉽다.
라. 속색이 어둡다.

38 다음 중 산성식품은?

가. 빵   나. 오이
다. 사과   라. 양상추

정답 35 다 36 다 37 가 38 가

39 젤라틴의 응고에 관한 설명으로 틀린 것은?

가. 젤라틴의 농도가 높을수록 빨리 응고된다.

나. 설탕의 농도가 높을수록 응고가 방해된다.

다. 염류는 젤라틴의 응고를 방해한다.

라. 단백질 분해효소를 사용하면 응고력이 약해진다.

40 퐁당(fondant)을 만들기 위하여 시럽을 끓일 때 시럽액 온도로 가장 적당한 범위는?

가. 114~118℃   나. 72~78℃

다. 131~135℃   라. 82~85℃

41 아이싱에 사용되는 재료 중 조성이 나머지 세 가지와 다른 하나는?

가. 로얄 아이싱   나. 버터크림

다. 스위스머랭   라. 이탈리안머랭

42 커스터드 크림을 제조할 때 결합제의 역할을 하는 것은?

가. 설탕   나. 소금

다. 계란   라. 밀가루

43 베이킹파우더의 산-반응물질(acid-reacting material)이 아닌 것은?

가. 주석산과 주석산염

나. 인산과 인산염

다. 알루미늄 물질

라. 중탄산과 중탄산염

정답 39 다 40 가 41 나 42 다 43 라

해설 39

염류는 단단한 젤라틴 젤을 형성한다.

해설 40

퐁당시럽 온도: 114~118℃

해설 41

버터크림은 크림류에 속한다.

해설 42

계란노른자의 역할은 크림을 농도를 결정 짓는 농후화 작용으로 결합제 역할을 한다.

해설 43

• 베이킹파우더는 중탄산나트륨(가스발생제)에 그것을 중화시킬 산성제(가스발생 촉진제)를 넣은 후 활성이 없는 가루(전분)를 건조제 또는 증량제(완화제)로 채워 만든 것이다.

• 산 - 반응물질은 이산화탄소의 가스 발생 속도를 조절하며, 주석산, 주석산염(속효성), 인산과 인산염, 황산알루미늄나트륨(지효성)을 사용한다.

생크림 : 유지방 함량 35~40% 정도의 생크림을 휘핑하여 사용한다.

분유가 1% 증가하면 수분 흡수율도 1% 증가한다.

소장은 위장관의 한 부분으로 유문괄약근에서 처음 20~30cm를 십이지장 → 그다음 2/5를 공장 → 나머지 3/5를 회장이라 한다. 소장의 길이는 약 6~7m이며, 각종 영양소를 소화·흡수시키고, 산성의 내용물을 십이지장에서 세크레틴 호르몬 분비로 중화시킨다. 단백지화 지방의 일부 소화물이 도착하면 십이지장에서 콜레시스토키닌 호르몬이 분비되어 췌장의 소화효소 분비 자극 및 담즙분비도 촉진한다. 소화된 각종 영양소는 소장에서 흡수되나 흡수부위가 다르다.

밀가루의 단백질 함량은 7~15%로 가장 많다.

44 케이크의 아이싱으로 생크림을 많이 사용하고 있다. 이러한 목적으로 사용할 수 있는 생크림의 지방 함량은 얼마 이상인가?

가. 20%   나. 35%

다. 10%   라. 7%

45 탈지분유 1% 변화에 따른 반죽의 흡수율 차이로 적당한 것은?

가. 1%   나. 3%

다. 별 영향이 없다.   라. 2%

46 소장에 대한 설명으로 틀린 것은?

가. 소장에서는 호르몬이 분비되지 않는다.

나. 영양소가 체내로 흡수된다.

다. 길이는 약 6m이며 대장보다 많은 일을 한다.

라. 췌장과 담낭이 연결되어 있어 소화액이 유입된다.

47 다음 중 단백질의 함량(%)이 가장 많은 것은?

가. 당근   나. 밀가루

다. 버터   라. 설탕

정답 44 나 45 가 46 가 47 나

48 유지의 도움으로 흡수, 운반되는 비타민으로만 구성된 것은?

가. 비타민 A, B, C, D

나. 비타민 A, D, E, K

다. 비타민 B, C, E, K

라. 비타민 A, B, C, K

49 다음 무기질 중 갑상선에 이상(갑상선종)을 일으키는 것은?

가. 철(Fe)

나. 플루오린(F)

다. 아이오딘(I)

라. 구리(Cu)

50 다음 중 부족하면 야맹증, 결막염 등을 유발하는 비타민은?

가. 비타민 B_1

나. 비타민 B_2

다. 비타민 B_{12}

라. 비타민 A

51 음식물을 통해서만 얻어야 하는 아미노산과 거리가 먼 것은?

가. 트립토판

나. 페닐알라닌

다. 발린

라. 글루타민

해설 48

지용성 비타민 A, D, E, K – 기름과 기름 용매에 녹고 필요량 이상 섭취하면 체내(간)에 저장되며, 체외로 쉽게 방출되지 않는다. 결핍증상은 서서히 나타나며, 필요량을 매일 공급할 필요는 없다.

해설 49

아이오딘(I) – 요오드는 갑상선 호르몬(티록신)의 구성성분이다. 요오드는 기초대사를 촉진하며 특히 해산물, 해조류(미역, 다시마)에 많이 함유되어 있다. 결핍증: 갑상선종, 갑상선부종

해설 50

비타민 A는 피부, 점막을 보호하며 상피세포의 형성을 돕는다. 시력과 관계가 깊어 부족 시 시력이 저하된다. 함유식품은 생선 간유와 뱀장어, 난황, 버터 등의 동물성 식품이다.

해설 51

필수 아미노산

성인의 경우 = 이소류신, 류신, 리신, 페닐알라닌, 메티오닌, 트레오닌, 트립토판, 발린(8종) + 유아는 히스티딘 추가(9종)

52 다음 중 인(P)에 대한 설명 중 틀린 것은?

가. 골격, 세포의 구성성분이다.

나. 부족 시 정신장애, 칼슘의 배설 촉진, 골연화증이 발생한다.

다. 대사의 중간물질이다.

라. 주로 우유, 생선, 채소류 등에 함유되어 있다.

53 성인의 에너지 적정 비율의 연결이 옳은 것은?

가. 탄수화물 − 30~55%

나. 단백질 − 7~20%

다. 지질 − 5~10%

라. 비타민 − 30~40%

54 무기질의 기능이 아닌 것은?

가. 우리 몸의 경조직 구성성분이다.

나. 열량을 내는 열량 급원이다.

다. 효소의 기능을 촉진한다.

라. 세포의 삼투압 평형 유지 작용을 한다.

정답 52 나 53 나 54 나

55 제과 제조 시 사용되는 버터에 포함된 지방의 기능이 아닌 것은?

가. 에너지의 급원 식품이다.

나. 체온 유지에 관여한다.

다. 항체를 생성하고 효소를 만든다.

라. 음식에 맛과 향미를 준다.

56 식중독 발생 시 의사는 환자의 식중독이 확인되는 대로 가장 먼저 보고해야 하는 사람은?

가. 식품의약품안전처장　　나. 국립보건원장

다. 시·도 보건연구소장　　라. 시/군 보건소장

57 식중독의 주원인 세균인 중온균의 발육온도는?

가. 10~20℃　　　　나. 15~25℃

다. 25~37℃　　　　라. 50~60℃

58 밀가루의 표백과 숙성기간을 단축시키고, 제빵 효과의 저해물질을 파괴시켜 분질을 개량하는 밀가루 개량제가 아닌 것은?

가. 염소　　　　　　나. 과산화벤조일

다. 염화칼슘　　　　라. 이산화염소

해설 55

버터는 우유의 유지방을 가공하여 유지방이 80% 이상인 가소성 제품으로 온도 변화에 의해 액체상태로 녹으면 고체로 환원이 잘 되지 않는다. 지방의 기능은 에너지원으로 열량이(1g당 9kcal) 발생한다. 세포의 구성성분, 피부를 윤택하게 하며 체온조절 및 내장기관을 보호한다. 조리 시 맛과 풍미를 느끼게 해주며 포만감을 준다.

다. 항체를 생성하고 효소를 만든다.

– 단백질의 기능

해설 56

의사는 환자의 식중독이 확인되면 즉시 행정기관(관할 보건소장)에 보고한다.

해설 57

저온균 최적온도: 10~20℃

중온균 최적온도: 25~37℃

고윤균 최적온도: 50~60℃

해설 58

과황산암모늄, 브롬산칼륨, 과산화벤조일, 이산화염소, 염소

해설 59
간흡충(간디스토마)은 제1중간숙주는 다슬기, 제2중간숙주는 민물게, 가재이다.

해설 60
칼슘은 무기질의 종류 중 하나이다.

59 다음 중 기생충과 숙주와의 연결이 틀린 것은?

　　가. 유구조충(갈고리촌충) – 돼지

　　나. 아니사키스 – 해산어류

　　다. 간흡충 – 소

　　라. 폐디스토마 – 다슬기

60 환경오염 물질이 일으키는 화학성 식중독의 원인이
　　될 수 있는 것과 거리가 먼 것은?

　　가. 납　　　　　　　　나. 칼슘

　　다. 수은　　　　　　　라. 카드뮴

정답　59 다　60 나

PART 3

제빵기능사
총 기출문제

제빵기능사 **총 기출문제 1**

해설 01

1. 제품의 총무게 = 400g×1,200
   개 = 480kg
2. 반죽의 총무게=480kg÷{1−(1÷
   100)}÷{1−(15÷100)}=23.19kg
3. 밀가루의 무게 = 23.19kg×
   100%÷181.8%=570.40kg

해설 02

저장온도를 −18℃ 이하 또는 21~
35℃로 유지시켜 보관한다.(냉동
보관 및 실온보관)

해설 03

- 엷은 껍질색
- 설탕량 부족
- 2차 발효 습도가 낮음
- 오븐 속의 습도와 온도가 낮음
- 부적당한 믹싱
- 오래된 밀가루 사용
- 과숙성 반죽
- 굽기 시간의 부족
- 연수 사용

01 완제품의 무게 400g짜리 식빵 1,200개를 만들려고
한다. 이때 믹싱 손실이 1%, 굽기 손실이 15%라고
한다면 총 재료량은?

가. 470kg   나. 570kg

다. 670kg   라. 770kg

02 빵의 노화를 지연시키는 방법이 아닌 것은?

가. 당류와 유지류의 함량을 증가한다.

나. 냉장고에 보관한다.

다. 저장온도를 −18℃ 이하로 유지한다.

라. 고율배합으로 한다.

03 빵의 껍질색이 연할 때의 원인은 무엇인가?

가. 설탕 사용 과다

나. 너무 짧은 중간발효

다. 과도한 믹싱

라. 연수 사용

정답   01 나   02 나   03 라

04 어린 반죽으로 만든 제품에 대한 설명 중 틀린 것은?

　가. 향이 거의 없다.

　나. 외형의 경우 모서리가 둥글다.

　다. 껍질색은 어두운 갈색이다.

　라. 슈레드가 생기지 않는다.

05 식염(소금)이 빵 반죽의 물성 및 발효에 있어 미치는 영향으로 맞는 것은?

　가. 껍질색을 변하지 않도록 한다.

　나. 글루텐을 강화시켜 반죽을 견고하고 탄력 있게 만든다.

　다. 글루텐 막을 두껍게 하여 빵 내부의 기공을 좋게 한다.

　라. 반죽의 물 흡수율을 증가시킨다.

06 1940년대 미국에서 개발된 액종법에서 파생된 제법으로 이스트, 이스트푸드, 물, 설탕, 분유 등을 섞어 2~3시간 발효한 액종을 만들어 사용하는 반죽법은?

　가. 연속식 제빵법　　　나. 비상반죽법

　다. 노타임법　　　　　라. 찰리우드법

07 밀가루를 체질하는 목적으로 맞지 않는 것은?

　가. 이물질 제거

　나. 부피 감소

　다. 공기 혼입

　라. 재료의 균일한 혼합

정답　04 나　05 나　06 가　07 나

해설 08

냉동반죽법의 장점
- 다품종 소량생산이 가능하다.
- 생산성이 향상되고 재고관리가 용이하다.
- 계획생산이 가능하다.
- 시설투자비가 감소한다.

해설 09

반죽온도에 큰 영향을 미치는 재료는 물이다.

해설 10

패리노그래프
- 반죽공정에서 일어나는 밀가루의 흡수율을 측정한다.
- 글루텐의 흡수율, 글루텐의 질, 반죽의 내구성, 믹싱시간을 측정하는 기계이다.
- 그래프 곡선이 500B.U.에 도달하는 시간, 떠나는 시간 등으로 밀가루 특성을 알 수 있다.

해설 11

높은 온도에 포장하면 제품을 썰 때 문제가 생기며 포장지에 수분이 응축되어 곰팡이가 발생한다.

08 냉동반죽법의 장점으로 틀린 것은?

　가. 생산성이 향상되고 재고관리가 용이하다.

　나. 계획생산이 가능하다.

　다. 소품종 대량생산이 가능하다.

　라. 시설투자비가 감소한다.

09 제빵 반죽을 만들 때 여러 가지 재료들이 들어가는데 반죽온도에 가장 큰 영향을 미치는 재료는?

　가. 쇼트닝　　　　　　　나. 이스트

　다. 물　　　　　　　　　라. 버터

10 밀가루 글루텐의 흡수율과 밀가루 반죽의 점탄성을 나타내는 그래프는?

　가. 아밀로그래프(amylograph)

　나. 익스텐소그래프(extensograph)

　다. 믹소그래프(mixograph)

　라. 패리노그래프(farinograph)

11 완제품 빵을 충분히 식히지 않고 높은 온도에서 포장을 했을 경우 나타나는 현상이 아닌 것은?

　가. 노화가 가속되어 껍질이 건조해진다.

　나. 곰팡이가 발생할 수 있다.

　다. 빵을 썰기가 어렵다.

　라. 형태를 유지하기가 어렵다.

정답 08 다　09 다　10 라　11 가

12 데니시 페이스트리의 일반적인 반죽온도는?

　　가. 5~10℃　　　　　나. 12~15℃

　　다. 18~22℃　　　　　라. 27~30℃

13 굽기 중 일어나는 변화로 가장 높은 온도에서 발생하는 것은?

　　가. 이스트의 사멸

　　나. 전분의 호화

　　다. 탄산가스의 용해도 감소

　　라. 단백질 변성

14 곰팡이 세균의 피해를 막고 빵의 절단 및 포장을 용이하게 하는 빵의 냉각방법으로 가장 적합한 것은?

　　가. 바람이 없는 실내에서 냉각

　　나. 냉동실에서 냉각

　　다. 수분 분사 방식

　　라. 강한 송풍을 이용한 급냉

15 에틸알코올과 이산화탄소를 발생시키는 발효에 영향을 미치는 주요 요소로 볼 수 없는 것은?

　　가. 이스트의 양　　　　나. 쇼트닝의 양

　　다. 온도　　　　　　　라. pH

해설 12

데니시 페이스트리의 반죽온도 : 18~22℃

해설 13

탄산가스의 용해도 감소 : 49℃
전분의 호화 : 54℃~
이스트 사멸 : 60℃
단백질 변성 : 74℃

해설 14

• 냉각목적 : 곰팡이, 세균의 피해를 막는다. 바람이 없는 실내에서 냉각을 하며 빵의 절단 및 포장을 용이하게 한다.

해설 15

발효의 영향을 주는 요인은 이스트의 양, 온도, 습도, pH이다.

정답 12 다　13 라　14 가　15 나

16 밀가루를 전문적으로 시험하는 3가지 시험기계 중 하나로서, 밀가루 반죽을 끊어질 때까지 늘려서 반죽의 신장성을 알아보는 기계는?

가. 아밀로그래프   나. 패리노그래프

다. 익스텐소그래프   라. 믹소그래프

17 제빵 시 굽기 단계에서 일어나는 반응에 대한 설명으로 틀린 것은?

가. 표피 부분이 160℃를 넘어서면 당과 아미노산이 마이야르 반응을 일으켜 멜라노이드를 만들고 당의 캐러멜화 반응이 일어나며 전분이 덱스트린으로 분해된다.

나. 반죽온도가 60℃로 오르기까지 효소의 작용이 활발해지고 휘발성 물질이 증가한다.

다. 반죽온도가 60℃에 가까워지면 이스트가 죽기 시작하고 그와 함께 전분이 호화하기 시작한다.

라. 글루텐은 90℃부터 굳기 시작하여 빵이 다 구워질 때까지 천천히 계속된다.

18 비상스트레이트법 반죽의 가장 적합한 온도는?

가. 40℃   나. 30℃

다. 15℃   라. 20℃

19 빵 반죽의 발효에 필수적인 재료가 아닌 것은?

가. 밀가루   나. 물

다. 이스트   라. 분유

정답 16 다   17 라   18 나   19 라

20 다음 중 빵을 가장 빠르게 냉각시키는 방법은?

가. 공기조절법

나. 진공냉각법

다. 자연냉각법

라. 공기배출법

해설 20

가장 빠른 방법은 진공냉각법이다.

21 성형한 식빵 반죽을 팬에 넣을 때 이음매의 위치는 어느 쪽이 가장 좋은가?

가. 아래

나. 좌측

다. 우측

라. 위

해설 21

이음매의 위치는 아래이다.

22 냉동반죽법에서 1차 발효시간이 길어질 경우 나타나는 현상은?

가. 이스트의 손상이 작아진다.

나. 반죽온도가 낮아진다.

다. 냉동 저장성이 짧아진다.

라. 제품의 부피가 커진다.

해설 22

1차 발효시간이 길어질 경우 냉동 저장성이 짧아진다.

23 일반적으로 빵을 굽는 데 필요한 표준 온도는?

가. 180~230℃

나. 100~150℃

다. 100℃ 이하

라. 250℃ 이하

해설 23

통상 굽기의 평균 표준온도는 180~230℃이다.

정답 **20** 나 **21** 가 **22** 다 **23** 가

해설 24

습도가 높을 때 나타나는 현상
• 제품의 윗면이 납작해진다.
• 껍질에 수포가 생기며 질겨진다.

해설 25

(결과온도×3)-(실내온도+밀가루 온도+수돗물 온도)
(30×3)-(26+25+17)=22

해설 26

엔젤푸드케이크, 스펀지케이크, 시폰케이크는 제과류이다.

해설 27

재료들을 균일하게 혼합하고 글루텐을 발전시키며 산소를 혼입시키는 것이다.

24 2차 발효에 관련된 설명으로 틀린 것은?

가. 발효실의 습도가 지나치게 높으면 껍질이 과도하게 터진다.

나. 2차 발효는 온도, 습도, 시간의 세 가지 요소에 의하여 조절된다.

다. 2차 발효실의 상대습도는 75~90%가 적당하다.

라. 원하는 크기와 글루텐의 숙성을 위한 과정이다.

25 밀가루 온도 25℃, 실내온도 26℃, 수돗물 온도 17℃, 결과온도 30℃, 희망온도 27℃일 때 마찰계수는?

가. 2 　　　　　　　　　나. 22

다. 12 　　　　　　　　 라. 32

26 다음 중 반죽 팽창 형태가 나머지 셋과 다른 것은?

가. 엔젤푸드케이크 　　　나. 스펀지케이크

다. 스위트롤 　　　　　　라. 시폰케이크

27 제빵에서 믹싱의 주된 기능은?

가. 혼합, 글루텐 발전

나. 혼합, 거품 포집

다. 거품 포집, 재료 분산

라. 재료 분산, 온도 상승

정답　24 가　25 나　26 다　27 가

28 연속식 제빵법을 사용하는 장점으로 틀린 것은?

가. 발효 손실의 감소

나. 인력의 감소

다. 발효 향의 증가

라. 공장 면적과 믹서 등 설비의 감소

해설 28
발효의 향은 감소하며 단점이다.

29 발효에 영향을 주는 요인들 중에서 발효에 영향을 가장 적게 주는 것은?

가. 반죽의 무게

나. 삼투압

다. pH

라. 이스트의 영양원

해설 29
발효에 영향을 주는요소
• 이스트양, 이스트푸드, 온도, 산도, 삼투압

30 중간발효를 하는 목적이 아닌 것은?

가. 반죽의 신장성을 증가시켜 정형과정에서의 밀어펴기를 용이하게 한다.

나. 분할, 둥글리기 과정에서 손상된 글루텐 구조를 재정돈한다.

다. 성형할 때 끈적이지 않게 반죽 표면에 두꺼운 막을 형성한다.

라. 가스 발생으로 반죽의 유연성을 회복한다.

해설 30
• 둥글리기 과정에서 손상된 글루텐 조직의 구조를 재정돈한다.
• 가스발생으로 반죽의 유연성을 회복시킨다.
• 탄력성과 신장성을 회복시킴으로써 정형과정에서의 밀어펴기를 쉽도록 한다.

31 강력 밀가루의 단백질 함량으로 가장 적합한 것은?

가. 7%

나. 10%

다. 13%

라. 16%

해설 31
제빵용 밀가루는 강력분을 사용하는데 단백질 함량은 12~15%이다. 강력분 사용 시 믹싱내구성, 발효내구성이 크고 흡수율이 높다.

정답 28 다 29 가 30 다 31 다

32 식물의 열매에서 채취하지 않고 껍질에서 채취하는 향신료는?

　가. 계피　　　　　　　나. 넛메그

　다. 정향　　　　　　　라. 카다몬

33 다음 중 신선한 계란의 특징으로 맞는 것은?

　가. 10%의 소금물에 담갔을 때 뜬다.

　나. 흔들었을 때 소리가 난다.

　다. 난황 계수가 0.1 이하이다.

　라. 껍질에 광택이 없고 거칠다.

34 동물의 가죽이나 뼈 등에서 추출하여 안정제로 사용되는 것은?

　가. 젤라틴　　　　　　나. 한천

　다. 펙틴　　　　　　　라. 카라기난

35 다음 중 전분의 구조가 100% 아밀로펙틴으로 이루어진 것은 무엇인가?

　가. 콩　　　　　　　　나. 찰옥수수

　다. 보리　　　　　　　라. 멥쌀

36 다당류 중 포도당으로만 구성되어 있는 탄수화물이 아닌 것은?

　가. 펙틴　　　　　　　나. 셀룰로스

　다. 전분　　　　　　　라. 글리코겐

정답　32 가　33 라　34 가　35 나　36 가

37 전분에 대한 설명 중 옳은 것은?

가. 식물의 전분을 현미경으로 본 구조는 모두 동일하다.

나. 전분은 호화된 상태의 소화 흡수나 호화가 안 된 상태의 소화 흡수나 차이가 없다.

다. 전분은 아밀라아제(amylase)에 의해 분해되기 시작한다.

라. 전분은 물이 없는 상태에서도 호화가 일어난다.

38 다음 중 단당류가 아닌 것은?

가. 갈락토오스　　　　나. 포도당

다. 과당　　　　　　　라. 올리고당

39 다음 중 구성물질의 연결이 잘못된 것은?

가. 전분-포도당

나. 지방-글리세린+지방산

다. 아밀로오스-과당

라. 단백질-아미노산

40 유지의 물리적 특성 중 쇼트닝에 대한 설명으로 맞지 않는 것은?

가. 라드(돼지기름)의 대용품으로 개발된 제품이다.

나. 비스킷, 쿠키 등을 제조할 때 제품이 잘 부서지도록 하는 성질을 지닌다.

다. 유화제 사용으로 공기 혼합 능력이 작다.

라. 케이크 반죽의 유동성 및 저장성 등을 개선한다.

해설 37

전분은 아밀라아제에 의해 2당류인 맥아당으로 분해되며 맥아당은 말타아제에 의해 포도당으로 분해된다. 아밀로오스는 β–아밀라아제에 완전히 분해되고, 아밀로펙틴은 β–아밀라아제에 약 52% 정도 분해된다.

해설 38

올리고당은 1개의 포도당에 2~4개의 과당이 결합된 3~5당류로서 감미도는 설탕의 30% 정도이고, 장내 유익균인 비피더스균의 증식인자이다.

해설 39

아밀로오스는 다수의 포도당이 α–1, 4–글라이코사이드 결합에 의해 직선상으로 연결된다.

해설 40

유화 쇼트닝은 쇼트닝에 유화제를 6~8% 첨가하여 쇼트닝의 기능(유동성)을 높인 제품으로 노화지연, 크림성 증가, 유화분산성 및 흡수성을 증대시킨다.

정답 37 다　38 라　39 다　40 다

해설 41

HACCP 정의

• 식품 및 축산물의 원료관리 및 제조·가공·조리·유통의 모든 과정에서 위해한 물질이 오염되는 것을 방지하기 위하여 위해요소를 확인·평가하여 중점적으로 관리하는 관리제도이다.
• 위해요소 분석과 중요관리점의 영문 약자로서 해썹 또는 안전관리인증기준이라 한다.

해설 42

의사는 환자의 식중독이 확인되면 즉시 행정기관(관할 보건소장)에 보고한다.

해설 43

저온균 최적온도: 10~20℃
중온균 최적온도: 25~37℃
고온균 최적온도: 50~60℃

해설 44

과황산암모늄, 브롬산칼륨, 과산화벤조일, 이산화염소, 염소

41 다음 중 HACCP의 정의를 맞지 않게 설명한 것은?

가. 위생적인 식품생산을 위한 시설, 설비요건 및 기준, 건물위치 등에 관한 기준이다.

나. 제조, 가공, 조리, 유통의 모든 과정에서 위해한 물질이 오염되는 것을 방지하기 위한 것이다.

다. 위해요소를 확인 평가하여 중점적으로 관리하는 관리제도이다.

라. 위해요소 분석과 중요관리점의 약자로 해썹 또는 안전관리인증기준이라고 한다.

42 식중독 발생 시 의사는 환자의 식중독이 확인되는 대로 가장 먼저 보고해야 하는 사람은?

가. 식품의약품안전처장　　나. 국립보건원장

다. 시·도 보건연구소장　　라. 시·군 보건소장

43 식중독의 주원인 세균인 중온균의 발육온도는?

가. 10~20℃　　　　　나. 15~25℃

다. 25~37℃　　　　　라. 50~60℃

44 밀가루의 표백과 숙성기간을 단축시키고, 제빵 효과의 저해물질을 파괴시켜 분질을 개량하는 밀가루 개량제가 아닌 것은?

가. 염소　　　　　　　나. 과산화벤조일

다. 염화칼슘　　　　　라. 이산화염소

정답　**41** 가　**42** 라　**43** 다　**44** 다

45 다음 중 기생충과 숙주와의 연결이 틀린 것은?

　가. 유구조충(갈고리촌충)–돼지

　나. 아니사키스 – 해산어류

　다. 간흡충 – 소

　라. 폐디스토마 – 다슬기

46 환경오염 물질이 일으키는 화학성 식중독의 원인이 될 수 있는 것과 거리가 먼 것은?

　가. 납　　　　　　나. 칼슘

　다. 수은　　　　　라. 카드뮴

47 감염병 및 질병 발생의 3대 요소가 아닌 것은?

　가. 병인(병원체)　　나. 환경

　다. 숙주(인간)　　　라. 항생제

48 생물로서 최소 생활단위를 영위하는 미생물의 일반적 성질에 대한 설명으로 옳은 것은?

　가. 세균은 주로 출아법으로 그 수를 늘리며 술 제조에 사용된다.

　나. 효모는 주로 분열법으로 그 수를 늘린다.

　다. 곰팡이는 주로 포자에 의하여 수를 늘리며 빵, 밥 등의 부패에 관여하는 미생물이다.

　라. 바이러스는 주로 출아법으로 수를 늘리며 필요한 영양분을 합성한다.

해설 **45**

간흡충(간디스토마)은 제1중간숙주는 다슬기, 제2중간숙주는 민물게, 가재이다.

해설 **46**

칼슘은 무기질의 종류 중 하나이다.

해설 **47**

감염병 3대 요소는 병원체(병인), 환경, 숙주의 감수성이다.

해설 **48**

곰팡이는 주로 포자에 의하여 수를 늘리며 빵, 밥 등의 부패에 관여하는 미생물이다. 종류로는 누룩곰팡이속, 푸른곰팡이속, 거미줄곰팡이속, 솜털곰팡이속이 있다.

정답 　45 다 　46 나 　47 라 　48 다

해설 49

유행성간염, 감염성설사증, 폴리오
(급성회백수염, 소아마비), 천열,
홍역

해설 50

식품의 형태유지 및 촉감을 좋게 하
기 위해 사용한다.
유화안정성, 선도유지, 점착성을
주기 위해 사용한다.

해설 51

탄수화물 20g × 4kcal = 80, 지방
10g × 9kcal = 90, 단백질 5g ×
4kcal = 2,080 + 90 + 20 = 190 ×
2(200g 열량) = 380kcal

해설 52

인슐린 분비 이상으로 포도당이
세포로 유입되지 못하고 공복 시
혈당이 126mg/dL 이상, 식후
200mg/dL 이상이 된다. 혈당이
신장역치인 170mg/dL 이상이 되
면 신세뇨관에서 포도당을 재흡수
하지 못해 소변으로 당이 배설되고
당이 배설될 때 많은 수분과 나트륨
이 배설되므로 다뇨, 다갈 증상이
나타난다.

---

49 병원체가 음식물, 손, 식기, 완구, 곤충 등을 통하여
입으로 침입하여 감염을 일으키는 것 중 바이러스가
아닌 것은?

   가. 유행성간염   나. 콜레라

   다. 홍역   라. 폴리오

50 식품에 점착성 증가, 유화안정성, 선도유지, 형체보존
에 도움을 주며, 점착성을 줌으로써 촉감을 좋게 하기
위하여 사용하는 식품첨가물은?

   가. 호료(증점제)   나. 발색제

   다. 산미료   라. 유화제

51 다음 단팥빵 영양가 표(영양소 100g 중 함유량)를 참
고하여 단팥빵 200g의 열량을 구하면?

• 탄수화물 20g	• 단백질 5g
• 지방 10g	• 칼슘 2mg
• 비타민 B_1 0.12mg	

   가. 190kcal   나. 300kcal

   다. 380kcal   라. 460kcal

52 혈당의 저하와 가장 관계가 깊은 것은?

   가. 인슐린   나. 리파아제

   다. 프로테아제   라. 펩신

정답   49 나   50 가   51 다   52 가

53 유용한 장내 세균의 발육을 왕성하게 하여 장에 좋은 영향을 미치는 이당류는?

가. 설탕(sucrose)

나. 유당(lactose)

다. 맥아당(maltose)

라. 포도당(glucose)

54 괴혈병을 예방하기 위해 어떤 영양소가 많은 식품을 섭취해야 하는가?

가. 비타민 A　　　　나. 비타민 C

다. 비타민 D　　　　라. 비타민 B_1

55 '태양광선 비타민'이라고도 불리며 자외선에 의해 체내에서 합성되는 비타민은?

가. 비타민 A　　　　나. 비타민 B

다. 비타민 C　　　　라. 비타민 D

56 식품별 영양소의 연결이 틀린 것은?

가. 콩류–트레오닌

나. 곡류–리신

다. 채소류–메티오닌

라. 옥수수–트립토판

정답 | 53 나 | 54 나 | 55 라 | 56 가

해설 57

생리 기능의 조절 작용을 하는 조절 영양소는 무기질, 비타민, 물이며 각종 생체반응을 조절, 대사를 원활하게 하는 영양소이다.

해설 58

대장 내의 작용
- 수분, 소디움, 짧은 사슬 지방산 및 질소화합물을 흡수 · 분비하여 변을 저장하고 배변에 관여한다.
- 섬유소를 분해하는 셀룰라아제 효소가 존재하지 않아 소화시킬 수 없는 구성성분이나 배변활동을 돕는다.

해설 59

인(P): 칼슘과 결합하여 골격과 치아 구성(80%), 핵산과 핵단백질의 구성성분(DNA, RNA의 성분), 세포의 분열과 재생, 삼투압 조절, 신경자극의 전달기능, 인지질의 성분이다. Ca:P의 섭취비율은 1:1 정도가 적합하다. 흡수촉진: 비타민 D, 부족 시 뼈와 영양에 장애가 있고 저항력 약화를 초래한다.

해설 60

1일 총열량의 15%(성인 남자 75g, 성인 여자 60g)이다. 체중 1kg당 단백질 생리적 필요량은 약 1g이다.

57 생리 기능의 조절 작용을 하는 영양소는?

　가. 탄수화물, 지방질

　나. 탄수화물, 단백질

　다. 지방질, 단백질

　라. 무기질, 비타민

58 대장 내의 작용에 대한 설명으로 틀린 것은?

　가. 무기질의 흡수가 일어난다.

　나. 수분 흡수가 주로 일어난다.

　다. 소화되지 못한 물질의 부패가 일어난다.

　라. 섬유소가 완전 소화되어 정장 작용을 한다.

59 다음 중 인(P)에 대한 설명 중 틀린 것은?

　가. 골격, 세포의 구성성분이다.

　나. 부족 시 정신장애, 칼슘의 배설 촉진, 골연화증이 발생한다.

　다. 대사의 중간물질이다.

　라. 주로 우유, 생선, 채소류 등에 함유되어 있다.

60 일반적으로 체중 1kg당 단백질의 생리적 필요량은?

　가. 5g　　　　　　　나. 1g

　다. 15g　　　　　　라. 20g

제빵기능사 총 기출문제 2

01 식빵 반죽 표피에 수포가 생긴 이유로 적합한 것은?

가. 1차 발효실 상대습도가 낮았다.

나. 1차 발효실 상대습도가 높았다.

다. 2차 발효실 상대습도가 낮았다.

라. 2차 발효실 상대습도가 높았다.

02 냉동반죽을 2차 발효하는 방법으로 가장 바람직한 것은?

가. 냉동반죽을 30~33℃, 상대습도 80%의 2차 발효실에 넣어 해동한 후 발효한다.

나. 실온(25℃)에서 30~60분간 자연 해동한 후 38℃, 상대습도 85%의 2차 발효실에서 발효한다.

다. 냉동반죽을 38~43℃, 상대습도 90%의 고온다습한 2차 발효실에 넣어 해동한 후 발효한다.

라. 냉장고에서 15~16시간 냉장 해동한 후 30~33℃, 상대습도 80%의 2차 발효실에서 발효한다.

해설 **01**

2차 발효실 상대습도가 높을 시 나타나는 현상

• 제품의 윗면이 납작해진다.

• 껍질에 수포가 생기며 질겨진다.

• 반점이나 줄무늬가 생긴다.

해설 **02**

냉동반죽은 급속냉동, 완만해동으로 냉장고에서 15~16시간 냉장 해동한 후 30~33℃, 상대습도 80%의 2차 발효실에서 발효한다.

정답 **01** 라 **02** 라

해설 03
제빵에서 계량 시 설탕+소금은 이스트와 맞닿지 않게 계량을 한다.

해설 04
이스트도넛(빵도넛)의 가장 적당한 튀김온도는 180~195℃이다.

해설 05
1. 제품의 총무게=600g×10개 =6kg
2. 반죽의 총무게=6kg÷{1-(20÷ 100)}=23.19kg
3. 밀가루의 무게=7.5kg×100% ÷150%=5kg

해설 06
스트레이트법과 비교할 때 스펀지법은 공정시간 노동력 시설과 공간을 더 필요로 한다.

03 재료계량에 대한 설명으로 틀린 것은?

가. 가루재료는 서로 섞어 체질한다.

나. 이스트, 소금, 설탕은 함께 계량한다.

다. 사용할 물은 반죽온도에 맞도록 조절한다.

라. 저울을 사용하여 정확히 계량한다.

04 일반적으로 이스트도넛의 가장 적당한 튀김온도는?

가. 230~245℃   나. 180~195℃

다. 100~115℃   라. 150~160℃

05 식빵 600g짜리 10개를 제조할 때 발효 및 굽기, 냉각, 손실 등을 합하여 손실이 20%이고 배합률의 합계가 150%라면 밀가루의 사용량은?

가. 8kg   나. 6kg

다. 5kg   라. 3kg

06 스트레이트법과 비교할 때 스펀지법의 특징이 아닌 것은?

가. 저장성 증대

나. 제품의 부피 증가

다. 공정시간 단축

라. 이스트의 사용량 감소

정답 03 나 04 나 05 다 06 다

07 성형에서 반죽의 중간발효 후 밀어펴기 하는 과정의 주된 효과는?

  가. 가스를 고르게 분산　　나. 단백질의 변성
  다. 글루텐 구조의 재정돈　　라. 부피의 증가

08 스펀지반죽법의 반죽을 만들 때 스펀지 반죽온도로 적당한 것은?

  가. 28℃　　　　　　　　나. 27℃
  다. 24℃　　　　　　　　라. 26℃

09 빵 포장 시 가장 적합한 빵의 중심온도와 수분함량은?

  가. 42℃, 45%　　　　　나. 30℃, 30%
  다. 48℃, 55%　　　　　라. 35℃, 38%

10 정상적으로 제조된 식빵의 수분 함량은?

  가. 30%　　　　　　　　나. 38%
  다. 27%　　　　　　　　라. 50%

11 다음 조건을 이용하여 마찰계수를 구하면?(밀가루 온도 25℃, 실내온도 26℃, 수돗물 온도 18℃, 결과온도 30℃, 희망온도 27℃)

  가. 21　　　　　　　　　나. 27
  다. 25　　　　　　　　　라. 18

해설 07
밀기의 목적
• 중간발효된 반죽을 밀대로 밀어 가스를 빼고 기포를 균일하게 분산한다.
• 일정하고 균일한 두께로 만든다.

해설 08
스펀지 온도 : 24℃
도우법 온도 : 27℃

해설 09
포장온도 : 온도 35~40℃
수분 38%이다.

해설 10
구워낸 직후의 빵 : 내부온도는 97~99℃이며 수분함량은 껍질에 12%, 빵 속에 45%를 유지한다.
냉각 후의 빵 : 내부온도 35~40℃이며 수분함량은 껍질에 27% 빵 속에 38%로 낮춰진다.

해설 11
(결과온도×3)-(실내온도+밀가루 온도+수돗물 온도)
(30×3)-(26+25+18)=21

정답 07 가　08 다　09 라　10 나　11 가

해설 12

스트레이트법의 장점
• 노동과 시간이 절감
• 제조장비가 간단함
• 발효손실을 줄일 수 있음
• 재료의 풍미가 살아있음
• 발효공정이 짧고 공정이 단순함

해설 13

60분÷500개=0.12개당 0.12분
0.12분×800개=96분

해설 14

압력이 강한 성형기에 반죽을 통과시키면 아령 모양으로 나타난다.

해설 15

터널식 오븐 특징
• 단일품목을 생산하는 대형 공장에서 많이 사용한다.
• 반죽을 넣는 입출구가 서로 다르다.
• 온도조절이 쉽다.
• 넓은 면적이 필요하고 열 손실이 크다.

12 스트레이트법의 특징이 아닌 것은?

가. 제조공정이 복잡하다.

나. 노동력과 시간이 절감된다.

다. 발효손실을 줄일 수 있다.

라. 제조장비가 간단하다.

13 모닝빵을 1시간에 500개 성형하는 기계를 사용할 때 모닝빵 800개를 만드는 데 소요되는 시간은?

가. 96분 　　　　나. 90분

다. 86분 　　　　라. 100분

14 빵 반죽을 성형기(moulder)에 통과시켰을 때 아령 모양으로 되었다면 성형기의 압력상태는?

가. 압력이 강하다.

나. 압력이 약하다.

다. 압력과는 관계없다.

라. 압력이 적당하다.

15 대형 공장에서 사용되고, 온도조절이 쉽다는 장점이 있는 반면에 넓은 면적이 필요하고 열 손실이 큰 결점인 오븐은?

가. 회전식 오븐(rack oven)

나. 터널식 오븐(tunnel oven)

다. 릴 오븐(reel oven)

라. 데크 오븐(deck oven)

정답 12 가 13 가 14 가 15 나

16 빵의 부패에 대한 설명으로 틀린 것은?

가. 빵의 부패는 배합률, 제조방법, 저장환경, 포장방법에 따라 달라진다.

나. 부패방지를 위해 불투과성 포장재로 포장하고 이산화탄소나 질소가스를 이용한다.

다. 빵의 부패에는 제품의 수분증발로 일어나는 건조, 향의 휘발, 전분의 노화 등이 있다.

라. 부패방지를 위해 보관 시 미생물이 증식하지 못하도록 한다.

17 팬에 바르는 기름은 다음 중 무엇이 높은 것을 선택해야 하는가?

가. 산가
나. 불포화도
다. 발연점
라. 냉점

18 냉동반죽의 제조공정에 관한 설명 중 옳은 것은?

가. 혼합 후 반죽의 발효시간은 1시간 30분이 표준 발효시간이다.

나. 반죽 혼합 후 반죽온도는 18~24℃가 되도록 한다.

다. 반죽을 −40℃까지 급속 냉동시키면 이스트의 냉동에 대한 적응력이 커지나 글루텐의 조직이 약화된다.

라. 반죽의 유연성 및 기계성을 향상시키기 위하여 반죽흡수율을 증가시킨다.

해설 16
제품의 수분증발로 일어나는 건조, 향의 휘발, 전분의 노화는 제품의 노화에 대한 설명이다.

해설 17
팬기름은 발연점이 210℃ 이상 높은 것이어야 한다.

해설 18
냉동반죽의 반죽온도는 18~24℃이다.

정답 16 다 17 다 18 나

해설 19

포장용기의 조건

- 작업성이 좋아야 한다.
- 상품가치를 높일 수 있어야 한다.
- 방수성이 있고 통기성이 없으며 위생적이어야 한다.
- 가격이 낮고 포장에 의해 제품이 모양이 변형되지 않아야 한다.

해설 20

- 효소 : 생화학적 반응을 일으킨다.
- 전분 : 아밀라아제에 의해 덱스트린과 맥아당으로 분해한다.
- 맥아당 : 말타아제에 의해 2개의 포도당으로 분해한다.
- 설탕 : 인벌타아제에 의해 포도당과 과당으로 분해한다.
- 포도당, 과당 : 치마아제에 의해 이산화탄소, 알코올, 유기산으로 분해한다.
- 유당 : 발효에 의해 분해되지 않고 잔류당으로 남아 캐러멜화 반응을 일으킨다.
- 반죽의 pH : 발효가 진행됨에 따라 pH 4.6으로 떨어진다.

해설 21

- 설탕 : 5% 증가에 흡수율 1% 감소
- ±5℃ 증가할수록 흡수율은 3% 감소
- 연수 사용 시 글루텐이 약해지고, 경수 사용 시 글루텐이 강해지며 흡수율이 많아짐
- 손상전분 : 1% 증가에 흡수율은 2% 증가(손상전분이 전분보다 흡수율이 높다.)

해설 22

60℃에 가까워지면서 이스트가 사멸하기 시작하고 전분이 호화되기 시작한다.

19 **제빵용 포장지의 구비조건이 아닌 것은?**

가. 보호성 　　　　나. 위생성
다. 작업성 　　　　라. 탄력성

20 **1차 발효 중에 일어나는 생화학적 변화가 아닌 것은?**

가. 프로테아제에 의한 단백질 분해로 아미노산이 생성된다.
나. 이스트에 의해 이산화탄소와 알코올이 생성된다.
다. 설탕은 인벌타아제에 의해 포도당, 과당으로 가수분해된다.
라. 발효 중에 발생된 산은 반죽의 산도를 낮추어 pH가 높아진다.

21 **반죽의 흡수율에 대한 설명 중 옳은 것은?**

가. 경수는 흡수율을 낮춘다.
나. 반죽온도가 5% 증가하면 흡수율은 5% 감소한다.
다. 설탕이 5% 증가하면 흡수율이 1% 증가한다.
라. 손상전분이 전분보다 흡수율이 높다.

22 **오븐에서의 부피 팽창 시 나타나는 현상이 아닌 것은?**

가. 발효에서 생긴 가스가 팽창한다.
나. 약 90℃까지 이스트의 활동이 활발하다.
다. 약 80℃에서 알코올이 증발한다.
라. 탄산가스가 발생한다.

정답　19 라　20 라　21 라　22 나

23 제빵에서 사용하는 측정단위에 대한 설명으로 옳은 것은?

　가. 원료의 무게를 측정하는 것을 계량이라고 한다.

　나. 온도는 열의 양을 측정하는 것이다.

　다. 우리나라(한국)에서 사용하는 온도는 화씨(fahrenheit)이다.

　라. 제빵에서 사용되는 재료들은 무게보다는 부피단위로 계량된다.

24 빵의 관능적 평가법에서 내부적 특성을 평가하는 항목이 아닌 것은?

　가. 기공(grain)

　나. 조직(texture)

　다. 속 색상(crumb color)

　라. 입안에서의 감촉(mouth feel)

25 식빵의 껍질색이 연하게 형성된 이유가 아닌 것은?

　가. 건조한 중간발효

　나. 과다한 1차 발효

　다. 덧가루 과다 사용

　라. 과다한 기름 사용

26 빵 반죽으로 사용되는 믹서의 부대 기구가 아닌 것은?

　가. 휘퍼　　　　　　나. 비터

　다. 훅　　　　　　　라. 스크래퍼

해설 23
재료의 무게를 신속하고 정확하며 깨끗이 계량을 한다.

해설 24
관능적 평가(내부평가)
기공, 조직, 속 색상

해설 25
과다한 기름칠을 할 경우 색이 진해지고 껍질이 두꺼워진다.

해설 26
믹서기에 사용되는 기구는 믹싱볼, 휘퍼, 비터, 훅이다.

정답 23 가 24 라 25 라 26 라

27 식빵 제조 시 직접반죽법에서 비상반죽법으로 변경할 경우 조치사항이 아닌 것은?

가. 믹싱 20~25% 증가

나. 설탕 1% 감소

다. 수분흡수율 1% 감소

라. 이스트양 증가

28 탈지분유 1% 변화에 따른 반죽의 흡수율 차이로 적당한 것은?

가. 1%   나. 3%

다. 별 영향이 없다.   라. 2%

29 생산관리 원가요소에 대한 설명 중 옳은 것은?

가. 원가구성은 판매원가, 이익원가, 매출원가이다.

나. 원가요소는 재료비, 영업비, 순이익이다.

다. 원가관리시스템은 구매, 생산, 이윤이다.

라. 원가관리는 새로운 이익을 창출한다.

30 중간발효에 대한 설명으로 틀린 것은?

가. 오버헤드프루프라고 한다.

나. 가스발생으로 반죽의 유연성을 회복한다.

다. 글루텐 구조를 재정돈한다.

라. 탄력성과 신장성에는 나쁜 영향을 미친다.

정답 27 다 28 가 29 라 30 라

31 다음 중 체 치는 목적이 아닌 것은?

가. 2가지 이상의 가루류를 분산시킨다.

나. 공기를 혼입시킨다.

다. 향미를 부여한다.

라. 덩어리와 이물질을 제거할 수 있다.

해설 31

체 치는 목적 : 2가지 이상의 가루류를 분산시킨다.
덩어리와 이물질을 제거할 수 있다.
공기를 혼입시킨다.

32 유지의 분해산물인 글리세린에 대한 설명으로 틀린 것은?

가. 자당보다 감미가 크다.

나. 향미제의 용매로 식품의 색과 광택을 좋게 하는 독성이 없는 극소수 용매 중의 하나이다.

다. 보습성이 뛰어나 빵류, 케이크류, 소프트쿠키류의 저장성을 연장시킨다.

라. 물-기름의 유탁액에 대한 안정 기능이 있다.

해설 32

글리세린의 빵, 과자에서의 특성은 보습성, 안정성, 용매작용(향미제)이며 감미도는 설탕의 0.6배이다.

33 빵 및 케이크류에 사용이 허가된 보존료는?

가. 탄산암모늄

나. 탄산수소나트륨

다. 프로피온산

라. 포름알데하이드

해설 33

프로피온산칼슘, 프로피온산나트륨 – 빵류, 과자류에 사용되는 보존료(방부제)

34 다음 중 전분의 구조가 100% 아밀로펙틴으로 이루어진 것은 무엇인가?

가. 콩

나. 찰옥수수

다. 보리

라. 멥쌀

해설 34

찰 곡류의 전분은 거의 대부분 아밀로펙틴으로 구성되어 있고 찰옥수수, 찹쌀은 아밀로펙틴 100% 함량으로 구성되어 있다. 일반곡류는 아밀로오스가 17~28%이며 나머지가 아밀로펙틴이다.

정답 31 다 32 가 33 다 34 나

해설 35
노화지연 방법은 냉동저장, 유화제 사용, 포장철저, 양질의 재료사용과 공정관리이다. 노화의 최적온도는 −7~−10℃이고 −18℃ 이하에서는 노화가 거의 정지되어 약 4개월간 저장이 가능하다.

해설 36
펙틴은 세포벽 또는 세포 사이의 중층에 존재하며 과실류, 감귤류의 껍질에 많이 함유되어 있다. 셀룰로스, 전분, 글리코겐(glycogen)은 포도당의 결합체이다.

해설 37
탄수화물 가수분해에 의해 더 간단하게 되지 않는 것은 단당류, 2개 또는 3개의 단당류로 결합된 것을 2당류 또는 3당류라 한다.
• 맥아당 = 2당류
• 라피노오스, 젠티아노오스 = 3당류(비환원당, 식품의 종자(두류)+
• 스타키오스 = 4당류(비환원당, 두류에 함유, 장내 가스발생 물질)

해설 38
퇴화란 제품이 딱딱해지거나 거칠어지는 노화현상이며, 아밀로오스는 아밀로펙틴에 비해 분자량이 적고 노화가 빠르게 진행한다.

---

35 다음 중 빵 제품의 노화(staling)현상이 가장 일어나지 않는 온도는?

가. −20~−18℃ 나. 7~10℃

다. 18~20℃ 라. 0~4℃

36 다당류 중 포도당으로만 구성되어 있는 탄수화물이 아닌 것은?

가. 펙틴 나. 셀룰로스

다. 전분 라. 글리코겐

37 다음 중 3당류에 속하는 당은?

가. 맥아당 나. 라피노스

다. 스타키오스 라. 갈락토스

38 아밀로오스(amylose)의 특징이 아닌 것은?

가. 아이오딘 용액에 청색 반응을 일으킨다.

나. 비교적 적은 분자량을 가졌다.

다. 퇴화의 경향이 적다.

라. 일반 곡물 전분 속에 약 17~28% 존재한다.

정답 35 가 36 가 37 나 38 다

39 전분에 대한 설명 중 옳은 것은?

　가. 식물의 전분을 현미경으로 본 구조는 모두 동일하다.

　나. 전분은 호화된 상태의 소화 흡수나 호화가 안 된 상태의 소화 흡수나 차이가 없다.

　다. 전분은 아밀라아제(amylase)에 의해 분해되기 시작한다.

　라. 전분은 물이 없는 상태에서도 호화가 일어난다.

40 다음 중 구성물질의 연결이 잘못된 것은?

　가. 전분−포도당

　나. 지방−글리세린+지방산

　다. 아밀로오스−과당

　라. 단백질−아미노산

41 병원성대장균 식중독의 관한 설명으로 옳은 것은?

　가. 보균자에 의한 식품오염으로 발생한다.

　나. 보통의 대장균과 똑같다.

　다. 혐기성 또는 강한 혐기성이다.

　라. 장내 상재균총의 대표격이다.

해설 **39**

전분은 아밀라아제에 의해 2당류인 맥아당으로 분해되며 맥아당은 말타아제에 의해 포도당으로 분해된다. 아밀로오스는 β−아밀라아제에 완전히 분해되고, 아밀로펙틴은 β−아밀라아제에 약 52% 정도 분해된다.

해설 **40**

아밀로오스는 다수의 포도당이 α−1, 4−글라이코사이드 결합에 의해 직선상으로 연결된다.

해설 **41**

보균자에 의한 식품 오염, 비위생적 식품 취급 및 처리

정답 39 다 40 다 41 가

해설 42

식품의약품안전처장

42 유전자 재조합 식품 등의 표시 중 표시의무자, 표시대상 및 표시방법 등에 필요한 사항을 정하는 자는?

　가. 식품동업자조합

　나. 보건복지부장관

　다. 식품의약품안전처장

　라. 농림축산식품부장관

해설 43

업무종사자의 제한은 콜레라, 장티푸스, 파라티푸스, 세균성이질, 장출혈성 대장균감염증, A형간염

43 제과, 제빵작업에 종사해도 무관한 질병은?

　가. 일반 감기　　　　　나. 콜레라

　다. 장티푸스　　　　　라. 세균성이질

해설 44

아포는 열에 강하여 100℃에서 4시간 가열해도 살아남는다.

44 다음 세균성 식중독균 중 내열성이 가장 강한 것은?

　가. 살모넬라균

　나. 포도상구균

　다. 장염비브리오균

　라. 클로스트리듐 보툴리늄

해설 45

HACCP팀 구성은 준비 5단계 중 1단계에 해당한다.

45 다음 중 HACCP 적용의 7가지 원칙에 해당하지 않는 것은?

　가. HACCP팀 구성

　나. 기록유지 및 문서관리

　다. 위해요소 분석

　라. 한계기준 설정

정답　42 다　43 가　44 라　45 가

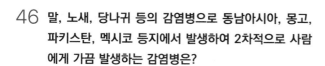

46 말, 노새, 당나귀 등의 감염병으로 동남아시아, 몽고, 파키스탄, 멕시코 등지에서 발생하여 2차적으로 사람에게 가끔 발생하는 감염병은?

　가. 엘보라열　　　　　나. 렙토스피라증
　다. 비저　　　　　　　라. 광우병

47 영업의 종류와 그 허가 및 신고관청의 연결로 잘못된 것은?

　가. 단란주점 영업 – 시장·군수 또는 구청장
　나. 식품운반업 – 시장·군수 또는 구청장
　다. 식품조사처리업 – 시·도지사
　라. 유흥주점 영업 – 시장·군수 또는 구청장

48 식품 변질 현상에 대한 설명 중 틀린 것은?

　가. 부패 – 단백질이 미생물의 작용으로 분해되어 악취가 나고 인체에 유해한 물질이 생성되는 현상이다.
　나. 변패 – 단백질 이외의 성분을 갖는 식품이 변질되는 현상이다.
　다. 발효 – 탄수화물이 미생물의 작용으로 유기산, 알코올 등의 유용한 물질이 생기는 현상이다.
　라. 산패 – 단백질이 산화되어 불결한 냄새가 나고 변색, 풍미 등의 노화 현상을 일으키는 현상이다.

해설 46
비저균 감염에 의한 것으로 말, 노새, 당나귀등의 감염병으로 동남아시아, 몽고, 파키스탄, 멕시코 등지에서 발생하여 2차적으로 사람에게 가끔 발병하는 감염병이다. 급성형과 만성형이 있다.

해설 47
식품조사처리업은 지방식품의약품안전청(지방식약청)

해설 48
산패는 유지가 첨가된 지방이 산화되어 냄새, 맛, 색, 등이 변하는 것이다.

정답 46 다 47 다 48 라

해설 49
수분활성도 크기
세균(0.95) > 효모(0.87) > 곰팡이(0.80)

해설 50
파리가 매개체이며 가장 많이 발생하는 급성 감염병으로 급성 전신성 열성질환을 일으킨다.

해설 51
비타민 B_1(티아민)은 포도당의 연소과정(당질 대사)에서 직접 작용하기 때문에 그 필요량은 에너지 섭취량과 비례한다. 비타민 B_1은 두류, 견과류, 굴, 간, 돼지고기에 많이 함유되어 있다.

해설 52
밀가루의 단백질 함량은 7~15%로 가장 많다.

해설 53
포도당은 혈액 속에 0.1% 함유되어 있어 혈당량을 유지하는 작용을 한다. 혈당은 뇌를 비롯한 각 기관 세포의 주된 열량원으로 사용된다. 혈당량이 감소되면 뇌의 활동이 급격히 저하되고 심하면 혼수상태에 이른다.

49 부패 미생물이 번식할 수 있는 최적의 수분활성도 크기의 순서로 맞는 것은?

가. 세균 > 곰팡이 > 효모

나. 세균 > 효모 > 곰팡이

다. 효모 > 세균 > 곰팡이

라. 효모 > 곰팡이 > 세균

50 장티푸스 질환의 특징은?

가. 급성 이완성 마비질환

나. 급성 전신성 열성질환

다. 급성 간염질환

라. 만성 간염질환

51 비타민 B_1이 관여하는 영양소 대사는?

가. 당질　　　　　　　　나. 단백질

다. 지용성 비타민　　　　라. 수용성 비타민

52 다음 중 단백질의 함량(%)이 가장 많은 것은?

가. 당근　　　　　　　　나. 밀가루

다. 버터　　　　　　　　라. 설탕

53 뇌신경계와 적혈구의 주 에너지원인 것은?

가. 포도당　　　　　　　나. 유당

다. 맥아당　　　　　　　라. 과당

정답　49 나　50 나　51 가　52 나　53 가

54 음식물을 통해서만 얻어야 하는 아미노산과 거리가 먼 것은?

가. 트립토판

나. 페닐알라닌

다. 발린

라. 글루타민

55 단백질 섭취량은 1kg당 1.5g이다. 60kg을 섭취했을 때 단백질의 열량을 계산하면 얼마인가?

가. 340kcal

나. 350kcal

다. 360kcal

라. 370kcal

56 노인의 경우 필수 지방산의 흡수를 위해 섭취하면 좋은 기름은?

가. 콩기름

나. 닭기름

다. 돼지기름

라. 소기름

57 다음 중 산성식품은?

가. 빵

나. 오이

다. 사과

라. 양상추

58 소장에 대한 설명으로 틀린 것은?

가. 소장에서는 호르몬이 분비되지 않는다.

나. 영양소가 체내로 흡수된다.

다. 길이는 약 6m이며 대장보다 많은 일을 한다.

라. 췌장과 담낭이 연결되어 있어 소화액이 유입된다.

정답 54 라 55 다 56 가 57 가 58 가

해설 54
필수 아미노산
성인의 경우 = 이소류신, 류신, 리신, 페닐알라닌, 메티오닌, 트레오닌, 트립토판, 발린(8종) + 유아는 히스티딘 추가(9종)

해설 55
60kg × 1.5g = 90g × 4kcal(단백질 1g당 4kcal 열량원) = 360kcal

해설 56
필수 지방산인 리놀레산, 리놀렌산, 아라키돈산은 불포화도가 높은 식물성 기름에 많이 함유되어 있다. 세포막의 구조적 성분이고 혈청 콜레스테롤을 감소시킨다. 뇌와 신경조직, 시각기능을 유지시킨다.

해설 57
• 산성식품: 단백질을 포함하고 있는 육류, 계란, 생선, 빵, 과자, 아이스크림, 사탕, 초콜릿 등
• 알칼리식품: 비타민, 무기질 등의 영양소를 많이 함유한 채소, 과일, 우유, 굴 등

해설 58
소장은 위장관의 한 부분으로 유문괄약근에서 처음 20~30cm를 십이지장 → 그다음 2/5를 공장 → 나머지 3/5를 회장이라 한다. 소장의 길이는 약 6~7m이며, 각종 영양소를 소화·흡수시키고, 산성의 내용물을 십이지장에서 세크레틴 호르몬 분비로 중화시킨다. 단백지화 지방의 일부 소화물이 도착하면 십이지장에서 콜레시스토키닌 호르몬이 분비되어 췌장의 소화효소 분비 자극 및 담즙분비도 촉진한다. 소화된 각종 영양소는 소장에서 흡수되나 흡수부위가 다르다.

해설 59

아미노기(−NH₂)는 염기성이고 카
복시기(−COOH)는 산성이다.

아미노기($-NH_2$)는 염기성이고 카복시기($-COOH$)는 산성이다.

해설 60

수분(물)의 기능은 체온유지, 영양소 운반, 노폐물 제거, 체조직 구성이다.

59 단백질을 구성하는 아미노산의 특징이 아닌 것은?

　가. 단백질을 구성하는 기본 단위로 아미노산은 20종류가 있다.

　나. 아미노기($-NH_2$)는 산성을, 카복시기($-COOH$)는 염기성을 나타낸다.

　다. 단백질을 가수분해하면 알파 아미노산이 된다.

　라. 아미노산은 물에 녹아 중성을 띤다.

60 체내에서 물의 역할에 대한 설명으로 틀린 것은?

　가. 물은 영양소와 대사 산물을 운반한다.

　나. 땀이나 소변으로 배설되며 체온 조절을 한다.

　다. 영양소 흡수로 세포막에 농도차가 생기면 물이 바로 이동한다.

　라. 변으로 배설될 때는 물의 영향을 받지 않는다.

정답　59 나　60 라

제빵기능사 총 기출문제 3

01 반죽의 목적으로 맞는 것은?

가. 배합재료를 분산시키고 혼합시킨다.

나. 반죽의 탄력과 점성을 최적상태로 만들기 위함이다.

다. 이산화탄소의 발생으로 팽창 작용을 한다.

라. 밀단백질을 결합시키기 위함이다.

해설 01

이산화탄소의 발생으로 팽창 작용을 하는 것은 1차 발효의 목적이다.

02 믹싱의 6단계 중 프랑스빵은 어느 단계까지 믹싱하는가?

가. 픽업 단계

나. 클린업 단계

다. 발전 단계

라. 최종 단계

해설 02

프랑스빵 믹싱은 발전 단계까지 하여 탄력성이 최대인 상태까지 한다.

03 믹싱의 6단계의 순서로 맞는 것은?

가. 픽업-클린업-최종-발전-브레이크다운-렛다운

나. 픽업-클린업-최종-발전-렛다운-브레이크다운

다. 픽업-클린업-발전-최종-렛다운-브레이크다운

라. 픽업-클린업-발전-최종-브레이크다운-렛다운

해설 03

픽업-클린업-발전-최종-렛다운-브레이크다운

정답 01 다 02 다 03 다

해설 04
후염법 : 클린업 단계에 소금을 투입한다.

해설 05
이스트가 활성하기 알맞은 시작온도는 27℃이다.

해설 06
(결과온도×3)−(실내온도+밀가루 온도+수돗물 온도)
(27×3)−(26+23+22)=10

해설 07
(희망온도×3)−(실내온도+밀가루 온도+마찰계수)
(27×3)−(20+20+30)=11℃

해설 08
• 마찰계수 : (결과온도×3)−(실내온도+밀가루 온도+수돗물 온도)
(30×3)−(26+20+18)=26
• 사용할 물 온도 : (희망온도×3)−(실내온도+밀가루 온도+마찰계수)
(27×3)−(26+20+26)=9
• 얼음 사용량 :
$$\frac{\text{물 사용량}×(\text{수돗물 온도}-\text{사용할 물 온도})}{80+\text{수돗물 온도}}$$
$$\frac{10kg×(18-9)}{80+18} = 90÷98=0.918=0.92kg$$

04 후염법은 어느 단계에서 투입하게 되는가?

가. 픽업 단계   나. 클린업 단계
다. 발전 단계   라. 최종 단계

05 이스트가 활성하기 시작하는 온도는?

가. 21℃   나. 24℃
다. 27℃   라. 30℃

06 식빵 제조 시 결과온도 27℃, 밀가루 온도 23℃, 실내온도 26℃, 수돗물 온도 22℃, 희망온도 27℃일 때 마찰계수는?

가. 10   나. 12
다. 18   라. 23

07 식빵 반죽의 희망온도가 27℃일 때 실내온도 20℃, 밀가루 온도 20℃, 마찰계수 30인 경우 사용할 물의 온도는?

가. 1℃   나. 4℃
다. 11℃   라. 15℃

08 반죽의 희망온도가 27℃이고 물 사용량은 10kg, 밀가루 온도가 20℃, 실내온도 26℃, 수돗물 온도 18℃, 결과온도가 30℃일 때 얼음의 양은 얼마인가?

가. 0.4kg   나. 0.6kg
다. 0.81kg   라. 0.92kg

정답   04 나   05 다   06 가   07 다   08 라

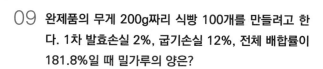

09 완제품의 무게 200g짜리 식빵 100개를 만들려고 한다. 1차 발효손실 2%, 굽기손실 12%, 전체 배합률이 181.8%일 때 밀가루의 양은?

가. 11.17kg　　　　　나. 11.24kg

다. 12.07kg　　　　　라. 12.75kg

해설 09

1. 제품의 총무게=200g×100개
   =20kg
2. 반죽의 총무게=20kg÷{1-(12÷100)}÷{1-(2÷100)}=23.19kg
3. 밀가루의 무게=23.19kg×100%
   ÷181.8%=12.75kg

10 반죽을 믹싱할 때 원료가 균일하게 혼합되고 글루텐의 구조가 형성되기 시작하는 단계는?

가. 픽업 단계　　　　　나. 클린업 단계

다. 발전 단계　　　　　라. 최종 단계

해설 10

픽업 단계 : 글루텐의 구조가 형성되는 단계이다.

11 마찰계수 구할 때 필요하지 않은 온도는?

가. 결과온도　　　　　나. 실내온도

다. 밀가루 온도　　　　라. 계란 온도

해설 11

마찰계수 : (결과온도×3)-(실내온도+밀가루 온도+수돗물 온도)

12 1차 발효의 목적으로 맞지 않는 것은?

가. 반죽의 팽창 작용

나. 반죽의 숙성작용

다. 빵의 풍미발달

라. 글루텐 형성

해설 12

글루텐 형성은 믹싱의 목적으로 알맞다.

13 다음 중 반죽시간에 영향을 미치는 요인이 아닌 것은?

가. 소금　　　　　　　나. 이스트

다. 유지　　　　　　　라. 분유

해설 13

이스트는 반죽시간에 직접적인 영향을 주는 요인이다.

정답　09 라　10 가　11 라　12 라　13 나

해설 14

$$2.4\% = \frac{2\%(Y) \times 90분(T)}{x(t)}$$

$$x분 = \frac{2\%(Y) \times 90분(T)}{2.4(t)} = 75$$

해설 15

펀치의 목적
- 반죽온도를 균일하게 한다.
- 반죽에 신선한 산소를 공급한다.
- 이스트의 활성과 산화, 숙성을 촉진한다.
- 발효를 촉진하여 발효시간을 단축하고 발효속도를 일정하게 한다.

해설 16

- 반죽을 구운 후 팬과 제품이 잘 떨어지게 하기 위함이다.
- 산패에 잘 견디는 안정성이 높아야 한다.(악취를 방지할 수 있다.)
- 발연점이 210℃ 이상 높은 것이어야 한다.
- 반죽무게의 0.1~0.2% 정도 팬기름을 사용해야 한다.

해설 17

2차 발효시간이 지나친 경우
- 부피가 너무 크다.
- 껍질색이 여리다.
- 기공이 거칠다.
- 조직과 저장성이 나쁘다.

14 2% 이스트를 사용했을 때 최적 발효시간이 90분이라면 2.4%의 이스트를 사용했을 때의 예상 발효시간은?

　　가. 65분　　　　　　　나. 70분

　　다. 75분　　　　　　　라. 80분

15 펀치의 목적으로 맞지 않는 것은?

　　가. 반죽온도를 균일하게 한다.

　　나. 반죽에 신선한 산소를 공급한다.

　　다. 이스트의 활성과 산화, 숙성을 촉진한다.

　　라. 발효시간을 늘리고 발효속도를 빠르게 한다.

16 팬기름에 대해 맞게 말한 것은?

　　가. 반죽을 구운 후 팬과 제품이 잘 떨어지게 하기 위함이다.

　　나. 산패가 잘 되고 안정성이 낮아야 한다.

　　다. 발연점이 210℃ 이하로 낮을수록 좋다.

　　라. 반죽무게의 1~2% 정도 팬기름을 사용한다.

17 2차 발효시간이 지나친 경우 나타나는 현상 중 맞지 않는 것은?

　　가. 부피가 너무 크다.

　　나. 껍질색이 진하다.

　　다. 기공이 거칠다.

　　라. 조직과 저장성이 나쁘다.

정답 14 다　15 라　16 가　17 나

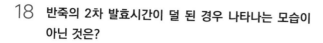

18 반죽의 2차 발효시간이 덜 된 경우 나타나는 모습이
   아닌 것은?

   가. 부피가 작다.

   나. 옆면이 터진다.

   다. 껍질색이 진한 적갈색이 된다.

   라. 기공이 거칠다.

해설 18
2차 발효시간이 덜 된 경우 기공이 조밀하다.

19 굽기의 목적으로 맞지 않는 것은?

   가. 껍질에 구운 색을 내어 맛과 향을 향상시
      킨다.

   나. 원하는 크기의 글루텐의 숙성을 위한 과정
      이며 식감을 만든다.

   다. 전분을 α 화하여 소화가 잘되는 빵을 만든다.

   라. 발효에 의해 생긴 탄산가스를 열 팽창시켜
      빵의 부피를 갖추게 한다.

해설 19
• 껍질에 구운 색을 내어 맛과 향을 향상시킨다.
• 전분을 α화하여 소화가 잘되는 빵을 만든다.
• 발효에 의해 생긴 탄산가스를 열 팽창시켜 빵의 부피를 갖추게 한다.

20 굽기 과정에서 일어나는 변화 중 설명이 맞지 않는 것은?

   가. 캐러멜화 반응 : 당류가 160~180℃의 높
      은 온도에 의해 갈색으로 변하는 반응이다.

   나. 전분의 호화 : 굽기과정 중 전분입자는 40℃
      에서 호화되기 시작한다.

   다. 메일라드 반응 : 단백질류에서 분해된 아미
      노산이 결합하여 껍질이 연한 갈색으로 변
      하는 반응이다.

   라. 이스트의 사멸 : 60℃에 가까워지면서 이
      스트가 사멸한다.

해설 20
전분의 호화 : 굽기과정 중 전분입자는 54~60℃에서 호화되기 시작한다.

정답 18 라 19 나 20 나

해설 21

풀먼식빵 : 7~9%
단과자빵 : 10~11%
일반식빵 : 11~13%
하스브레드류 : 20~25%

해설 22

반죽온도 계산 시 필요한 온도는 결과온도, 실내온도, 밀가루 온도, 수돗물 온도, 사용할 물의 온도이다.

해설 23

도넛류의 2차 발효실의 습도는 65~75%로 가장 낮다.

해설 24

스펀지 발효 완료점
부피 4~5배 증가, pH는 4.8, 스펀지 내부온도 28~30℃

해설 25

틀의 용적÷비용적=반죽의 적정 분할량
2,300÷3.8=605.2

21 제품별 굽기손실로 알맞은 것은?

가. 풀먼식빵 : 1~2%

나. 단과자빵 : 5~6%

다. 일반식빵 : 9~10%

라. 하스브레드류 : 20~25%

22 반죽온도에 미치는 영향이 가장 적은 것은?

가. 물 온도 나. 밀가루 온도

다. 실내온도 라. 훅(hook) 온도

23 다음 제품 제조 시 2차 발효실의 습도를 가장 낮게 유지하는 것은?

가. 빵도넛 나. 햄버거빵

다. 풀먼식빵 라. 과자빵

24 다음 중 스펀지 발효 완료 시 pH로 옳은 것은?

가. pH 4.8 나. pH 6.2

다. pH 3.5 라. pH 5.3

25 팬의 부피가 2,300cm³이고, 비용적(cm³/g)이 3.8이라면 적당한 분할량은?

가. 약 480g 나. 약 605g

다. 약 560g 라. 약 644g

정답 21 라 22 라 23 가 24 가 25 나

26 다음 중 발효가 늦어지는 경우에 해당하는 것은?

가. 반죽에 소금을 3% 첨가하였다.

나. 이스트의 양을 3%로 첨가하였다.

다. 2차 발효온도를 38℃로 하였다.

라. 설탕을 3% 첨가하였다.

해설 26

소금 : 1% 이상을 사용하면 발효속도를 저해한다.

27 반죽을 할 때 반죽의 손상을 줄일 수 있는 방법이 아닌 것은?

가. 스트레이트법보다 스펀지법으로 반죽한다.

나. 단백질 함량이 많은 질 좋은 밀가루로 만든다.

다. 반죽온도를 높인다.

라. 가수량이 최적인 상태의 반죽을 만든다

해설 27

반죽의 온도가 높으면 발효 속도가 촉진되고 반죽온도가 낮으면 속도가 지연된다.

28 냉동빵에서 반죽의 온도를 낮추는 가장 주된 이유는?

가. 밀가루의 단백질 함량이 낮아서

나. 이스트의 사용량이 감소해서

다. 이스트 활동을 억제하기 위해서

라. 수분 사용량이 많아서

해설 28

급속냉동은 －40℃에서 실시함으로써 이스트의 활동을 억제하여 발효가 진행되지 않도록 한다.

29 팬 오일의 조건이 아닌 것은?

가. 발연점이 130℃ 정도 되는 기름을 사용한다.

나. 면실유, 대두유 등의 기름이 이용된다.

다. 산패되기 쉬운 지방산이 적어야 한다.

라. 보통 반죽무게의 0.1~0.2%를 사용한다.

해설 29

발연점이 210℃ 이상 높은 것이어야 한다.

정답 26 가 27 다 28 다 29 가

해설 30

스펀지법 장점
• 발효 내구성이 강하다.(기공, 조직감 등)
• 노화가 지연되어 저장성이 좋다.
• 빵의 부피가 크고 속결이 부드럽다.
• 공정이 잘못되면 수정할 기회가 생긴다.
• 발효의 풍미가 향상된다.

해설 31

제빵용 밀가루는 강력분을 사용하는데 단백질 함량은 12~15%이다. 강력분 사용 시 믹싱내구성, 발효내구성이 크고 흡수율이 높다.

해설 32

계피는 녹나무속에 속하는 육계나무 가지의 연한 속껍질을 말리거나 가루상태로 갈아놓은 향신료이다.

해설 33

신선한 계란 판별법은 6~10% 식염(소금물)에 가라앉고 흔들었을 때 소리가 나지 않으며 난황계수가 0.361~0.442이고, 껍질이 거칠고 광택이 없어야 한다.

해설 34

젤라틴은 동물의 뼈, 가죽, 연골, 인대 등의 결합조직(콜라겐)을 가수분해하여 얻은 동물성 단백질로 무미, 무취하다. 정제하여 식용 젤라틴을 제조하여 안정제, 농후제, 품질개량제로 과자, 젤리, 아이스크림 등에 이용한다.

30 스펀지법에 대한 설명 중 틀린 것은?

가. 체적, 기공, 조직감 등의 측면에서 제품의 특성이 향상된다.

나. 작업일정에 대한 발효내성이 적다.

다. 발효의 풍미가 향상된다.

라. 제품의 저장성이 증가된다.

31 강력 밀가루의 단백질 함량으로 가장 적합한 것은?

가. 7% 나. 10%

다. 13% 라. 16%

32 식물의 열매에서 채취하지 않고 껍질에서 채취하는 향신료는?

가. 계피 나. 넛메그

다. 정향 라. 카다몬

33 다음 중 신선한 계란의 특징으로 맞는 것은?

가. 10%의 소금물에 담갔을 때 뜬다.

나. 흔들었을 때 소리가 난다.

다. 난황계수가 0.1 이하이다.

라. 껍질에 광택이 없고 거칠다.

34 동물의 가죽이나 뼈 등에서 추출하여 안정제로 사용되는 것은?

가. 젤라틴 나. 한천

다. 펙틴 라. 카라기난

정답 30 나 31 다 32 가 33 라 34 가

35 튀김 기름을 산화시키는 요인이 아닌 것은?

가. 온도   나. 수분

다. 공기   라. 유당

36 다음 중 단일 불포화지방산은?

가. 팔미트산   나. 리놀렌산

다. 아라키돈산   라. 올레산

37 빵 제품의 모양을 유지하기 위하여 사용하는 유지제품의 특성을 무엇이라 하는가?

가. 기능성   나. 안정성

다. 유화성   라. 가소성

38 유지의 물리적 특성 중 쇼트닝에 대한 설명으로 맞지 않는 것은?

가. 라드(돼지기름)의 대용품으로 개발된 제품이다.

나. 비스킷, 쿠키 등을 제조할 때 제품이 잘 부서지도록 하는 성질을 지닌다.

다. 유화제 사용으로 공기 혼합 능력이 작다.

라. 케이크 반죽의 유동성 및 저장성 등을 개선한다.

해설 35
유지의 산화(산패)요인은 온도(열), 수분(물), 공기(산소), 금속(구리, 철), 이물질, 이중결합수 등

해설 36
대표적 불포화지방산은 올레산 = 2중결합이 1개(올리브유, 땅콩기름, 카놀라유), 리놀레산(2중결합 2개, 참기름, 콩기름), 리놀렌산(2중결합 3개, 아마인유, 들기름), 아라키돈산(2중결합 4개), 에이코사펜타엔산(EPA, 2중결합 5개), DHA(도코사헥사엔산, 2중결합 6개)이며 2중결합의 수가 증가함에 따라 융점이 낮아진다.
팔미트산(라드, 쇠기름)은 포화지방산이다.

해설 37
유지의 가소성은 유지가 고체 모양을 유지하는 성질(파이용 마가린)
- 기능성 = 쇼트닝성으로 제품의 부드러움을 나타내는 수치이다.
- 안정성 = 지방의 산화와 산패를 억제하는 기능으로 저장기간이 긴 제품(쿠키)에 사용한다.
- 유화성 = 유지가 물을 흡수하여 보유하는 능력을 말하며 고율배합케이크, 파운드케이크에 중요한 기능이다.

해설 38
유화 쇼트닝은 쇼트닝에 유화제를 6~8% 첨가하여 쇼트닝의 기능(유동성)을 높인 제품으로 노화지연, 크림성 증가, 유화분산성 및 흡수성을 증대시킨다.

정답   35 라   36 라   37 라   38 다

39 글리세린(glycerin, glycerol)에 대한 설명으로 틀린 것은?

가. 3개의 수신기(−OH)를 가지고 있다.

나. 색과 향의 보존을 도와준다.

다. 탄수화물의 가수분해로 얻는다.

라. 무색, 무취한 액체이다.

40 방지제로 쓰이는 물질이 아닌 것은?

가. 중조　　　　　　　나. BHT

다. BHA　　　　　　　라. 세사몰

41 밀가루의 표백과 숙성기간을 단축시키고 제빵 효과의 저해물질을 파괴시켜 분질을 개량하는 밀가루 개량제가 아닌 것은?

가. 염소　　　　　　　나. 과산화벤조일

다. 염화칼슘　　　　　라. 이산화염소

42 식중독의 주원인 세균인 중온균의 발육온도는?

가. 10~20℃　　　　　나. 15~25℃

다. 25~37℃　　　　　라. 50~60℃

43 다음 중 기생충과 숙주와의 연결이 틀린 것은?

가. 유구조충(갈고리촌충) − 돼지

나. 아니사키스 − 해산어류

다. 간흡충 − 소

라. 폐디스토마 − 다슬기

정답 39 다　40 가　41 다　42 다　43 다

44 식중독 발생 시 의사는 환자의 식중독이 확인되는 대로 가장 먼저 보고해야 하는 사람은?

　가. 식품의약품안전처장

　나. 국립보건원장

　다. 시 · 도 보건연구소장

　라. 시 · 군 보건소장

해설 44
의사는 환자의 식중독이 확인되면 즉시 행정기관(관할 보건소장)에 즉각 보고한다.

45 다음 중 HACCP의 정의를 잘못 설명한 것은?

　가. 위생적인 식품생산을 위한 시설, 설비요건 및 기준, 건물위치 등에 관한 기준이다.

　나. 제조, 가공, 조리, 유통의 모든 과정에서 위해한 물질이 오염되는 것을 방지하기 위한 것이다.

　다. 위해요소를 확인 평가하여 중점적으로 관리하는 관리제도이다.

　라. 위해요소 분석과 중요관리점의 약자로 해썹 또는 안전관리인증기준이라고 한다.

해설 45
HACCP 정의
- 식품 및 축산물의 원료관리 및 제조·가공·조리·유통의 모든 과정에서 위해한 물질이 오염되는 것을 방지하기 위하여 위해요소를 확인·평가하여 중점적으로 관리하는 관리제도
- 위해요소 분석과 중요관리점의 영문 약자로서 해썹 또는 안전관리인증기준이라 한다.

46 식품에 점착성 증가, 유화안정성, 선도유지, 형체보존에 도움을 주며, 점착성을 줌으로써 촉감을 좋게 하기 위하여 사용하는 식품첨가물은?

　가. 호료(증점제)　　　나. 발색제

　다. 산미료　　　　　　라. 유화제

해설 46
식품의 형태유지 및 촉감을 좋게 하기 위해 사용하고 유화안정성, 선도유지, 점착성을 주기 위해 사용한다.

47 복어 중독을 일으키는 성분은?

　가. 테트로도톡신　　　나. 솔라닌

　다. 무스카린　　　　　라. 아코니틴

해설 47
동물성식중독 중 복어의 독소는 테트로도톡신이다.

정답　**44** 라　**45** 가　**46** 가　**47** 가

해설 48

독소형 식중독은 보톨리누스균, 포도상구균, 웰치균이 있다.

해설 49

카드뮴(Cd) – 도금, 플라스틱의 안정제로 쓰이며 폐광석에서 버린 카드뮴이 체내에 축적되어 이타이이타이병 발생

해설 50

제2급 법정 감염병은 한센병이다.

해설 51

수분은 체내 함유비율은 약 65%이며 마른 사람의 함유비율은 약 70% 정도로 높다. 인체를 구성하는 수분은 거의 우리가 마시는 수분과 음식물 속의 수분에서 공급된 것이다. 체내 수분을 일정량 유지하는 것이 중요하다.

48 독소형 식중독에 속하는 것은?

　가. 장염비브리오균　　　나. 살모넬라균

　다. 병원성대장균　　　　라. 보툴리누스균

49 중금속이 일으키는 식중독 증상으로 틀린 것은?

　가. 수은 – 지각 이상, 언어 장애 등 중추 신경 장애 증상(미나마타병)을 일으킨다.

　나. 카드뮴 – 구토, 복통, 설사를 유발하고 임산부에게 유산, 조산을 일으킨다.

　다. 납 – 빈혈, 구토, 피로, 소화기 및 시력 장애, 급성 시 사지 마비 등을 일으킨다.

　라. 비소 – 위장 장애, 설사 등의 급성중독과 피부 이상 및 신경 장애 등의 만성 중독을 일으킨다.

50 다음 중 제2급 법정 감염병에 해당하는 것은?

　가. B형간염　　　　나. 한센병

　다. 탄저병　　　　라. 파상풍

51 물은 우리 몸에서 영양소와 배설물의 운반과 체온을 조절하는데 우리 몸의 몇 %가 물인가?

　가. 45%　　　　나. 65%

　다. 80%　　　　라. 90%

정답 48 라　49 나　50 나　51 나

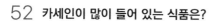

52 카세인이 많이 들어 있는 식품은?

　가. 빵　　　　　　　　나. 우유

　다. 밀가루　　　　　　라. 콩

53 혈당의 저하와 가장 관계가 깊은 것은?

　가. 인슐린　　　　　　나. 리파아제

　다. 프로테아제　　　　라. 펩신

54 식품의 열량(kcal)을 계산하는 공식으로 옳은 것은?
（단, 각 영양소 양의 기준은 g 단위로 한다.）

　가. (탄수화물의 양+단백질의 양)×4+(지방의 양×9)

　나. (탄수화물의 양+지방의 양)×4+(단백질의 양×9)

　다. (지방의 양+단백질의 양)×4+(탄수화물의 양×9)

　라. (탄수화물의 양+지방의 양)×9+(단백질의 양×4)

55 포화지방산과 불포화지방산에 대한 설명 중 옳은 것은?

　가. 포화지방산은 이중결합을 함유하고 있다.

　나. 포화지방산은 할로겐이나 수소첨가에 따라
　　　불포화될 수 있다.

　다. 코코넛 기름에는 불포화지방산이 더 높은
　　　비율로 들어있다.

　라. 식물성 유지에는 불포화지방산이 더 높은
　　　비율로 들어있다.

해설 52
카세인은 대표적 우유 단백질로 3% 함유(우유 단백질의 75~80%), 산이나 레닌에 응고 커드를 형성(치즈 제조), 열에 강하고 물에 용해된다.

해설 53
인슐린 분비 이상으로 포도당이 세포로 유입되지 못하고 공복 시 혈당이 126mg/dL 이상, 식후 200mg/dL 이상이 된다. 혈당이 신장역치인 170mg/dL 이상이 되면 신세뇨관에서 포도당을 재흡수하지 못해 소변으로 당이 배설되고 당이 배설될 때 많은 수분과 나트륨이 배설되므로 다뇨, 다갈 증상이 나타난다.

해설 54
에너지원 열량 영양소: 탄수화물 1g에 4kcal, 단백질 1g에 4kcal, 지방 1g에 9kcal의 열량을 낸다.

해설 55
포화지방산은 단일결합만으로 이루어져 있으며 불포화지방산에 수소첨가로 포화될 수 있다. 코코넛 기름은 포화지방산이 더 높은 비율로 들어 있다.

정답 52 나　53 가　54 가　55 라

56 콜레스테롤 흡수와 가장 관계 깊은 것은?

　가. 타액　　　　　　　　나. 위액

　다. 담즙　　　　　　　　라. 장액

57 질병에 대한 저항력을 지닌 항체를 만드는 데 꼭 필요한 영양소는?

　가. 탄수화물　　　　　　나. 지방

　다. 칼슘　　　　　　　　라. 단백질

58 다음 중 인(P)에 대한 설명 중 틀린 것은?

　가. 골격, 세포의 구성성분이다.

　나. 부족 시 정신장애, 칼슘의 배설 촉진, 골연화증이 발생한다.

　다. 대사의 중간물질이다.

　라. 주로 우유, 생선, 채소류 등에 함유되어 있다.

59 일반적으로 체중 1kg당 단백질의 생리적 필요량은?

　가. 5g　　　　　　　　　나. 1g

　다. 15g　　　　　　　　라. 20g

60 신경 조직의 주요 물질인 당지질은?

　가. 세레브로시드(cerebroside)

　나. 스핑고미엘린(sphingomyelin)

　다. 레시틴(lecithin)

　라. 이노시톨(inositol)

정답　56 다　57 라　58 나　59 나　60 가

제빵기능사 총 기출문제 4

01 제품에 따른 2차 발효 공정의 온도와 습도를 알맞게 짝지은 것은?

　가. 식빵류, 단과자류 : 38~40℃, 85~90%

　나. 하스브레드류 : 32℃, 85~90%

　다. 도넛 : 32℃, 90~95%

　라. 데니시 페이스트리, 브리오슈 : 38~40℃, 75~80%

해설 01

하스브레드류 : 32℃, 75~80%
도넛 : 32℃, 65~75%
데니시 페이스트리, 브리오슈 : 27~32℃, 75~80%

02 스펀지도우법과 비교할 때 스트레이트법의 장점으로 알맞지 않는 것은?

　가. 노화가 빠르다.

　나. 제조장비가 간단하다.

　다. 발효손실을 줄일 수 있다.

　라. 발효공정이 짧고, 공정이 단순하다.

해설 02

스펀지도우법과 비교할 때 스트레이트법의 단점 : 노화가 빠르다, 발효내구성이 약하다, 잘못된 공정을 수정하기 어렵다.

정답 01 가 02 가

해설 03

기본 제조공정 :
제빵법 결정-배합표 작성-재료계
량-원료 전처리-반죽-1차 발효-성
형(분할, 둥글리기, 중간발효, 정형,
팬닝)-2차 발효-굽기-냉각-포장

해설 04

baker's % : 밀가루 양을 100% 기
준으로 두고 각 재료가 차지하는 양
을 말한다.
빵을 만드는 데 필요한 비율과 재료
의 양(무게)을 숫자로 표시한 것이다.

해설 05

밀가루, 물, 이스트, 소금으로 구조
형성물질과 빵의 기본 4가지로 구
성되어 있다.

해설 06

프랑스빵의 스팀 :
오븐에 넣기 전 팬에 물을 분사한다.

03 다음 중 제빵의 기본 공정을 빈칸의 순서대로 알맞게
나열한 것은?

> 제빵법 결정-(　　　)-(　　　)-(　　　)-반죽-1차
> 발효-성형-(　　　)-굽기-냉각-포장

가. 배합표 작성, 재료계량, 원료 전처리, 2차 발효

나. 재료검수, 재료계량, 원료 전처리, 2차 발효

다. 재료계량, 원료 전처리, 재료검수, 2차 발효

라. 배합표 작성, 원료 전처리, 재료계량, 2차 발효

04 베이커스 퍼센트(baker's percent)에 대한 설명으로
알맞은 것은?

가. 전체 재료의 양을 100%로 하는 것이다.

나. 밀가루의 양을 100%로 하는 것이다.

다. 수분의 양을 100%로 하는 것이다.

라. 밀가루, 물, 이스트, 소금의 합을 100%로
하는 것이다.

05 제빵에서 반죽을 제조할 때 주재료로 쓰이는 재료가
아닌 것은?

가. 밀가루　　　　　　　　나. 물

다. 이스트　　　　　　　　라. 설탕

06 프랑스빵을 구울 때 스팀을 하는 목적으로 알맞지 않
는 것은?

가. 껍질에 광택을 낸다.

나. 거칠고 불규칙하게 터지는 것을 방지한다.

다. 얇고 바삭한 껍질이 형성된다.

라. 껍질색을 더 진하게 낸다.

정답 03 가 04 나 05 라 06 라

07 반죽의 상태를 수시로 확인할 수 있고, 주로 소규모 제과점에서 사용하는 믹서는?

가. 버티컬 믹서　　　　나. 수평형 믹서

다. 스파이럴 믹서　　　라. 에어 믹서

08 스펀지도우법에서 스펀지 반죽의 온도와 본반죽의 온도는?

가. 24℃ - 27℃　　　　나. 24℃ - 24℃

다. 27℃ - 30℃　　　　라. 20℃ - 24℃

09 제빵의 마찰계수를 구하는 공식 중 a, b, c에 알맞은 것은?

> 마찰계수 = (a×3)-(b+c+물 온도)

가. a : 결과 반죽온도 b : 실내온도 c : 밀가루 온도

나. a : 희망 반죽온도 b : 실내온도 c : 밀가루 온도

다. a : 결과 반죽온도 b : 이스트 온도 c : 밀가루 온도

라. a : 희망 반죽온도 b : 이스트 온도 c : 밀가루 온도

10 다음 중 사용할 물의 온도를 계산할 때 필요한 온도가 아닌 것은?

가. 이스트 온도　　　　나. 밀가루 온도

다. 실내 온도　　　　　라. 마찰계수

정답　07 가　08 가　09 가　10 가

해설 07
수직형 믹서 (버티컬 믹서) : 소규모(소매점) 제과점에서 사용, 반죽 상태를 수시로 점검할 수 있으며 케이크와 반죽이 모두 가능한 믹서기

해설 08
스펀지 반죽온도 : 24℃
본반죽 온도 : 27℃

해설 09
마찰계수 : 반죽 중 마찰에 의해 상승된 온도
(결과온도×3)-(실내온도+밀가루 온도+수돗물 온도)

해설 10
사용할 물 온도 : (희망온도×3)-(실내온도+밀가루 온도+마찰계수)
희망온도 : 반죽 후 원하는 결과온도를 말한다.

해설 11

패리노그래프 :
반죽공정에서 일어나는 밀가루의 흡수율을 측정한다.
글루텐의 흡수율, 글루텐의 질, 반죽의 내구성, 믹싱시간을 측정하는 기계이다.

해설 12

반죽의 pH : 발효속도는 pH 5 근처에서 최대가 된다.
이스트 활동의 최적은 pH 4.6~5.5이다.

해설 13

밀가루 구조형성 기능 :
단백질(글리아딘+글루테닌)+물 = 글루텐(가스보유력)

11 밀가루 글루텐의 흡수율과 반죽의 내구성 등을 측정하는 그래프는?

　가. 가스크로마토그래피(gas-chromatography)

　나. 파이브로미터(fibrometer)

　다. 익스텐소그래프(extensograph)

　라. 패리노그래프(farinograph)

12 발효(가스발생력)에 영향을 주는 요소에 대한 설명으로 알맞지 않는 것은?

　가. 이스트양이 많으면 가스발생량이 많아진다.

　나. 반죽온도가 0.5℃ 상승할 때마다 발효시간은 15분 단축된다.

　다. 이스트활동의 최적은 pH 2.6~3.5이다.

　라. 발효의 당 농도가 5% 이상 되면 이스트의 활성이 저해되기 시작한다.

13 글루테닌과 글리아딘이 물과 물리적 힘으로 형성하는 단백질 복합체는 무엇인가?

　가. 글리세린　　　　　　나. 글루텐

　다. 글루코스　　　　　　라. 글루세린

정답 11 라　12 다　13 나

14 둥글리기의 목적으로 보기 어려운 것은?

   가. 분할로 흐트러진 글루텐 구조와 방향을 재정돈한다.

   나. 반죽 절단면의 점착성을 줄여서 끈적거림을 제거한다.

   다. 다음 공정인 2차 발효를 쉽게 만든다.

   라. 반죽의 기공을 고르게 유지한다.

15 반죽을 팬닝할 때 적당한 팬의 온도는?

   가. 27℃

   나. 32℃

   다. 38℃

   라. 43℃

16 다음 중 일반적인 산형식빵의 비용적은?

   가. 3.3~4.0㎤/g

   나. 2.7~3.0㎤/g

   다. 5.08~5.2㎤/g

   라. 3.2~3.4㎤/g

17 다음 중 굽기의 목적으로 보기 어려운 것은?

   가. 원하는 크기와 글루텐의 숙성을 위한 과정이며 식감을 만든다.

   나. 껍질에 구운 색을 내어 맛과 향을 향상시킨다.

   다. 전분을 α화하여 소화가 잘되는 빵을 만든다.

   라. 발효에 의해 생긴 탄산가스를 열 팽창시켜 빵의 부피를 갖추게 한다.

해설 14

둥글리기 목적
분할로 상처받은 반죽을 회복시키는 것으로 가스를 보유할 수 있는 새로운 표피를 만드는 것이다. 반죽의 절단면의 점착성을 줄여서 반죽 표면에 얇은 막을 형성시키고 끈적거림을 제거한다. 다음 공정인 정형 작업을 쉽게 만든다.

해설 15

팬닝 : 성형이 다 된 반죽을 틀이나 철판에 채우는 작업과정이다.
팬닝을 할 때 팬의 온도는 32℃가 적당하다.

해설 16

비용적 : 1g의 반죽이 차지하는 부피이다.(단위 ㎤/g)
산형식빵 : 3.2~3.4㎤/g
풀먼형 식빵 : 3.3~4.0㎤/g

해설 17

2차 발효의 목적 : 원하는 크기와 글루텐의 숙성을 위한 과정이며 식감을 만든다.

정답 **14** 다 **15** 나 **16** 라 **17** 가

해설 18

단백질 변성 : 반죽의 온도가 74℃가 넘으면 단백질이 굳기 시작하여 호화된 전분과 함께 빵의 구조를 형성한다. 단백질 변성은 글루텐 응고가 되는 것이다.(글루텐 응고 시작 온도 74℃)

해설 19

굽기 중 효소의 작용 : 전분이 호화가 되기 시작하면서 효소가 활성을 하기 시작한다.
α-아밀라아제 : 65~95℃에서 불활성화된다.
β-아밀라아제 : 52~72℃에서 불활성화된다.
이스트 : 60℃가 되면 사멸하기 시작한다.

해설 20

포장 : 제품의 가치와 상품을 보호하기 위해 그에 맞는 재료 용기에 담는 일이다.
포장온도 : 온도 35~40℃, 수분 38%이다.

해설 21

장식(수작업), 마무리작업 : 500lux
계량, 반죽, 조리, 정형 : 200lux
굽기, 포장, 장식(기계작업) : 100lux
발효 : 50lux

18 굽기 공정 중 오븐 안에서 일어나는 반죽의 변화로 알맞지 않는 것은?

　가. 반죽온도가 49℃에 도달하면 오븐팽창이 일어난다.

　나. 오븐라이즈는 반죽의 내부온도가 아직 60℃에 이르지 않은 상태로 부피가 조금씩 커진다.

　다. 온도가 50℃가 넘으면 단백질 열변성이 일어나 글루텐 응고가 시작된다.

　라. 60℃가 되면 이스트가 사멸하기 시작한다.

19 굽기 공정 중 일어나는 반죽의 변화로 알맞은 것은?

　가. α-아밀라아제는 43℃에서 불활성화된다.

　나. β-아밀라아제는 49℃에서 불활성화된다.

　다. 이스트는 40℃가 되면 사멸하기 시작한다.

　라. 전분의 호화는 약 60℃에서 시작한다.

20 제조공정 중 가장 마지막 단계인 빵을 포장할 때 제품의 적당한 포장온도는 무엇인가?

　가. 30~35℃　　　　나. 35~40℃

　다. 25~30℃　　　　라. 20~25℃

21 다음 중 포장공정, 데커레이션 공정의 적합한 조도(룩스: lux)는 무엇인가?

　가. 50lux　　　　나. 100lux

　다. 200lux　　　　라. 500lux

정답 18 다　19 라　20 나　21 라

22 하스브레드(hearth bread)인 프랑스빵의 2차 발효실 습도는?

가. 60%   나. 75%

다. 85%   라. 90%

23 데니시 페이스트리 반죽의 적정 온도는?

가. 18~22℃   나. 23~25℃

다. 27~30℃   라. 30~32℃

24 다음 중 건포도 식빵을 제조할 때 건포도의 투입 시기로 가장 알맞은 것은?

가. 믹싱의 마지막에 투입한다.

나. 1차 발효 완료 후에 투입한다.

다. 정형하면서 투입한다.

라. 믹싱의 처음부터 투입한다.

25 건포도 식빵을 제조할 때 건포도를 믹싱의 최종 단계 전에 넣을 때 일어나는 현상이 아닌 것은?

가. 반죽이 얼룩진다.

나. 이스트의 활력이 떨어진다.

다. 반죽이 거칠어져 정형하기 어렵다.

라. 빵의 껍질색이 밝아진다.

해설 22
프랑스빵의 2차 발효 :
기본 빵류 2차 발효실 온습도보다 낮게 한다.
온도 : 30~33℃, 습도 : 75~80%

해설 23
데니시 페이스트리의 반죽온도는 18~22℃이며 스트레이트법으로 발전 단계까지만 믹싱한다.

해설 24
믹싱 : 최종 단계에서 전처리한 건포도를 넣고 저속으로 돌린다.
(건포도 으깨지지 않도록 한다.)

해설 25
건포도를 최종 단계 전에 넣을 경우 :
건포도가 깨지면서 빵의 껍질색이 어두워진다.

정답 22 나 23 가 24 가 25 라

해설 26

부피 : 부피가 작다.
껍질특성 : 두껍고 질기며 기포가
있다.
맛 : 덜 발효된 맛이 난다.
향 : 생밀가루 냄새가 난다.

해설 27

유화제 역할 : 계란의 기능
이스트의 먹이 : 설탕의 기능
잡균의 번식을 억제 : 소금의 기능

해설 28

엷은 껍질색의 이유 :
설탕 사용량이 부족하다. 오븐에서
거칠게 다뤘다. 2차 발효 습도가 낮
았다.
믹싱이 부적당했다. 오래된 밀가루
를 사용했다. 굽기 시간이 부족했다.
오븐 속의 습도와 온도가 낮았다.
연수를 사용했다.

26 어린 반죽(반죽, 발효가 덜된 것)에 대한 설명이 아닌 것은?

가. 위, 옆, 아랫면이 모두 어둡다.

나. 찢어짐과 터짐이 아주 적다.

다. 부피가 크다.

라. 제품이 무겁고 속색이 어둡다.

27 제빵에서 유지의 기능으로 알맞은 것은?

가. 제품의 수분 보유력이 향상한다.

나. 유화제 역할을 한다.

다. 이스트의 먹이가 된다.

라. 잡균의 번식을 억제하며 향을 좋게 한다.

28 식빵을 굽고 나서 껍질색이 연할 때의 이유로 알맞은 것은?

가. 지나친 믹싱을 했다.

나. 경수를 사용했다.

다. 2차 발효습도가 높았다.

라. 설탕 사용량이 부족하다.

정답 26 다 27 가 28 라

29 빵의 분류에 대한 설명이 틀린 것은?

가. 식빵류 : 팬에 넣어 굽는 빵, 직접 굽는 빵, 평철판에 넣어 굽는 빵

나. 과자빵류 : 일반적 과자빵(단팥, 소보로빵류), 스위트류 과자빵, 고배합류 과자빵

다. 특수빵류 : 두 번 굽는 제품, 찌는 제품, 튀기는 제품

라. 조리빵류 : 공장에서 대량생산하는 제품

30 스트레이트법(직접반죽법)에 대한 설명 중 알맞지 않는 것은?

가. 스트레이트법은 모든 재료를 한 번에 반죽하는 것이다.

나. 반죽온도 27℃를 유지한다.

다. 잘못된 공정을 수정할 기회가 있다.

라. 소규모 제과점에서 주로 사용하는 제법이다.

31 비상반죽법의 선택 조치사항이 아닌 것은?

가. 이스트푸드 사용량 증가

나. 소금 1.75% 감소

다. 이스트 2배 증가

라. 식초 첨가

해설 29
조리빵류 : 이탈리아 피자, 영국의 샌드위치, 미국의 햄버거류 등 식사 대용의 빵

해설 30
스트레이트법의 장단점
• 장점: 노동력과 시간이 절감, 제조장비가 간단하다, 발효손실을 줄일 수 있다, 재료의 풍미가 살아있다.
발효공정이 짧고, 공정이 단순하다.
• 단점 : 노화가 빠르고, 발효내구성이 약하다.
잘못된 공정을 수정하기 어렵다.

해설 31
이스트 2배 증가는 비상반죽법의 필수 조치사항이다.

정답 29 라 30 다 31 다

32 전분의 호화에 관한 설명 중 잘못된 것은?

가. 전분 현탁액을 60℃ 이상으로 가열하면 전분은 팽윤하여 본래 무게의 3~25배의 물을 흡수한다.

나. 호화의 온도는 범위로 표현한다.

다. 호화에 의해 전분의 점도는 증가한다.

라. 일반적으로 곡류 전분은 서류(감자류)전분보다 호화 온도가 낮다.

33 밀가루 반죽의 글루텐에 관한 설명 중 맞는 것은?

가. 글루텐은 글리아딘과 글로불린으로 형성된다.

나. 글루텐은 밀가루에 물을 넣고 반죽하면 형성되는 단백질이다.

다. 오래 치댈수록 글루텐은 끊어져 부드러운 반죽이 된다.

라. 박력분은 글루텐 함량이 많아서 많이 부푸는 식빵 제조에 적합하다.

34 식물성 기름에 가장 많이 함유되어 있는 지방산은?

가. 올레산과 부티르산

나. 올레산과 리놀레산

다. 스테아르산과 부티르산

라. 스테아르산과 리놀레산

35 단백질 함량이 13%인 밀가루의 흡수율이 66%였다면 단백질 함량이 12%인 밀가루의 흡수율은?

가. 62%

나. 64%

다. 66%

라. 68%

36 유지의 융점에 대한 설명이다. 틀린 것은?

가. 융점이 범위값을 갖는 것은 동질이상현상도 관련이 있다.

나. 지방산의 탄소 수가 증가할수록 융점이 높다.

다. 지방산의 불포화도가 높을수록 융점은 높다.

라. 융점이 낮은 기름은 실온에서 액체형이다.

37 전분의 호화에 영향을 주는 인자가 아닌 것은?

가. 수분

나. pH

다. 색소

라. 염류

38 계란의 무게가 껍질무게를 포함해서 60g이다. 노른자 900g을 사용하려면 몇 개의 계란이 필요한가?

가. 15개

나. 20개

다. 35개

라. 50개

39 다음 향료 중 굽는 제품에 사용하지 않는 것은?

가. 에센스류 향료

나. 오일류 향료

다. 분말류 향료

라. 유화 향료

해설 35
단백질 1%는 수분 2%를 흡수하므로 13%의 단백질을 가진 밀가루보다 12% 단백질을 가진 밀가루가 2% 수분을 덜 흡수한다.

해설 36
유지류의 융점은 각각의 트리글리세라이드를 구성하는 지방산의 종류에 따라 영향을 받는다.

해설 37
전분의 호화에 영향을 미치는 인자들로는 전분의 종류, 수분, pH, 염류가 있다.

해설 38
계란은 껍질 10% : 노른자 30% : 흰자 60%로 구성되어 있으므로 60g의 계란의 30%는 18g이고, 필요 개수는 900÷18 = 50(개)

해설 39
에센스류 향료는 수용성 향료로 알코올성(내열성 약함)이며 휘발성이 커서 굽지 않는 제품에 사용한다.

정답 35 나 36 다 37 다 38 라 39 가

40 계란 성분 중 마요네즈에 이용되는 것은?

가. 글루텐 　　　　　　나. 레시틴
다. 카세인 　　　　　　라. 모노글리세리드

41 다음 중 냉수에 녹는 안정제는?

가. 한천 　　　　　　나. 젤라틴
다. 일반펙틴 　　　　　　라. 시엠시(C.M.C)

42 HACCP의 구성요소 중 일반적인 위생관리 운영기준, 영업자 관리, 종업원 관리, 보관 및 운송관리, 검사관리, 회수관리 등의 운영 절차는?

가. HACCP 관리계획(HACCP PLAN)
나. 표준위생관리기준(SSOP)
다. 우수제조기준(GMP)
라. HACCP

43 HACCP의 7가지 원칙 중 설명이 다른 것은?

가. 1단계 – 위해분석
나. 2단계 – 중요관리점 확인
다. 3단계 – 한계기준의 설정
라. 4단계 – 모니터링 설정

정답　40 나　41 라　42 나　43 나

44 식품위생법상 집단급식소에 대한 설명 중 옳은 것은?

가. 일시적으로 불특정 다수인에게 음식물을 공급하는 영리 급식시설

나. 계속적으로 특정 다수인에게 음식물을 공급하는 비영리 급식시설

다. 일시적으로 불특정 다수인에게 음식물을 공급하는 비영리 급식시설

라. 계속적으로 특정 다수인에게 음식물을 공급하는 영리 급식시설

45 포자형성균의 멸균에 가장 적절한 것은?

가. 자비소독　　　　나. 염소액

다. 역성비누　　　　라. 고압증기

46 자외선 살균의 이점이 아닌 것은?

가. 살균효과가 크다.

나. 균에 내성을 주지 않는다.

다. 표면 투과성이 좋다.

라. 사용이 간편하다.

47 미나마타병의 원인이 되는 물질은?

가. Cd　　　　　　나. Hg

다. Ag　　　　　　라. Cu

해설 **44**
집단급식소란 영리를 목적으로 하지 아니하면서 특정 다수인에게 계속하여 음식물을 공급하는 급식시설로서 대통령령으로 정하는 시설을 말한다.

해설 **45**
고압증기멸균법 – 용기 내의 물을 가열하여 100℃ 이상 고압상태의 높은 멸균력을 이용하는 방법이다. 세균뿐만 아니라 그 포자까지도 완전히 사멸시킨다.

해설 **46**
자외선 살균은 표면 투과성이 없어 조리실에서는 물이나 공기, 용액의 살균, 도마, 조리기구의 표면살균에만 이용된다.

해설 **47**
수은(Hg) – 미나마타병의 원인 물질이며, 수은에 오염된 해산물 섭취로 발생한다.

정답 44 라　45 라　46 다　47 나

해설 48
B형간염은 제3급에 해당한다.

해설 49
프로피온산칼슘, 프로피온산나트륨
- 빵류, 과자류에 사용되는 보존료
(방부제)

해설 50
타르색소 사용 시 환원성 미생물에
의한 오염으로 퇴색이 될 수 있다.

해설 51
2단계는 중요관리점의 결정이다.

해설 52
• 열량 영양소: 탄수화물, 지방, 단
  백질(열량 발생, 체온유지, 에너
  지원으로 이용되는 영양소)
• 구성 영양소: 단백질, 무기질, 물
  (몸의 체조직, 효소, 호르몬 구성
  영양소)
• 조절 영양소: 무기질, 비타민, 물
  (생체반응 – 생리작용, 대사작용
  조절 영양소)

48 제1급 법정감염병이 아닌 것은?

가. 탄저병 나. 신종인플루엔자
다. 야토병 라. B형간염

49 빵 및 케이크류에 사용이 허가된 보존료는?

가. 탄산암모늄 나. 탄산수소나트륨
다. 프로피온산 라. 포름알데하이드

50 타르색소 사용상 문제점 및 원인으로 옳은 것은?

가. 퇴색 – 환원성 미생물에 의한 오염
나. 색조의 둔화 – 색소의 함량 미달
다. 색소용액의 침전 – 용매과다
라. 착색 탄산음료의 보존성 저하 – 아조색소
   의 사용량 미달

51 HACCP의 7가지 원칙 중 설명이 다른 것은?

가. 1단계 – 위해분석
나. 2단계 – 개선조치 설정
다. 3단계 – 한계기준의 설정
라. 4단계 – 모니터링의 설정

52 다음 중 영양소와 주요 기능이 바르게 연결된 것은?

가. 탄수화물, 무기질–열량 영양소
나. 무기질, 비타민–조절 영양소
다. 비타민, 물–구성 영양소
라. 지방, 비타민–체온조절 영양소

정답 48 라 49 다 50 가 51 나 52 나

53 지방 5g은 몇 칼로리의 열량을 내는가?

　　가. 45kcal　　　　　　　나. 50kcal

　　다. 25kcal　　　　　　　라. 20kcal

54 성인의 단순갑상선종의 증상은?

　　가. 갑상선이 비대해진다.

　　나. 피부병이 발생한다.

　　다. 목소리가 쉰다.

　　라. 안구가 돌출된다.

55 땀을 많이 흘리는 중노동자는 어떤 물질을 특히 보충해야 하는가?

　　가. 비타민　　　　　　　나. 지방

　　다. 식염　　　　　　　　라. 탄수화물

56 칼국수 100g에 탄수화물이 40% 함유되어 있다면 칼국수 200g을 섭취하였을 때 탄수화물로부터 얻을 수 있는 열량은?

　　가. 320kcal　　　　　　나. 800kcal

　　다. 400kcal　　　　　　라. 720kcal

57 심한 운동으로 열량이 크게 필요할 때 지방은 여러 유리한 점이 있는데 그중 잘못된 것은?

　　가. 위 내에 체재시간이 길어 만복감을 준다.

　　나. 단위 중량당 열량이 높다.

　　다. 비타민 B_{12}의 절약작용을 한다.

　　라. 총열량의 30% 이상을 지방으로 충당할 수 있다.

정답 **53** 가　**54** 가　**55** 다　**56** 가　**57** 다

해설 **53**
지방은 1g에 9kcal의 열량을 내므로 5×9 = 45kcal

해설 **54**
단순갑상선종은 갑상선호르몬 생산에는 이상이 없이 단지 갑상선의 크기만 전체적으로 커지는 경우이다. 무기질인 요오드(I)의 결핍증의 하나로 요오드의 과잉증으로는 갑상선 기능 항진증, 바세도우씨병(갑상선중독증)이 있다. 해조류와 어패류가 급원식품이다.

해설 **55**
땀을 많이 흘리게 되면 수분과 전해질을 보충한다.

해설 **56**
탄수화물 1g에 4kcal의 열량을 내므로 200g×40% = 80g×4kcal = 320kcal

해설 **57**
지질의 기능
- 지질 1g당 9kcal 열량 발생, 당질이나 단백질의 2배 이상의 열량을 낸다.
- 피하지방을 구성하고 체온을 유지한다.
- 지용성 비타민 A, D, E, K의 흡수를 돕는다.
- 외부의 충격으로부터 주요 장기를 보호한다.
- 독특한 맛과 향미를 음식에 제공하고 위에 머무는 시간이 길어 포만감을 준다.
- 비타민 B_1의 절약작용을 한다.

58 **단백질의 가장 중요한 기능은?**

가. 체온유지

나. 유화작용

다. 체조직 구성

라. 체액의 압력조절

59 **다음 중 체중 1kg당 단백질 권장량이 가장 많은 대상으로 옳은 것은?**

가. 1~2세 유아　　　나. 9~11세 여자

다. 15~19세 남자　　라. 65세 이상 노인

60 **다음 중 산성식품은?**

가. 빵　　　　　　　나. 오이

다. 사과　　　　　　라. 양상추

정답　58 다　59 가　60 가

제빵기능사 **총 기출문제 5**

01 액체발효법을 한 단계 발전시킨 연속식 제빵법의 장점으로 보기 어려운 것은?

가. 노동력이 감소한다.

나. 설비가 감소한다.

다. 설비 투자 비용이 저렴하다.

라. 발효손실이 감소한다.

해설 01

액체발효법의 단점 :
설비 투자비용이 많이 든다.
산화제 첨가로 인하여 발효량이 감소한다.

02 스트레이트법의 변형법인 재반죽에 대한 설명으로 알맞지 않는 것은?

가. 50%의 물을 남겨 발효 후 나머지 물을 넣고 재반죽하는 방법이다.

나. 스펀지법도우법에 비해 공정시간이 단축된다.

다. 오븐스프링이 적기 때문에 2차 발효를 충분히 해야 한다.

라. 공정상 기계내성이 양호한 편이다.

해설 02

모든 재료를 넣고 8%의 물을 남겨 발효 후 나머지 물을 넣고 재반죽하는 방법이다.
균일한 색상과 제품으로 식감이 양호하다.

정답 01 다 02 가

해설 03

노타임 반죽법의 산화제와 환원제의 종류
- 산화제 : 반죽의 신장 저항을 증대시킨다.
  종류 : 요오드칼륨(속효성 작용), 브롬산칼륨(지효성 작용)
- 환원제 : 글루텐을 연화시키고 빵의 부피를 줄인다.
  종류 : L-시스테인, 프로테아제

해설 04

$$\frac{\text{총 재료무게(g)} \times \text{밀가루 배합률(\%)}}{\text{총 배합률(\%)}}$$

해설 05

체를 치는 목적 : 공기를 혼입하여 반죽의 흡수가 높아져 수화작용이 빨라진다.

03 다음 중 노타임 반죽법의 특징으로 보기 어려운 것은?

　가. 무발효 반죽법이다.

　나. 발효를 대신하여 산화제와 환원제를 사용한다.

　다. 화학적 숙성으로 발효시간을 단축시킨다.

　라. 산화제인 L-시스테인, 프로테아제를 활용한다.

04 밀가루 무게(g)를 구하는 공식은?

　가. 총 재료의 무게(g) × 밀가루 배합률(%)/총 배합률(%)

　나. 총 재료의 무게(g) − 밀가루 배합률(%)/총 재료무게(g)

　다. 총 재료의 무게(g) + 밀가루 배합률(%)/총 재료무게(%)

　라. 총 재료의 무게(g) ÷ 밀가루 배합률(%)/총 재료무게(g)

05 재료의 전처리에서 가루류를 체를 치는 목적으로 가장 거리가 먼 것은?

　가. 불필요한 덩어리와 이물질을 제거할 수 있다.

　나. 밀가루 부피를 증가시킬 수 있다.

　다. 이스트가 필요한 공기를 넣어 발효를 촉진시킬 수 있다.

　라. 공기를 혼입하여 글루텐을 강화한다.

정답 03 라 04 가 05 라

06 반죽을 하는 목적으로 보기 어려운 것은?

가. 배합재료를 균일하게 분산하고 혼합시킨다.

나. 밀가루에 물을 충분히 흡수시켜 밀단백질을 결합시키기 위함이다.

다. 글루텐을 발전시켜 반죽의 탄력과 점성을 최적상태로 만들기 위함이다.

라. 정형공정을 쉽게 하기 위함이다.

해설 06
반죽의 목적 : 반죽에 산소를 혼입시켜 이스트를 활성화하며 반죽의 산화를 촉진한다.
정형공정을 쉽게 하는 목적은 둥글리기와 중간발효 공정이다.

07 반죽의 물리적 성질에 대한 설명 중 바르지 않은 것은?

가. 신장성 : 반죽이 늘어나는 성질이다.

나. 탄력성 : 외부 힘으로 변형을 받은 물체가 원래 상태로 되돌아가지 않는 성질이다.

다. 점탄성 : 점성과 탄력성을 동시에 지니고 있는 성질이다.

라. 가소성 : 성형과정에서 만들어진 모양을 그대로 유지하려고 하는 성질이다.

해설 07
탄력성 : 외부 힘으로 변형을 받은 물체가 원래 상태로 되돌아가려는 성질이다.

08 다음 중 반죽의 6단계에 대한 설명으로 알맞은 것은?

가. 픽업 단계는 밀가루와 그 밖의 가루재료가 물과 수화되는 단계이다.

나. 클린업 단계는 탄력성이 최대로 증가하며 반죽이 강하고 단단해지는 단계이다.

다. 발전 단계는 글루텐이 형성이 되는 시기로 유지를 투입한다.

라. 최종 단계는 탄력성을 잃고 신장성이 커져 고무줄처럼 늘어나는 단계이다.

해설 08
클린업 단계는 글루텐이 형성되는 시기로 유지를 투입한다.
발전 단계는 탄력성이 최대로 증가하며 반죽이 강하고 단단해지는 단계이다.
최종 단계는 글루텐을 결합하는 마지막 단계로 최적의 상태이다.
렛다운 단계는 탄력성을 잃고, 신장성이 커져 고무줄처럼 늘어나는 단계이다.

정답 06 라 07 나 08 가

해설 09

가. 햄버거빵 – 렛다운 단계
나. 식빵 – 최종 단계
라. 데니시 페이스트리 – 픽업 단계

해설 10

브레이크다운 단계: 탄력을 완전히 잃어 빵을 만들 수 없는 단계이다.
(탄력성과 신장성이 상실된 상태)
반죽에 생기가 없으며 글루텐 조직이 흩어진다.
오븐에서 구울 시 오븐팽창이 일어나지 않는다.

해설 11

후염법 : 소금을 클린업 단계에 투입한다. 반죽의 흡수율을 증가시키고 반죽온도를 감소하며, 조직을 부드럽게 하며 속색을 갈색으로 만든다.

해설 12

탈지분유 : 1% 증가 시 흡수율은 0.75~1% 증가한다.
반죽온도 : ±5℃ 증가할수록 흡수율은 3% 감소한다.
물 : 연수 사용 시 글루텐이 약해지고, 경수 사용 시 글루텐이 강해지며 흡수율이 많아진다.
소금 : 픽업 단계에 넣으면 글루텐 흡수량의 약 8%를 감소하고 클린업 단계 이후 넣으면 물 흡수량이 많아진다.

09 반죽의 6단계 중 발전 단계까지 믹싱하는 제품은?

　가. 햄버거빵

　나. 식빵

　다. 프랑스빵

　라. 데니시 페이스트리

10 브레이크 단계에 대한 설명으로 알맞은 것은?

　가. 탄력을 완전히 잃어 빵을 만들 수 없는 단계이다.

　나. 오븐에서 구울 시 오븐팽창이 작게 일어난다.

　다. 반죽에 생기가 없으며 글루텐 조직이 뭉친다.

　라. 탄력성은 상실됐지만 신장성은 남아있다.

11 수화를 촉진하고 반죽시간을 단축하는 목적을 가진 후염법에서 소금의 투입시기는 언제가 적당한가?

　가. 픽업 단계　　　　나. 클린업 단계

　다. 발전 단계　　　　라. 최종 단계

12 반죽에 영향을 주는 요소인 반죽의 흡수율에 대한 재료별 설명이 바르지 않은 것은?

　가. 설탕 : 5% 증가에 흡수율은 1% 감소한다.

　나. 손상전분 : 1% 증가에 흡수율은 2% 증가한다.

　다. 밀단백질 : 단백질 1% 증가에 흡수율은 1.5~2% 증가한다.

　라. 탈지분유 : 1% 증가 시 흡수율은 2~2.5% 증가한다.

정답 09 다　10 가　11 나　12 라

13 제빵에서 반죽시간과 재료 간의 상관관계가 바르게 설명된 것은?

　가. 소금 : 클린업 단계 시 넣으면 반죽시간이 감소한다.

　나. 유지 : 클린업 단계 이후에 넣으면 반죽시간이 증가한다.

　다. 반죽온도 : 온도가 높을수록 반죽시간이 증가한다.

　라. 밀가루 : 단백질 양이 증가하면 반죽시간은 감소한다.

14 아밀로그래프에 대한 설명 중 올바른 것은?

　가. 전분의 호화력을 그래프 곡선으로 나타내면 40~60B.U.이다.

　나. 굽기 공정에서 일어나는 밀가루의 알파-아밀라아제의 효과를 측정한다.

　다. 1분에 5℃씩 올렸을 때 변화하는 혼합물의 점성도를 자동기록한다.

　라. 일정량의 밀가루+물+이스트를 섞어 25~90℃까지의 변화를 기록한다.

해설 13
- 유지 : 클린업 단계 이후에 넣으면 반죽시간은 감소한다.
- 반죽온도 : 온도가 높을수록 반죽시간이 감소한다.
- 밀가루 : 단백질 양이 증가하면 반죽시간이 증가한다.

해설 14
- 전분의 호화력을 그래프 곡선으로 나타내면 400~600B.U.이다.
- 1분에 1.5℃씩 올렸을 때 변화하는 혼합물의 점성도를 자동기록한다.
- 일정량의 밀가루+물을 섞어 25~90℃까지의 변화를 기록한다.

정답 13 가 14 나

해설 15

발효의 의미 : 물질 속에 효모, 박테리아, 곰팡이 같은 미생물이 당류를 먹고 사는 생물로서 존재한다. 고분자 전분 또는 자당을 저분자로 분해하기 위해 탄수화물 분해효소를 이용하여 당류를 분해한 것이다.

해설 16

하스브레드류 : 32℃, 75~80%
도넛 : 32℃, 65~75%
데니시 페이스트리, 브리오슈 : 27~32℃, 75~80%

해설 17

향에 관여하는 물질 : 유기산류, 알코올류, 에스테르류, 케톤류

15 제빵에서 발효의 목적과 의미에 대한 설명으로 알맞지 않는 것은?

가. 반죽의 팽창 작용 : 이산화탄소의 발생으로 팽창 작용을 한다.

나. 반죽의 숙성작용 : 효소가 작용하여 반죽을 부드럽게 만든다.

다. 빵의 풍미발달 : 발효에 의해 생성된 알코올, 유기산, 에스테르 등을 축적하여 독특한 맛과 향을 준다.

라. 발효의 의미 : 물질 속에 효모, 곰팡이 같은 미생물이 지방을 먹고 사는 생물로서 존재한다.

16 제품에 따른 2차 발효 공정의 온도와 습도를 알맞게 짝지은 것은?

가. 식빵류, 단과자류 : 38~40℃, 85~90%

나. 하스브레드류 : 32℃, 85~90%

다. 도넛 : 32℃, 90~95%

라. 데니시 페이스트리, 브리오슈 : 38~40℃, 75~80%

17 굽기 공정에서 향에 관여하는 물질이 아닌 것은?

가. 알코올류   나. 무기산류

다. 에스테르류   라. 케톤류

정답 15 라 16 가 17 나

18 빵의 껍질이 진하게 갈색으로 나타나는 현상인 갈변화 과정에 대한 설명으로 보기 어려운 것은?

가. 캐러멜 반응은 당류가 160~180℃의 높은 온도에 의해 일어난다.

나. 메일라드 반응은 당류에서 분해된 아미노산과 단백질류에서 분해된 환원당이 결합하며 일어난다.

다. 메일라드 반응은 130℃ 낮은 온도에서 일어난다.

라. 빵의 갈변화 과정은 캐러멜 반응과 메일라드 반응으로 일어난다.

19 다음 중 제품별 굽기 손실에 대한 설명으로 알맞은 것은?

가. 풀먼식빵 : 20~25%

나. 단과자빵 : 10~11%

다. 일반식빵 : 3~4%

라. 하스브레드류 : 7~9%

20 빵의 노화와 부패와 관련된 설명으로 보기 어려운 것은?

가. 빵의 부패는 단백질 성분의 파괴로 악취가 나고 곰팡이가 핀다.

나. 부패 방지방법은 보존료를 사용한다.

다. 빵의 노화는 미생물 침입으로 발생한다.

라. 빵의 노화는 껍질이 눅눅해지고 빵 속이 푸석해진다.

해설 18
메일라드 반응 : 당류에서 분해된 환원당과 단백질류에서 분해된 아미노산이 결합하여 껍질이 연한 갈색으로 변하는 반응이다.

해설 19
• 풀먼식빵 : 7~9%
• 단과자빵 : 10~11%
• 일반식빵 : 11~13%
• 하스브레드류 : 20~25%

해설 20
• 빵의 노화 : 빵의 껍질과 속결에서 일어나는 물리적 화학적 변화로 제품의 맛과 향기가 변화하여 딱딱해지는 현상을 말한다.
• 빵의 부패 : 제품에 곰팡이가 발생하여 맛이나 향기가 변질되는 현상을 말한다.

정답 18 나 19 나 20 다

21 **제빵의 기본 재료인 밀가루에 대한 설명으로 알맞지 않는 것은?**

   가. 밀가루의 단백질(글리아딘+글루테닌)과 물이 만나 글루텐이 형성된다.

   나. 강력분은 제빵용 밀가루로 경질소맥이다.

   다. 강력분은 전분 70%, 단백질 7~9%, 수분 13% 등으로 구성되어 있다.

   라. 밀가루에 들어있는 전분의 냄새는 무취이다.

22 **제빵용 물에 대한 설명 중 알맞은 것은?**

   가. 아경수 120~180ppm을 사용한다.

   나. 산성 pH 3.2~3.6의 물을 주로 사용한다.

   다. 낮은 온도에서 전분과 결합하여 호화된다.

   라. 효소 활성화와는 관계가 없다.

23 **빵 반죽에서 이스트푸드의 기능을 알맞게 설명한 것은?**

   가. 칼슘염, 마그네슘염 및 산염 등을 첨가하여 물을 연수 상태로 만든다.

   나. 암모늄염을 함유시켜 이스트에 질소를 공급한다.

   다. 비타민 A와 같은 산화제를 첨가하여 단백질을 강화시킨다.

   라. pH를 알칼리성으로 조절한다.

정답 21 다 22 가 23 나

24 반죽에 사용되는 설탕에 대한 설명으로 보기 어려운 것은?

가. 이스트의 먹이가 된다.

나. 발효된 후에 남아있는 설탕을 잔류당이라 하여 껍질색을 낸다.

다. 포도당, 정제당, 맥아당, 물엿 이성화당 등이 있다.

라. 설탕 사용량이 지나치면 저장성을 떨어뜨린다.

해설 24
설탕의 저장성 : 수분에 대한 흡수성이 강하여 제품의 저장성을 개선하여 준다.

25 식빵 완제품의 윗면이 납작하고 모서리가 날카로운 이유로 보기 어려운 것은?

가. 미숙성한 밀가루를 사용했다.

나. 소금 사용량이 과도했다.

다. 지나친 믹싱을 했다.

라. 발효실 습도가 낮았다.

해설 25
식빵 완제품의 윗면이 납작하고 모서리가 날카로운 경우 발효실의 습도가 높았다.

26 충전물이 있는 과자빵류 제품에서 내부공간이 생긴 원인으로 알맞은 것은?

가. 글루텐 발전이 부족했다.

나. 너무 된 반죽을 사용했다.

다. 2차 발효가 과다했다.

라. 설탕과 유지의 양이 부족했다.

해설 26
충전물이 있는 과자빵류 제품에서
• 내부공간이 생긴 원인
• 반죽의 글루텐 발전이 지나쳤다.
• 너무 진 반죽을 사용했다.
• 2차 발효가 불충분했다.
• 필링이 질거나 열처리가 덜 되었다.

정답 24 라 25 라 26 라

해설 27
껍질이 연한 색이 나타나고, 부드러워진다.
제품의 모서리가 둥글다.

해설 28
• 휘퍼 : 제과용으로 공기를 넣어 부피를 형성한다.(공기포집용)
• 비터 : 유연한 반죽을 만들 때 사용한다.
• 훅 : 제빵용으로 강력분을 사용할 때 글루텐을 형성한다.

해설 29
도우컨디셔너 dough conditioner : 자동 제어 장치에 의해 반죽의 급속냉동, 냉장, 완만해동, 2차 발효 등을 할 수 있는 다양한 기능이 있는 기계이다.

27 반죽에서 설탕 사용량이 정량보다 적었을 때 나타나는 현상으로 알맞은 것은?

가. 껍질이 어두운 적갈색이다.

나. 팬에서 반죽의 흐름성이 작다.

다. 껍질이 두껍고 질기다.

라. 모서리가 각이 생기고 찢어짐이 작다.

28 믹서기에 사용하는 기구를 알맞게 설명한 것은?

가. 믹싱볼 : 반죽을 하기 위해 재료들을 넣는 스테인리스 볼로 여러 가지 크기가 있다.

나. 휘퍼 : 유연한 반죽을 만들 때 사용한다.

다. 비터 : 제빵용으로 강력분을 사용할 때 글루텐을 형성한다.

라. 훅 : 제과용으로 공기를 넣어 부피를 형성한다.

29 제빵에서 사용하는 기계에 대한 설명으로 알맞지 않는 것은?

가. 식빵 슬라이서 : 식빵을 일정한 두께로 자를 때 사용한다.

나. 오븐 : 오븐 내 매입 철판 수로 제품 생산능력을 계산한다.

다. 도우컨디셔너 : 자동 제어 장치에 의해 반죽의 믹싱을 하는 기계이다.

라. 파이롤러 : 반죽을 균일하게 접기 및 밀어 펴기 할 때 사용한다.

정답 27 나 28 가 29 다

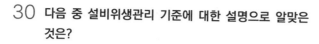

30 다음 중 설비위생관리 기준에 대한 설명으로 알맞은 것은?

가. 창의 면적은 바닥면적을 기준으로 하여 30% 가 적당하다.

나. 벽면은 실크벽지의 재질로 청소와 관리가 편리해야 한다.

다. 모든 물품은 바닥에서 5cm, 벽에서 5cm 떨어진 곳에 보관하도록 한다.

라. 제과제빵 공정의 방충·방서용 금속망은 15mesh가 적당하다.

31 다음 중 베이킹파우더의 제조에 사용되는 성분이 아닌 것은?

가. 중탄산나트륨　　　　나. 산
다. 전분　　　　　　　　라. 에탄올

32 다음 혼성주 중 오렌지 껍질이나 향이 들어 있지 않는 것은?

가. 쿠앵트로　　　　　　나. 큐라소
다. 그랑 마니에르　　　　라. 마라스키노

33 글루텐 구성 요소 중 탄력성을 나타내는 것은?

가. 글루테닌　　　　　　나. 글리아딘
다. 알부민　　　　　　　라. 글로불린

해설 30
- 벽면은 타일 재질로 청소와 관리가 편리해야 한다.
- 모든 물품은 바닥에서 15cm, 벽에서 15cm 떨어진 곳에 보관하도록 한다.
- 제과제빵 공정의 방충·방서용 금속망은 30mesh가 적당하다.

해설 31
베이킹파우더는 중탄산나트륨에 그것을 중화시킬 산을 넣은 후 활성이 없는 가루인 전분을 건조제 또는 증량제로 채워 만든 것이다.

해설 32
혼성주는 리큐르라고도 하며 증류주에 과실 및 열매의 향을 더한 것으로 오렌지 리큐르는 쿠앵트로, 큐라소, 그랑 마니에르, 트리플섹 등이 있다. 체리 리큐르에는 마라스키노, 체리마리에느가 있고 커피 리큐르에는 칼루아, 크렘드모카 등이 있다.

해설 33
글루텐 구성요소 중 글루테닌은 탄력성, 글리아딘은 신장성을 나타낸다.

34 일반적으로 분유 100g의 질소 함량이 4g이라면 몇 g
   의 단백질을 함유하고 있나?

   가. 10g   나. 15g
   다. 25g   라. 35g

35 다음 중 밀가루 제품의 팽창에 관여하는 기체와 그 기
   체를 제공하는 급원의 연결이 잘못된 것은?

   가. 수증기-물
   나. 이산화탄소-팽창제
   다. 공기-체 치기
   라. 이산화탄소-우유

36 다음 중 자체에 효소를 갖고 있는 것은?

   가. 감자가루   나. 생이스트
   다. 전분   라. 밀가루

37 이스트푸드를 사용하는 가장 중요한 이유는?

   가. 반죽온도를 높이기 위해
   나. 정형을 쉽게 하기 위해
   다. 빵 색을 내기 위해
   라. 반죽의 성질을 조절하기 위해

38 다음 중 가소성을 가진 유지가 아닌 것은?

   가. 버터   나. 마가린
   다. 쇼트닝   라. 올리브유

정답   34 다   35 라   36 나   37 라   38 라

39 100g의 밀가루에서 얻은 젖은 글루텐이 39g일 때 이 밀가루의 단백질 함량은?

가. 2%　　　　　　　　나. 8%

다. 13%　　　　　　　라. 20%

40 우유 단백질 중 카세인의 함량은?

가. 25~30%　　　　　나. 55~60%

다. 75~80%　　　　　라. 95% 이상

41 밀가루를 부패시키는 미생물(곰팡이)은?

가. 누룩곰팡이속

나. 푸른곰팡이속

다. 털곰팡이속

라. 거미줄곰팡이속

42 냉장고에 식품을 저장하는 방법으로 바르지 않은 것은?

가. 조리하지 않은 식품과 조리한 식품은 분리하여 따로 저장한다.

나. 오랫동안 저장해야 할 식품은 온도가 높은 곳에 저장한다.

다. 버터와 생선은 가까이 두지 않는다.

라. 냉동식품은 냉동실에 보관한다.

43 제2급에 해당하는 감염병이 아닌 것은?

가. 결핵　　　　　　　나. 수두

다. 홍역　　　　　　　라. 파상풍

해설 39
단백질 함량
- 젖은 글루텐 함량(%)=젖은 글루텐(g)÷밀가루(g)×100이므로 39÷100×100=39%
- 건조 글루텐 함량(%) = 젖은 글루텐 함량÷3이므로 39÷3 = 13%

해설 40
카세인은 복합단백질로 우유 단백질의 75~80%를 함유하고 있다. 산이나 레닌에 응고하며 열에 강하고 물에 용해된다.

해설 41
빵, 밥, 술, 된장, 간장 등 양조에 이용되는 누룩곰팡이처럼 유용한 것도 있다.

해설 42
저장해야 할 음식은 온도가 낮은 냉장고에 저장한다.

해설 43
파상풍은 제3급에 해당한다.

정답 39 다　40 다　41 가　42 나　43 라

해설 44

인수공통감염병의 종류는 탄저병, 파상열, 결핵, 야토병, 돈닥독, Q열, 리스테리아증이며 장티푸스는 세균성 경구전염병이다.

해설 45

식품첨가물의 규격과 사용기준은 식품의약품안전처장이 정한다.

해설 46

교차오염 정의
오염된 식품이나 조리기구의 균이 비오염된 식재료 및 기구에 섞이거나, 종사자의 접촉으로 인해 오염된 미생물이 비오염된 구역으로 유입되는 것이다.

해설 47

- LD50은 통상 포유동물의 독성을 측정하는 것으로 LD값과 독성은 반비례한다.
- LD50: Lethal Dose 50% 약물 독성치사량 단위이다.

44 다음 중 인수공통감염병이 아닌 것은?

가. 탄저병 　　　　　나. 장티푸스

다. 결핵 　　　　　　라. 야토병

45 식품첨가물 규격과 사용기준은 누가 정하는가?

가. 보건복지부장관

나. 시장, 군수, 구청장

다. 시, 도지사

라. 식품의약품안전처장

46 식품의 교차오염에 대한 설명으로 보기 어려운 것은?

가. 오염된 식품이나 조리기구의 균이 비오염된 식재료 및 기구에 섞이는 것을 말한다.

나. 종사자의 접촉으로 인해 오염된 미생물이 오염된 구역으로 유입되는 것이다.

다. 칼도마를 혼용으로 사용할 경우 발생한다.

라. 맨손으로 식품을 취급했을 시 발생한다.

47 어떤 첨가물의 LD50의 값이 작다는 것은 무엇을 의미하는가?

가. 독성이 많다. 　　　나. 독성이 적다.

다. 저장성이 작다. 　　라. 안정성이 크다.

정답 44 나 45 라 46 나 47 가

48 다음 중 인수공통감염병은?

　가. 탄저병　　　　　　나. 장티푸스

　다. 세균성이질　　　　라. 콜레라

49 다음 중 감염병과 관련 내용이 바르게 연결되지 않은
것은?

　가. 콜레라 – 외래감염병

　나. 세균성이질 – 점액성 혈변

　다. 파상열 – 바이러스성 인수공통감염병

　라. 장티푸스 – 고열 수반

50 어떤 첨가물의 LD_{50}의 값이 작다는 것은 무엇을 의미
하는가?

　가. 독성이 많다.　　　나. 독성이 적다.

　다. 저장성이 작다.　　라. 안정성이 크다.

51 비타민 B_1이 관여하는 영양소 대사는?

　가. 당질　　　　　　　나. 단백질

　다. 지용성 비타민　　　라. 수용성 비타민

52 다음 중 단백질의 함량(%)이 가장 많은 것은?

　가. 당근　　　　　　　나. 밀가루

　다. 버터　　　　　　　라. 설탕

해설 **48**

인수공통감염병은 탄저병, 파상열,
결핵, 야토병, 돈단독, Q열, 리스테
리아증이 있다.

해설 **49**

인수공통감염병은 사람과 척추동
물 사이에서 발생하는 질병 또는 감
염상태를 말한다.

해설 **50**

LD_{50}은 통상 포유동물의 독성을 측
정하는 것으로 LD값과 독성은 반
비례한다.
LD_{50}: Lethal Dose 50%로 약물
독성 치사량 단위이다.

해설 **51**

비타민 B_1(티아민)은 포도당의 연
소과정(당질 대사)에서 직접 작용
하기 때문에 그 필요량은 에너지 섭
취량과 비례한다. 비타민 B_1은 두
류, 견과류, 굴, 간, 돼지고기에 많
이 함유되어 있다.

해설 **52**

밀가루의 단백질 함량은 7~15%로
가장 많다.

정답 **48** 가 **49** 다 **50** 가 **51** 가 **52** 나

해설 53

포도당은 혈액 속에 0.1% 함유되어 있어 혈당량을 유지하는 작용을 한다. 혈당은 뇌를 비롯한 각 기관세포의 주된 열량원으로 사용된다. 혈당량이 감소되면 뇌의 활동이 급격히 저하되고 심하면 혼수상태에 이른다.

해설 54

지용성 비타민 A, D, E, K - 기름과 기름 용매에 녹고 필요량 이상 섭취하면 체내(간)에 저장되며, 체외로 쉽게 방출되지 않는다. 결핍증상은 서서히 나타나며, 필요량을 매일 공급할 필요는 없다.

해설 55

옥수수의 제인은 생명유지와 성장발육의 기능을 모두 다 하지 못하며, 계속 섭취시 성장이 지연되고 체중이 감소되는 불완전 식품이다. 옥수수를 주식으로 하는 사람들에게 펠라그라 피부병이 자주 발생하는데 육류섭취를 통해 필수 아미노산인 트립토판을 보충해서 트립토판이 니아신을 만들어 부족증이 없어진다.

해설 56

아이오딘(I) - 요오드는 갑상선 호르몬(티록신)의 구성성분이다. 요오드는 기초대사를 촉진하며 특히 해산물, 해조류(미역, 다시마)에 많이 함유되어 있다. 결핍증: 갑상선종, 갑상선부종

---

53 뇌신경계와 적혈구의 주 에너지원인 것은?

가. 포도당

나. 유당

다. 맥아당

라. 과당

54 유지의 도움으로 흡수, 운반되는 비타민으로만 구성된 것은?

가. 비타민 A, B, C, D

나. 비타민 A, D, E, K

다. 비타민 B, C, E, K

라. 비타민 A, B, C, K

55 흰쥐의 사료에 제인(zein)을 쓰면 체중이 감소하는데, 어떤 아미노산을 첨가하면 체중 저하를 방지할 수 있는가?

가. 알라닌(alanine)

나. 글루타민산(glutamic acid)

다. 발린(valine)

라. 트립토판(tryptophan)

56 다음 무기질 중 갑상선에 이상(갑상선종)을 일으키는 것은?

가. 철(Fe)

나. 플루오린(F)

다. 아이오딘(I)

라. 구리(Cu)

정답 53 가 54 나 55 라 56 다

57 지방에 항산화 작용을 하는 비타민은?

    가. 비타민 A
        나. 비타민 C

    다. 비타민 D
        라. 비타민 E

58 음식물을 통해서만 얻어야 하는 아미노산과 거리가 먼 것은?

    가. 트립토판
        나. 페닐알라닌

    다. 발린
        라. 글루타민

59 단백질 섭취량이 1kg당 1.5g이다. 60kg을 섭취했을 때 단백질의 열량을 계산하면 얼마인가?

    가. 340kcal
        나. 350kcal

    다. 360kcal
        라. 370kcal

60 다음 중 부족하면 야맹증, 결막염 등을 유발하는 비타민은?

    가. 비타민 B_1
        나. 비타민 B_2

    다. 비타민 B_{12}
        라. 비타민 A

해설 57

비타민 E는 항불임성 인자

- 열에 아주 안정, 비타민 A의 산화를 막고 흡수를 촉진한다.
- 지방의 산화(산패)에 항산화 작용을 하며 결핍 시 불임증, 노화현상이 촉진된다. 함유식품은 식물성 기름, 두류, 녹황색 채소, 난황, 간유 등

해설 58

필수 아미노산

성인의 경우 = 이소류신, 류신, 리신, 페닐알라닌, 메티오닌, 트레오닌, 트립토판, 발린(8종) + 유아는 히스티딘 추가(9종)

해설 59

60kg×1.5g = 90g×4kcal(단백질 1g당 4kcal 열량원) = 360kcal

해설 60

비타민 A는 피부, 점막을 보호하며 상피세포의 형성을 돕는다. 시력에 관계가 깊어 부족 시 시력이 저하된다. 함유식품으로 생선 간유와 뱀장어, 난황, 버터 등의 동물성 식품이다.

정답 57 라 58 라 59 다 60 라

제빵기능사 총 기출문제 6

01 제과제빵 작업장의 설비 및 기기관리에 대한 설명이 부적절한 것은?

가. 믹서기는 음용수에 중성 세제 또는 약알칼리성 세제를 전용 솔에 묻혀 세정한다.

나. 작업대는 친환경 인증을 받은 나무재질로 설비한다.

다. 튀김기는 따뜻한 비눗물을 팬에 붓고 10분간 끓인 뒤 건조한다.

라. 냉동실은 −18℃ 이하, 냉장실은 5℃ 이하의 온도를 유지한다.

02 다음 중 공정관리에 대한 설명으로 알맞지 않는 것은?

가. 공정관리란 공정의 흐름도를 작성하고 위해요소 분석을 통해 중요관리점을 결정하는 것을 말한다.

나. 공정관리에서 결정된 중요관리점에 대한 세부적인 관리계획을 수립한다.

다. 위해요소는 「식품위생법」 제4조 위해 식품 등의 판매 등 금지의 규정에 따른다.

라. 위해요소는 인체의 건강을 해할 우려가 있는 물리적 조건만을 말한다.

정답 01 나 02 라

03 다음 중 액체발효법의 장점으로 알맞은 것은?

　가. 한 번에 많은 양을 발효시킬 수 있다.

　나. 산화제 사용량이 늘어난다.

　다. 환원제, 연화제가 필요하다.

　라. 설비공간 확보가 증가한다.

04 빵 반죽에 사용되는 설탕의 기능으로 알맞은 것은?

　가. 유화기능을 갖는 레시틴이 함유되어 있다.

　나. 유당이 들어 있어 빵이 구워질 때 갈색으로 만든다.

　다. 전분의 호화를 지연시킨다.

　라. 발효된 후에 남아있는 설탕을 잔류당이라 하여 껍질색을 낸다.

05 다음 중 제과제빵 설비위생관리 기준에 대한 설명으로 보기 어려운 것은?

　가. 배수가 잘되어야 하며 배수관의 최소 내경은 30cm 정도가 좋다.

　나. 제과제빵 공정의 방충·방서용 금속망은 30mesh가 적당하다.

　다. 작업장에는 해충이 들어오지 않도록 방충·방서시설을 갖추어야 한다.

　라. 주방의 환기는 소형의 환기장치를 여러 개를 설치하여 공기오염의 정도에 따라 가동률을 조절한다.

해설 03

액체발효법의 장점
• 공간확보와 설비비가 감소된다.
• 균일한 제품생산이 가능하다.
• 발효손실에 따른 생산손실을 줄일 수 있다.

해설 04

• 계란에는 유화 기능을 갖는 레시틴이 함유되어 있다.
• 우유에는 유당이 들어있어 빵이 구워질 때 갈색으로 만든다.
• 설탕의 수분 보유력이 빵의 노화를 지연시킨다.

해설 05

배수가 잘되어야 하며 배수관의 최소 내경은 10cm 정도가 좋다.

정답　03 가　04 라　05 가

해설 06

비상반죽법의 선택 조치사항 :
- 이스트푸드 사용량 증가한다.
- 소금을 1.75% 감소한다.
- 분유 사용량을 감소한다.
- 식초를 첨가한다.

해설 07

이스트의 먹이 역할을 하는 것은 당분이다.

해설 08

이스트는 60℃에서 사멸되기 시작한다.

해설 09

제빵에서의 주재료는 밀가루, 소금, 물, 이스트로 구성되어 있다.

06 비상반죽법의 선택 조치사항으로 알맞은 것은?

　　가. 반죽시간을 20~30% 증가한다.

　　나. 이스트푸드 사용량을 증가한다.

　　다. 이스트를 2배 증가한다.

　　라. 1차 발효시간을 15~30분으로 정한다.

07 제빵 제조 시 물의 기능이 아닌 것은?

　　가. 글루텐 형성을 돕는다.

　　나. 반죽온도를 조절한다.

　　다. 이스트의 먹이 역할을 한다.

　　라. 효소 활성화에 도움을 준다.

08 이스트가 오븐 내에서 사멸되기 시작하는 온도는?

　　가. 40℃　　　　　　　나. 60℃

　　다. 80℃　　　　　　　라. 100℃

09 제빵에서 주재료가 아닌 재료는?

　　가. 밀가루　　　　　　나. 소금

　　다. 설탕　　　　　　　라. 이스트

10 계란에 대한 설명으로 틀린 것은?

가. 노른자의 수분 함량은 약 50% 정도이다.

나. 전란(흰자와 노른자)의 수분함량은 75% 정도이다.

다. 노른자에는 유화기능이 있는 레시틴이 함유되어 있다.

라. 계란은 −10∼−5℃로 냉동 저장해야 품질을 보장할 수 있다.

11 스트레이트법에 의한 제빵 반죽 시 보통 유지를 첨가하는 단계는?

가. 픽업 단계

나. 클린업 단계

다. 발전 단계

라. 렛다운 단계

12 플로어타임을 잘 설명한 것은?

가. 2번째 발효과정을 말한다.

나. 1차 발효가 2/3 지점이 도달할 때 가스를 빼준다.

다. 반죽을 분할하여 둥글리는 과정이다.

라. 손상된 반죽이 회복되는 단계이다.

13 액종을 만드는 방법으로 틀린 것은?

가. 이스트, 물 등을 넣고 액종을 만든다.

나. 완충제로서 탈지분유, 탄산칼슘을 넣어 pH 4.2∼5.0의 액종을 만든다.

다. 액종을 섞은 후 온도 24℃에서 12∼13시간 발효한다.

라. 본반죽 온도는 28∼32℃가 적당하다.

정답 10 라 11 나 12 가 13 다

해설 10
5∼10℃의 냉장온도로 저장해야 품질을 보장할 수 있다.

해설 11
클린업 단계에 유지 첨가를 한다.

해설 12
플로어타임 : 재반죽을 한 뒤 다시 발효하는 과정으로 2번째 발효과정을 말한다.

해설 13
이스트, 이스트푸드, 물, 설탕, 분유, 맥아 등을 섞고 완충제로서 탈지분유, 탄산칼슘을 넣어 pH 4.2∼5.0의 액종을 섞은 후 30℃에서 2∼3시간 발효하여 액종을 만든다.

해설 14

아드미법 : 미국분유협회가 완충제로 탈지분유를 사용하는 액종법을 개발했다.

해설 15

베이커스 퍼센트(baker's %)의 기준이 되는 재료는 밀가루이다.

해설 16

- 2가지 이상의 가루류를 분산시킨다.
- 공기를 혼입하여 반죽에 흡수가 높아져 수화작용이 빨라진다.
- 불필요한 덩어리와 이물질을 제거할 수 있다.
- 이스트가 필요한 공기를 넣어 발효를 촉진할 수 있다.
- 밀가루 부피를 증가시킬 수 있다.

해설 17

이산화탄소의 발생으로 팽창 작용을 하는 것은 1차 발효의 목적이다.

해설 18

프랑스빵 믹싱은 발전 단계까지 하여 탄력성이 최대인 상태까지 한다.

14 미국분유협회가 탈지분유를 사용하는 액종법을 개발하였는데 어떠한 것인가?

가. 플로워브루법　　　　　나. 브루법

다. 아드미법(ADMI)　　　라. 연속식 제빵법

15 베이커스 퍼센트(baker's %)에서 기준이 되는 재료는?

가. 물　　　　　　　　　나. 설탕

다. 유지　　　　　　　　라. 밀가루

16 가루재료를 체로 치는 목적으로 맞지 않는 것은?

가. 2가지 이상의 가루류를 분산시킨다.

나. 공기를 혼입한다.

다. 이스트가 필요한 공기를 넣어 발효를 촉진시킬 수 있다.

라. 팽창하는 데 도움이 될 수 있다.

17 반죽의 목적으로 맞는 것은?

가. 배합재료를 분산시키고 혼합시킨다.

나. 반죽의 탄력과 점성을 최적상태로 만들기 위함이다.

다. 이산화탄소의 발생으로 팽창 작용을 한다.

라. 밀단백질을 결합시키기 위함이다.

18 믹싱의 6단계 중 프랑스빵은 어느 단계까지 믹싱하는가?

가. 픽업 단계　　　　　　나. 클린업 단계

다. 발전 단계　　　　　　라. 최종 단계

정답 14 다　15 라　16 라　17 다　18 다

19 완제품의 무게 200g짜리 식빵 100개를 만들려고 한다. 1차 발효손실 2%, 굽기손실 12%, 전체 배합률이 181.8%일 때 밀가루의 양은?

가. 11.17kg   나. 11.24kg

다. 12.07kg   라. 12.75kg

20 다음 중 반죽시간에 영향을 미치는 요인이 아닌 것은?

가. 소금   나. 이스트

다. 유지   라. 분유

21 팬기름에 대해 맞게 말한 것은?

가. 반죽을 구운 후 팬과 제품이 잘 떨어지게 하기 위함이다.

나. 산패가 잘 되고 안정성이 낮아야 한다.

다. 발연점이 210℃ 이하로 낮을수록 좋다.

라. 반죽무게의 1~2% 정도 팬기름을 사용한다.

22 다음 중 스펀지발효 완료 시 pH로 옳은 것은?

가. pH 4.8   나. pH 6.2

다. pH 3.5   라. pH 5.3

23 팬의 부피가 2,300cm³이고, 비용적(cm³/g)이 3.8이라면 적당한 분할량은?

가. 약 480g   나. 약 605g

다. 약 560g   라. 약 644g

해설 19

1. 제품의 총무게=200g×100개 =20kg
2. 반죽의 총무게=20kg÷{1-(12÷100)}÷{1-(2÷100)}=23.19kg
3. 밀가루의 무게=23.19kg×100% ÷181.8%=12.75kg

해설 20

이스트는 반죽시간에 직접적인 영향을 주는 요인이다.

해설 21

• 반죽을 구운 후 팬과 제품이 잘 떨어지게 하기 위함이다.
• 산패에 잘 견디는 안정성이 높아야 한다.(악취를 방지할 수 있다.)
• 발연점이 210℃ 이상 높은 것이어야 한다.
• 반죽무게의 0.1~0.2% 정도 팬기름을 사용해야 한다.

해설 22

스펀지발효 완료점
부피 4~5배 증가, pH는 4.8, 스펀지 내부온도 28~30℃

해설 23

틀의 용적÷비용적=반죽의 적정 분할량
2,300÷3.8=605.2

정답   19 라   20 나   21 가   22 가   23 나

해설 24

믹서기에 사용되는 기구는 믹싱볼, 휘퍼, 비터, 훅이다.

해설 25

설탕 사용량 1% 감소 ↓
물 사용량 1% 증가 ↑
이스트 2배 증가 ↑

해설 26

포장온도 : 온도 35~40℃, 수분 38%이다.

해설 27

터널식 오븐 특징
• 단일품목을 생산하는 대형 공장에서 많이 사용한다.
• 반죽을 넣는 입출구가 서로 다르다.
• 온도조절이 쉽다.
• 넓은 면적이 필요하고 열 손실이 크다.

24 빵 반죽으로 사용되는 믹서의 부대 기구가 아닌 것은?

가. 휘퍼

나. 비터

다. 훅

라. 스크래퍼

25 식빵 제조 시 직접반죽법에서 비상반죽법으로 변경할 경우 조치사항이 아닌 것은?

가. 믹싱 20~25% 증가

나. 설탕 1% 감소

다. 수분흡수율 1% 감소

라. 이스트양 증가

26 빵 포장 시 가장 적합한 빵의 중심온도와 수분함량은?

가. 42℃, 45%

나. 30℃, 30%

다. 48℃, 55%

라. 35℃, 38%

27 대형 공장에서 사용되고, 온도조절이 쉽다는 장점이 있는 반면에 넓은 면적이 필요하고 열 손실이 큰 결점인 오븐은?

가. 회전식 오븐(rack oven)

나. 터널식 오븐(tunnel oven)

다. 릴 오븐(reel oven)

라. 데크 오븐(deck oven)

정답 24 라 25 다 26 라 27 나

28 반죽의 흡수율에 대한 설명 중 옳은 것은?

가. 경수는 흡수율을 낮춘다.

나. 반죽온도가 5% 증가하면 흡수율은 5% 감소한다.

다. 설탕이 5% 증가하면 흡수율이 1% 증가한다.

라. 손상전분이 전분보다 흡수율이 높다.

29 오븐에서의 부피 팽창 시 나타나는 현상이 아닌 것은?

가. 발효에서 생긴 가스가 팽창한다.

나. 약 90℃까지 이스트의 활동이 활발하다.

다. 약 80℃에서 알코올이 증발한다.

라. 탄산가스가 발생한다.

30 빵의 관능적 평가법에서 내부적 특성을 평가하는 항목이 아닌 것은?

가. 기공(grain)

나. 조직(texture)

다. 속 색상(crumb color)

라. 입안에서의 감촉(mouth feel)

31 다음 중 발연점이 가장 높은 유지는?

가. 쇼트닝　　　　나. 옥수수기름

다. 라드　　　　　라. 면실유

해설 28

· 설탕 : 5% 증가에 흡수율 1% 감소, ±5℃ 증가할수록 흡수율은 3% 감소한다.
연수 사용 시 글루텐이 약해지고 경수 사용 시 글루텐이 강해지며 흡수율이 많아진다.

· 손상전분 : 1% 증가에 흡수율은 2% 증가(손상전분이 전분보다 흡수율이 높다.)

해설 29

60℃에 가까워지면서 이스트가 사멸하기 시작하고 전분이 호화되기 시작한다.

해설 30

관능적 평가(내부평가)
기공, 조직, 속 색상

해설 31

면실유와 같은 액체유는 식물성 유지로 발연점이 230℃로 높아 튀김유로 사용된다.

---

32 초콜릿을 템퍼링한 효과에 대한 설명 중 틀린 것은?

　가. 입 안에서의 용해성이 나쁘다.
　나. 광택이 좋고 내부 조직이 조밀하다.
　다. 팻 블룸(fat bloom)이 일어나지 않는다.
　라. 안정한 결정이 많고 결정형이 일정하다.

33 다음의 당류 중에서 상대적 감미도가 두 번째로 큰 것은?

　가. 과당　　　　　　　　나. 자당
　다. 포도당　　　　　　　라. 맥아당

34 발효제품인 식빵에 설탕 100g은 발효성 탄수화물(고형질)을 기준으로 고형질 91%인 포도당 몇 g과 같은가?

　가. 88g　　　　　　　　나. 91g
　다. 100g　　　　　　　라. 115g

35 다당류 중 포도당으로만 구성되어 있는 탄수화물이 아닌 것은?

　가. 펙틴　　　　　　　　나. 셀룰로스
　다. 전분　　　　　　　　라. 글리코겐

36 다음 중 빵 제품의 노화(staling)현상이 가장 일어나지 않는 온도는?

　가. −20~−18℃　　　　나. 7~10℃
　다. 18~20℃　　　　　라. 0~4℃

정답　32 가　33 나　34 라　35 가　36 가

37 아밀로오스(amylose)의 특징이 아닌 것은?

가. 아이오딘 용액에 청색 반응을 일으킨다.

나. 비교적 적은 분자량을 가졌다.

다. 퇴화의 경향이 적다.

라. 일반 곡물의 전분 속에 약 17~28% 존재한다.

38 당류 중에서 감미가 가장 강한 것은?

가. 맥아당

나. 설탕

다. 과당

라. 포도당

39 튀김 기름을 산화시키는 요인이 아닌 것은?

가. 온도

나. 수분

다. 공기

라. 유당

40 다음 중 단일 불포화지방산은?

가. 팔미트산

나. 리놀렌산

다. 아라키돈산

라. 올레산

41 HACCP 적용의 7원칙에 해당하지 않는 것은?

가. 위해요소 분석

나. HACCP팀 구성

다. 한계기준 설정

라. 기록유지 및 문서관리

해설 37
퇴화란 제품이 딱딱해지거나 거칠어지는 노화현상이며, 아밀로오스는 아밀로펙틴에 비해 분자량이 적고 노화가 빠르게 진행한다.

해설 38
당류의 상대적 감미도
과당(175)>전화당(125)>설탕(자당)(100)>포도당(75)>맥아당(32)>유당(16)

해설 39
유지의 산화(산패) 요인은 온도(열), 수분(물), 공기(산소), 금속(구리, 철), 이물질, 이중결합수 등

해설 40
대표적 불포화지방산은 올레산 = 2중결합이 1개(올리브유, 땅콩기름, 카놀라유), 리놀산(2중결합 2개, 참기름, 콩기름), 리놀렌산(2중결합 3개, 아마인유, 들기름), 아라키돈산(2중결합 4개), 에이코사펜타엔산(EPA, 2중결합 5개), DHA(도코사헥사엔산, 2중결합 6개)이며 2중결합의 수가 증가함에 따라 융점이 낮아진다.
팔미트산(라드, 쇠기름)은 포화지방산이다.

해설 41
HACCP팀 구성은 HACCP 준비 5단계 중 1단계에 해당한다.

정답 37 다 38 다 39 라 40 라 41 나

42 어떤 첨가물의 LD$_{50}$의 값이 작다는 것은 무엇을 의미하는가?

　가. 독성이 많다.　　　나. 독성이 적다.

　다. 저장성이 작다.　　라. 안정성이 크다.

43 **식품위생업에서 정하고 있는 식품위생 관련 내용 중 틀린 것은?**

　가. 집단급식소는 1회 50인 이상에게 식사를 제공하는 급식소를 말한다.

　나. 유통기한이 경과된 식품을 판매의 목적으로 진열만 하는 것은 허용된다.

　다. 리스테리아병, 살모넬라병, 파스튜렐라병 및 선모충증에 걸린 동물 고기는 판매 등이 금지된다.

　라. 김치류 중 배추김치는 식품안전관리인증기준 대상식품이다.

44 **식품위생법상 식품위생의 대상이 아닌 것은?**

　가. 식품

　나. 식품첨가물

　다. 조리방법

　라. 기구와 용기, 포장

45 **빵의 제조과정에서 빵들의 형태를 유지하며 달라붙지 않게 하기 위하여 사용되는 식품첨가물은?**

　가. 실리콘수지(규소수지)　　나. 변성전분

　다. 유동파라핀　　　　　　라. 효모

정답　42 가　43 나　44 다　45 다

46 독버섯의 독소가 아닌 것은?

가. 에르고톡신　　　　나. 무스카린

다. 팔린　　　　　　　라. 무스카리딘

47 다음 중 감염형 식중독을 일으키는 것은?

가. 보툴리누스균　　　나. 살모넬라균

다. 포도상구균　　　　라. 고초균

48 장염비브리오균에 의한 식중독이 가장 일어나기 쉬운 식품은?

가. 식육류　　　　　　나. 우유제품

다. 야채류　　　　　　라. 어패류

49 고시폴은 어떤 식품에서 발생할 수 있는 식중독의 원인 성분인가?

가. 고구마　　　　　　나. 풋살구

다. 보리　　　　　　　라. 면실유

50 타르색소 사용량 문제점과 원인이 옳은 것은?

가. 색소용액의 침전 – 용매과다

나. 착색 탄산음료의 보전성 저하 – 아조색소의 사용량 미달

다. 퇴색 – 환원성 미생물에 의한 오염

라. 색조의 둔화 – 색소의 함량 미달

해설 46

독버섯의 독소 물질에는 무스카린, 무스카리딘, 콜린, 팔린, 아마니타톡신 등이 있다.
에르고톡신은 맥각균에 의해 발생하는 곰팡이독이다.

해설 47

감염형 식중독의 종류
- 병원성대장균 식중독
- 살모넬라균 식중독
- 장염비브리오균 식중독

해설 48

장염비브리오 식중독은 장염비브리오에 오염된 해수가 감염원이 되어 어패류에 직접 오염이 된다.

해설 49

고시폴은 목화씨에서 면실유가 잘못 정제되었을 때 남아 중독을 일으키는 독성 물질이다.

해설 50

타르색소 사용 시 환원성 미생물에 의한 오염으로 퇴색이 될 수 있다.

정답 46 가 47 나 48 라 49 라 50 다

해설 51

비타민 A는 피부, 점막을 보호하며 상피세포의 형성을 돕는다. 시력과 관계가 깊어 부족 시 시력이 저하된다. 함유식품은 생선 간유와 뱀장어, 난황, 버터 등의 동물성 식품이다.

해설 52

비타민 A(retinol): 열에 안정적이고 산과 빛에 약하다. 동물의 성장, 생식에 깊은 관계가 있어서 부족하면 정상발육이 되지 않고 힘이 저하된다. 항안성, 질병에 대한 저항력 기능이 있다.

해설 53

인(P): 칼슘과 결합하여 골격과 치아 구성(80%), 핵산과 핵단백질의 구성성분(DNA, RNA의 성분), 세포의 분열과 재생, 삼투압 조절, 신경자극의 전달기능, 인지질의 성분이다. Ca:P의 섭취비율은 1:1 정도가 적합하다. 흡수촉진: 비타민 D, 부족 시 뼈와 영양에 장애가 있고 저항력 약화를 초래한다.

해설 54

1일 총열량의 15%(성인 남자 75g, 성인 여자 60g)이다. 체중 1kg당 단백질 생리적 필요량은 약 1g이다.

---

51 다음 중 부족하면 야맹증, 결막염 등을 유발하는 비타민은?

　가. 비타민 B_1　　　　나. 비타민 B_2

　다. 비타민 B_{12}　　　라. 비타민 A

52 비타민 A 부족 시 생기는 증상이 아닌 것은?

　가. 각화증　　　　　　나. 안구건조증

　다. 야맹증　　　　　　라. 각기병

53 다음 중 인(P)에 대한 설명 중 틀린 것은?

　가. 골격, 세포의 구성성분이다.

　나. 부족 시 정신장애, 칼슘의 배설 촉진, 골연화증이 발생한다.

　다. 대사의 중간물질이다.

　라. 주로 우유, 생선, 채소류 등에 함유되어 있다.

54 일반적으로 체중 1kg당 단백질의 생리적 필요량은?

　가. 5g　　　　　　　　나. 1g

　다. 15g　　　　　　　라. 20g

---

55 칼슘(Ca)과 인(P)이 소변 중으로 유출되는 골연화증 현상을 유발하는 유해 중금속은?

가. 납

나. 카드뮴

다. 수은

라. 주석

56 곡류의 영양성분을 강화할 때 쓰이는 영양소가 아닌 것은?

가. 비타민 B_1

나. 비타민 B_2

다. 비타민 B_{12}

라. 니아신

57 다음 연결 중 관계가 먼 것끼리 묶은 것은?

가. 비타민 B_1–각기병–쌀겨, 돼지고기

나. 비타민 D–발육부진–녹황색 채소

다. 비타민 A–상피세포의 각질화–버터, 녹황색 채소

라. 비타민 C–괴혈병–신선한 과일, 채소

58 성인의 에너지 적정 비율의 연결이 옳은 것은?

가. 탄수화물: 30~55%

나. 단백질: 7~20%

다. 지질: 5~10%

라. 비타민: 30~40%

해설 55

카드뮴

• 공기, 물, 토양, 음식물에 미량씩 존재하며, 살충제나 인산비료, 하수폐기물, 담배, 화석연료 등에 함유되어 있다.

• 내식성이 강해 정밀기기의 도금, 선박이나 기계류의 방청제, 땜납 등에 사용한다.

• 오염경로는 식기(법랑, 도자기 안료 성분), 공장폐수, 광산폐수 등이며 중독증상은 구토, 설사, 신장이상, 골연화증, 골다공증이다.

• 대중적 카드뮴 중독 증세로 이타이이타이병이 있다.

해설 56

비타민 B_{12}(코발라민): 항빈혈성 비타민으로 악성빈혈을 예방한다. 철저한 채식자에서 결핍증이 발생한다. 고등식물에 존재하지 않고 동물성 식품에 함유 – 동물의 간, 굴, 치즈

해설 57

비타민 D(칼시페롤)

• 항구루병 인자로 칼슘의 흡수를 도와 뼈를 정상적으로 발육하게 한다.

• 부족 시 구루병, 골연화증, 골다공증 – 간유, 난황, 버터, 일광 건조식품(말린 버섯, 말린 생선, 말린 과일)

• 비타민 D는 자외선을 통해 생성 가능하다.

해설 58

에너지 섭취 권장량: 탄수화물(60~70%), 단백질(15~20%), 지방(15~20%),

• 지용성 비타민(필요량 매일 공급 불필요), 수용성 비타민(필요량 매일 공급)

해설 59

필수 지방산

- 체내에서 합성이 되지 않는데 성장과 영양에는 꼭 필요하다.(음식물로 섭취해야 한다)
- 콜레스테롤 농도를 낮게 한다.
- 성장촉진, 피부염, 피부건조증 예방, 리놀레산, 리놀렌산, 아라키돈산을 '비타민 F'라고도 한다.
- 대두유, 옥수수유 등의 식물성 기름에 많이 함유되어 있다.

해설 60

세레브로시드

- 당지질로 갈락토시드라고도 하며 배당체이다.
- 인지질과 함께 복합지질을 구성하고 있다.
- 가수분해 시 스핑고신, 지방산, 갈락토오스가 얻어진다.
- 뇌, 신경계에 많이 존재하는 구조성 지질이다.

59 필수 지방산의 기능이 아닌 것은?

가. 머리카락, 손톱의 구성성분이다.

나. 세포막의 구조적 성분이다.

다. 혈청 콜레스테롤을 감소시킨다.

라. 뇌와 신경조직, 시각 기능을 유지시킨다,

60 신경 조직의 주요 물질인 당지질은?

가. 세레브로시드(cerebroside)

나. 스핑고미엘린(sphingomyelin)

다. 레시틴(lecithin)

라. 이노시톨(inositol)

정답 59 가 60 가

제빵기능사 총 기출문제 7

01 일반적으로 빵을 굽는 데 필요한 표준온도는?

    가. 180~230℃   나. 100~150℃

    다. 100℃ 이하   라. 250℃ 이하

해설 01
통상 굽기의 평균 표준온도는 180~230℃이다.

02 2차 발효에 관련된 설명으로 틀린 것은?

    가. 발효실의 습도가 지나치게 높으면 껍질이 과도하게 터진다.

    나. 2차 발효는 온도, 습도, 시간의 세 가지 요소에 의하여 조절된다.

    다. 2차 발효실의 상대습도는 75~90%가 적당하다.

    라. 원하는 크기와 글루텐의 숙성을 위한 과정이다.

해설 02
습도가 높을 때 나타나는 현상
제품의 윗면이 납작해진다.
껍질에 수포가 생기며 질겨진다.

03 밀가루 온도 25℃, 실내온도 26℃, 수돗물 온도 17℃, 결과온도 30℃, 희망온도 27℃일 때 마찰계수는?

    가. 2   나. 22

    다. 12   라. 32

해설 03
(결과온도×3)−(실내온도+밀가루 온도+수돗물 온도)
(30×3)−(26+25+17)=22

정답 01 가 02 가 03 나

04 다음 중 반죽 팽창 형태가 나머지 셋과 다른 것은?

　　가. 엔젤푸드케이크　　　　나. 스펀지케이크
　　다. 스위트롤　　　　　　　라. 시폰케이크

05 제빵에서 믹싱의 주된 기능은?

　　가. 혼합, 글루텐 발전
　　나. 혼합, 거품 포집
　　다. 거품 포집, 재료 분산
　　라. 재료 분산, 온도 상승

06 믹싱의 6단계 중 프랑스빵은 어느 단계까지 믹싱하는가?

　　가. 픽업 단계　　　　　　나. 클린업 단계
　　다. 발전 단계　　　　　　라. 최종 단계

07 후염법은 어느 단계에서 투입하게 되는가?

　　가. 픽업 단계　　　　　　나. 클린업 단계
　　다. 발전 단계　　　　　　라. 최종 단계

08 이스트가 활성하기 시작하는 온도는?

　　가. 21℃　　　　　　　　나. 24℃
　　다. 27℃　　　　　　　　라. 30℃

정답　04 다　05 가　06 다　07 나　08 다

09 소금의 기능으로 맞지 않는 것은?

가. 발효조절을 돕는다.

나. 글루텐을 연화시킨다.

다. 잡균의 번식을 억제하며 향을 좋게 한다.

라. 후염법으로 반죽시간을 10~20% 감소시킬 수 있다.

10 기업활동의 구성요소 중 2차관리에 해당하지 않는 것은?

가. 사람(man)

나. 방법(method)

다. 시간(minute)

라. 기계(machine)

11 제품관리에서 유통기한에 대한 설명으로 보기 어려운 것은?

가. 유통기한은 섭취가 가능한 날짜가 아닌 식품 제조일로부터 소비자에게 판매가 가능한 기한을 말한다.

나. 식품의 용기 포장에 지워지지 않는 잉크 각인 등으로 잘 보이도록 한다.

다. 00일, 00월, 00년을 차례대로 표시한다.

라. 냉동보관과 냉장보관을 표시해야 한다.

12 제품에 따른 2차 발효 공정의 온도와 습도를 알맞게 짝지은 것은?

가. 식빵류, 단과자류 : 38~40℃, 85~90%

나. 하스브레드류 : 32℃, 85~90%

다. 도넛 : 32℃, 90~95%

라. 데니시 페이스트리, 브리오슈 : 38~40℃, 75 ~80%

정답 09 나 10 가 11 다 12 가

해설 09

소금은 글루텐을 강화시킨다.

해설 10

• 제1차 관리 : 사람(man), 재료(material), 자금(money)
• 제2차 관리 : 방법(method), 시간(minute), 기계(machine), 시장(market)

해설 11

유통기한의 표시 :
00년, 00월, 00일/0000년, 00월, 00일/0000, 00, 00까지 표기하며 유통기한이 1년 이상인 경우 '제조일로부터 ~년까지'로 표시해야 한다.

해설 12

• 하스브레드류 : 32℃, 75~80%
• 도넛 : 32℃, 65~75%
• 데니시 페이스트리
• 브리오슈 : 27~32℃, 75~80%

해설 13

메일라드 반응

당류에서 분해된 환원당과 단백질류에서 분해된 아미노산이 결합하여 껍질이 연한 갈색으로 변하는 반응이다.

해설 14

편치의 목적
• 반죽온도를 균일하게 한다.
• 반죽에 신선한 산소를 공급한다.
• 이스트의 활성과 산화, 숙성을 촉진한다.
• 발효를 촉진하여 발효시간을 단축하고 발효속도를 일정하게 한다.

해설 15

2차 발효 시간이 지나친 경우
• 부피가 너무 크다.
• 껍질색이 여리다.
• 기공이 거칠다.
• 조직과 저장성이 나쁘다.

13 빵의 껍질이 진하게 갈색으로 나타나는 현상인 갈변화 과정에 대한 설명으로 보기 어려운 것은?

가. 캐러멜 반응은 당류가 160~180℃의 높은 온도에 의해 일어난다.

나. 메일라드 반응은 당류에서 분해된 아미노산과 단백질류에서 분해된 환원당이 결합하며 일어난다.

다. 메일라드 반응은 130℃ 낮은 온도에서 일어난다.

라. 빵의 갈변화 과정은 캐러멜 반응과 메일라드 반응으로 일어난다.

14 편치의 목적으로 맞지 않는 것은?

가. 반죽온도를 균일하게 한다.

나. 반죽에 신선한 산소를 공급한다.

다. 이스트의 활성과 산화, 숙성을 촉진한다.

라. 발효시간을 늘리고 발효속도를 빠르게 한다.

15 2차 발효 시간이 지나친 경우 나타나는 현상 중 맞지 않는 것은?

가. 부피가 너무 크다.

나. 껍질색이 진하다.

다. 기공이 거칠다.

라. 조직과 저장성이 나쁘다.

정답 13 나 14 라 15 나

16 제품별 굽기손실로 잘 맞는 것은?

　가. 풀먼식빵: 1~2%

　나. 단과자빵: 5~6%

　다. 일반식빵: 9~10%

　라. 하스브레드류: 20~25%

해설 16

- 풀먼식빵: 7~9%
- 단과자빵: 10~11%
- 일반식빵: 11~13%
- 하스브레드류: 20~25%

17 반죽온도에 미치는 영향이 가장 적은 것은?

　가. 물 온도

　나. 밀가루 온도

　다. 실내온도

　라. 훅(hook) 온도

해설 17

반죽온도 계산 시 필요한 온도 결과온도, 실내온도, 밀가루 온도, 수돗물 온도, 사용할 물의 온도이다.

18 다음 제품 제조 시 2차 발효실의 습도를 가장 낮게 유지하는 것은?

　가. 빵도넛

　나. 햄버거빵

　다. 풀먼식빵

　라. 과자빵

해설 18

도넛류의 2차 발효실의 습도는 65~75%로 가장 낮다.

19 반죽을 할 때 반죽의 손상을 줄일 수 있는 방법이 아닌 것은?

　가. 스트레이트법보다 스펀지법으로 반죽한다.

　나. 단백질 함량이 많은 질 좋은 밀가루로 만든다.

　다. 반죽온도를 높인다.

　라. 가수량이 최적인 상태의 반죽을 만든다.

해설 19

반죽의 온도가 높으면 발효 속도가 촉진되고 반죽온도가 낮으면 속도가 지연된다.

20 팬 오일의 조건이 아닌 것은?

　가. 발연점이 130℃ 정도 되는 기름을 사용한다.

　나. 면실유, 대두유 등의 기름이 이용된다.

　다. 산패되기 쉬운 지방산이 적어야 한다.

　라. 보통 반죽무게의 0.1~0.2%를 사용한다.

해설 20

발연점이 210℃ 이상 높은 것이어야 한다.

정답 | 16 라　17 라　18 가　19 다　20 가

해설 21

스펀지법 장점
- 발효 내구성이 강하다.(기공, 조직감 등)
- 노화가 지연되어 저장성이 좋다.
- 빵의 부피가 크고 속결이 부드럽다.
- 공정이 잘못되면 수정할 기회가 생긴다.
- 발효의 풍미가 향상된다.

해설 22

분유가 1% 증가하면 수분 흡수율도 1%로 증가한다.

해설 23

원가를 계산하는 목적
이익을 산출하기 위해, 가격을 결정하기 위해, 원가관리를 위해

해설 24

제빵에서 계량 시 설탕+소금은 이스트와 맞닿지 않게 계량한다.

21 제빵 시 스펀지법에 대한 설명 중 틀린 것은?

가. 체적, 기공, 조직감 등의 측면에서 제품의 특성이 향상된다.

나. 작업일정에 대한 발효내성이 적다.

다. 발효의 풍미가 향상된다.

라. 제품의 저장성이 증가된다.

22 탈지분유 1% 변화에 따른 반죽의 흡수율 차이로 적당한 것은?

가. 1%

나. 3%

다. 별 영향이 없다.

라. 2%

23 생산관리 원가요소에 대한 설명 중 옳은 것은?

가. 원가구성은 판매원가, 이익원가, 매출원가이다.

나. 원가요소는 재료비, 영업비, 순이익이다.

다. 원가관리시스템은 구매, 생산, 이윤이다.

라. 원가관리는 새로운 이익을 창출한다.

24 재료계량에 대한 설명으로 틀린 것은?

가. 가루재료는 서로 섞어 체질한다.

나. 이스트, 소금, 설탕은 함께 계량한다.

다. 사용할 물은 반죽온도에 맞도록 조절한다.

라. 저울을 사용하여 정확히 계량한다.

정답 21 나 22 가 23 라 24 나

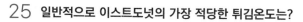

25 일반적으로 이스트도넛의 가장 적당한 튀김온도는?

　가. 230~245℃　　　　나. 180~195℃

　다. 100~115℃　　　　라. 150~160℃

26 식빵 600g짜리 10개를 제조할 때 발효 및 굽기, 냉각, 손실 등을 합하여 손실이 20%이고 배합률의 합계가 150%라면 밀가루의 사용량은?

　가. 8kg　　　　　　　나. 6kg

　다. 5kg　　　　　　　라. 3kg

27 다음 중 체중 1kg당 단백질 권장량이 가장 많은 대상으로 옳은 것은?

　가. 1~2세 유아　　　　나. 9~11세 여자

　다. 15~19세 남자　　　라. 65세 이상 노인

28 대형 공장에서 사용되고, 온도조절이 쉽다는 장점이 있는 반면에 넓은 면적이 필요하고 열 손실이 큰 결점인 오븐은?

　가. 회전식 오븐(rack oven)

　나. 터널식 오븐(tunnel oven)

　다. 릴 오븐(reel oven)

　라. 데크 오븐(deck oven)

해설 25
이스트도넛(빵도넛)의 가장 적당한 튀김온도는 180~195℃이다.

해설 26
• 제품의 총무게 = 600g × 10개 = 6kg
• 반죽의 총무게 = 6kg ÷ {1 − (20 ÷ 100)} = 23.19kg
• 밀가루의 무게 = 7.5kg × 100% ÷ 150% = 5kg

해설 27
단백질 권장량은 체중 1kg당 약 1g이지만 단백질 1g당 단백질 합성량이 1~2세 유아(5.3g), 20~23세 젊은 성인(5.2g), 65세 이상 노인(4.5g)이다. 유아기에는 심신의 성장·발달이 왕성한 시기이므로 충분한 양을 반드시 식품에서 공급받아야 한다.

해설 28
터널식 오븐 특징
• 단일품목을 생산하는 대형 공장에서 많이 사용한다.
• 반죽을 넣는 입출구가 서로 다르다.
• 온도조절이 쉽다.
• 넓은 면적이 필요로하고 열 손실이 크다.

해설 29
냉동반죽의 반죽온도는 18~24℃
이다.

해설 30
포장용기의 조건
• 작업성이 좋아야 한다.
• 상품가치를 높일 수 있어야 한다.
• 방수성이 있고 통기성이 없으며
  위생적이어야 한다.
• 가격이 낮고 포장에 의해 제품이
  모양이 변형되지 않아야 한다.

해설 31
유화 쇼트닝은 쇼트닝에 유화제를
6~8% 첨가하여 쇼트닝의 기능(유
동성)을 높인 제품으로 노화지연,
크림성 증가, 유화분산성 및 흡수성
을 증대시킨다.

29 냉동반죽의 제조공정에 관한 설명 중 옳은 것은?

　가. 혼합 후 반죽의 발효시간은 1시간 30분이
　　　표준 발효시간이다.

　나. 반죽 혼합 후 반죽온도는 18~24℃가 되도
　　　록 한다.

　다. 반죽을 −40℃까지 급속 냉동시키면 이스트
　　　의 냉동에 대한 적응력이 커지나 글루텐의
　　　조직이 약화된다.

　라. 반죽의 유연성 및 기계성을 향상시키기 위
　　　하여 반죽흡수율을 증가시킨다.

30 제빵용 포장지의 구비조건이 아닌 것은?

　가. 보호성　　　　　　나. 위생성

　다. 작업성　　　　　　라. 탄력성

31 유지의 물리적 특성 중 쇼트닝에 대한 설명으로 맞지
않는 것은?

　가. 라드(돼지기름)의 대용품으로 개발된 제품
　　　이다.

　나. 비스킷, 쿠키 등을 제조할 때 제품이 잘 부
　　　서지도록 하는 성질을 지닌다.

　다. 유화제 사용으로 공기 혼합 능력이 작다.

　라. 케이크 반죽의 유동성 및 저장성 등을 개선
　　　한다.

정답　29 나　30 라　31 다

32 글리세린(glycerin, glycerol)에 대한 설명으로 틀린 것은?

가. 3개의 수신기(-OH)를 가지고 있다.

나. 색과 향의 보존을 도와준다.

다. 탄수화물의 가수분해로 얻는다.

라. 무색, 무취한 액체이다.

33 방지제로 쓰이는 물질이 아닌 것은?

가. 중조

나. BHT

다. BHA

라. 세사몰

34 모노글리세리드(monoglyceride)와 디글리세리드(di-glyceride)는 제과에 있어 주로 어떤 역할을 하는가?

가. 유화제

나. 항산화제

다. 감미제

라. 필수영양제

35 쇼트닝에 대한 설명으로 틀린 것은?

가. 라드(돼지기름)대용품으로 개발되었다.

나. 정제한 동·식물성 유지로 만든다.

다. 온도 범위가 넓어 취급이 용이하다.

라. 수분을 16% 함유하고 있다.

36 발연점을 고려했을 때 튀김기름으로 가장 좋은 것은?

가. 낙화생유

나. 올리브유

다. 라드

라. 면실유

정답 32 다 33 가 34 가 35 라 36 라

해설 32
지방을 가수분해하면 글리세롤 1분자와 지방산 3분자로 된다.

해설 33
산화방지제(항산화요소)
• 천연 항산화제 = 비타민 E, 세시몰(참깨, 참기름)
• 화학적 항산화제 = BHT, BHA, 몰식자산프로필
• 상승제

해설 34
모노디글리세리드는 유지가 가수분해될 때의 중간 산물인 인공 유화제로 제과에 사용 시 기공과 속결 개선, 부피의 증가, 노화지연 등의 효과가 있다.

해설 35
쇼트닝은 일반지방 100%이다.

해설 36
튀김기름의 온도는 180~195℃이며 발연점이 높고 산화에 안정성이 높아야 하며 이미, 이취가 없어야 한다. 면실유는 발연점이 233℃, 낙화생유는 62~149℃, 올리브유는 175℃, 라드는 194℃, 버터는 208℃, 코코넛유는 138℃이다.

37 자유수를 올바르게 설명한 것은?

가. 당류와 같은 용질에 작용하지 않는다.

나. 0도 이하에서 얼지 않는다.

다. 정상적인 물보다 그 밀도가 크다.

라. 염류, 당류 등을 녹이고 용매로서 작용한다.

38 다음 중 단당류가 아닌 것은?

가. 갈락토오스　　　　나. 포도당

다. 과당　　　　　　　라. 올리고당

39 빵을 만들기에 적합한 120~180ppm 정도인 물의 경도는?

가. 아경수　　　　　　나. 연수

다. 이연수　　　　　　라. 경수

40 전화당의 특징으로 바르지 않은 것은?

가. 설탕을 가수분해시켜 생긴 포도당과 과당의 혼합물이다.

나. 단당류의 단순 혼합물로 갈색화반응이 빠르다.

다. 전화당은 고체당으로 만들기 쉽다.

라. 설탕의 1.3배 정도의 감미를 가진다.

정답　37 라　38 라　39 가　40 다

41 HACCP의 준비 5단계에 해당하지 않는 것은?

가. HACCP팀을 구성하여 관리계획을 준비한다.

나. 취급하는 제품들에 관해 전반적인 내용을 작성한다.

다. CCP 한계 기준점을 설정한다.

라. 원료 입고 및 출하의 과정의 흐름도 및 평면도를 작성한다.

42 식품위생법에서 식품공전은 누가 작성, 보급하는가?

가. 식품의약품안전처장   나. 시 · 도지사

다. 보건복지부장관   라. 국립보건원장

43 파리 및 모기 구제의 가장 이상적인 방법은?

가. 발생원을 제거한다.

나. 유충을 구제한다.

다. 살충제를 뿌린다.

라. 음식물을 잘 보관한다.

44 세균이 분비한 독소에 의해 감염을 일으키는 것은?

가. 진균독 식중독

나. 독소형 세균성 식중독

다. 화학성 식중독

라. 감염형 세균성 식중독

해설 41
CCP 한계 기준점 설정은 HACCP의 7원칙 중 3번째 원칙이다.

해설 42
식품 영업허가를 받아야 하는 업종에는 식품조사처리업, 단란주점 영업, 유흥주점이 있고, 식품조사처리업은 식품의약품안전처장의 허가를 받아야 한다.

해설 43
발생원을 제거하여 파리와 모기를 구제한다.

해설 44
독소형 세균성 식중독은 원인균의 증식 과정에서 생성된 독소를 먹어서 발병한다.

정답 41 다 42 가 43 가 44 나

45 말, 노새, 당나귀 등의 감염병으로 동남아시아, 몽고, 파키스탄, 멕시코 등지에서 발생하여 2차적으로 사람에게 가끔 발생하는 감염병은?

가. 엘보라열 나. 렙토스피라증
다. 비저 라. 광우병

46 영업의 종류와 그 허가 및 신고관청의 연결로 잘못된 것은?

가. 단란주점 영업– 시장 · 군수 또는 구청장
나. 식품운반업– 시장 · 군수 또는 구청장
다. 식품조사처리업– 시 · 도지사
라. 유흥주점 영업– 시장 · 군수 또는 구청장

47 식품 변질 현상에 대한 설명 중 틀린 것은?

가. 부패 – 단백질이 미생물의 작용으로 분해되어 악취가 나고 인체에 유해한 물질이 생성되는 현상이다.
나. 변패 – 단백질 이외의 성분을 갖는 식품이 변질되는 현상이다.
다. 발효 – 탄수화물이 미생물의 작용으로 유기산, 알코올 등의 유용한 물질이 생기는 현상이다.
라. 산패 – 단백질이 산화되어 불결한 냄새가 나고 변색, 풍미 등의 노화 현상을 일으키는 현상이다.

정답 45 다 46 다 47 라

48 부패 미생물이 번식할 수 있는 최적의 수분활성도 크기의 순서로 맞는 것은?

    가. 세균 > 곰팡이 > 효모

    나. 세균 > 효모 > 곰팡이

    다. 효모 > 세균 > 곰팡이

    라. 효모 > 곰팡이 > 세균

49 장티푸스 질환의 특징은?

    가. 급성 이완성 마비질환

    나. 급성 전신성 열성질환

    다. 급성 간염질환

    라. 만성 간염질환

50 병원성대장균 식중독의 관한 설명으로 옳은 것은?

    가. 보균자에 의한 식품오염으로 발생한다.

    나. 보통의 대장균과 똑같다.

    다. 혐기성 또는 강한 혐기성이다.

    라. 장내 상재균총의 대표격이다.

51 자유수를 올바르게 설명한 것은?

    가. 당류와 같은 용질에 작용하지 않는다.

    나. 0도 이하에서 얼지 않는다.

    다. 정상적인 물보다 그 밀도가 크다.

    라. 염류, 당류 등을 녹이고 용매로서 작용한다.

해설 48

수분활성도 크기
세균(0.95) > 효모(0.87) > 곰팡이(0.80)

해설 49

파리가 매개체이며 가장 많이 발생하는 급성 감염병으로 급성 전신성 열성질환을 일으킨다.

해설 50

보균자에 의한 식품 오염, 비위생적 식품 취급 및 처리

해설 51

자유수(유리수): 용매로서 작용하며 건조 시 쉽게 제거되고 0℃ 이하에서도 쉽게 동결되며 미생물에 이용된다. 밀도가 작다.

정답 48 나 49 나 50 가 51 라

52 pH가 중성인 것은?

가. 식초

나. 수산화나트륨 용액

다. 중조

라. 증류수

53 유용한 장내 세균의 발육을 왕성하게 하여 장에 좋은 영향을 미치는 이당류는?

가. 설탕(sucrose)　　　　나. 유당(lactose)

다. 맥아당(maltose)　　　라. 포도당(glucose)

54 식품의 열량(kcal)을 계산하는 공식으로 옳은 것은? (단, 각 영양소 양의 기준은 g 단위로 한다.)

가. (탄수화물의 양+단백질의 양)×4+(지방의 양×9)

나. (탄수화물의 양+지방의 양)×4+(단백질의 양×9)

다. (지방의 양+단백질의 양)×4+(탄수화물의 양×9)

라. (탄수화물의 양+지방의 양)×9+(단백질의 양×4)

55 괴혈병을 예방하기 위해 어떤 영양소가 많은 식품을 섭취해야 하는가?

가. 비타민 A　　　　　　나. 비타민 C

다. 비타민 D　　　　　　라. 비타민 B_1

56 '태양광선 비타민'이라고도 불리며 자외선에 의해 체내에서 합성되는 비타민은?

가. 비타민 A　　　　　　나. 비타민 B

다. 비타민 C　　　　　　라. 비타민 D

정답　52 라　53 나　54 가　55 나　56 라

57 식품별 영양소의 연결이 틀린 것은?

가. 콩류-트레오닌

나. 곡류-리신

다. 채소류-메티오닌

라. 옥수수-트립토판

58 노인의 경우 필수 지방산의 흡수를 위해 섭취하면 좋은 기름은?

가. 콩기름
나. 닭기름

다. 돼지기름
라. 소기름

59 1일 2,000kcal를 섭취하는 성인의 경우 탄수화물의 적절한 섭취량은?

가. 1,100~1,400g
나. 850~1,050g

다. 500~725g
라. 275~350g

60 콜레스테롤 흡수와 가장 관계 깊은 것은?

가. 타액
나. 위액

다. 담즙
라. 장액

해설 57

곡류 등 식물성 단백질에는 리신, 트레오닌, 트립토판 등 필수 아미노산이 부족하므로 충분한 영양을 나타내려면 필수 아미노산 상호 간의 비율이 일정한 범위 내에 있어야 한다. 이러한 효과를 아미노산의 보충효과라고 한다. 쌀, 밀에는 리신, 트레오닌, 콩에는 메티오닌이 보충효과이다.

해설 58

필수 지방산인 리놀레산, 리놀렌산, 아라키돈산은 불포화도가 높은 식물성 기름에 많이 함유되어 있다. 세포막의 구조적 성분이고 혈청 콜레스테롤을 감소시킨다. 뇌와 신경조직, 시각기능을 유지시킨다.

해설 59

성인 1일 섭취 열량 중에서 탄수화물을 55~70% 섭취해야 하므로
• 2,000kcal×0.55 = 1,100kcal
• 2,000kcal×0.7 = 1,400kcal
탄수화물은 1g당 4kcal의 열량을 내므로 1,100kcal÷4 = 275g, 1,400kcal÷4 = 350g

해설 60

간은 1일 500~1,000mL 가량의 담즙을 생성하여 담낭에 저장한다. 담즙은 담관을 통하여 십이지장으로 분비되어 지방이 쉽게 소화·흡수될 수 있도록 지방을 유화시키는 작용을 한다. 담즙산염, 콜레스테롤, 지방산, 레시틴, 빌리루빈, 무기질과 수분 등으로 구성된다. 지방과 지용성 영양소의 소화·흡수에 중요한 작용을 한다.

정답 57 가 58 가 59 라 60 다

저자 소개

오동환

경기대학교 외식조리관리 관광학 석사
프랑스 Ecole Lenotre
SPC Samlip 식품기술연구소 근무
신라호텔 베이커리 근무
대한민국 제과기능장
APC(Asia Pastry Cup) 설탕공예 국가대표
Coup du Monde de la Pâtisserie 설탕공예 국가대표
한국산업인력관리공단 제과 · 제빵기능사 감독위원
지방기능경기대회 심사장/심사위원
현) 한국관광대학교 호텔제과제빵과 전임교수

이재진

경기대학교 일반대학원 관광학 박사(외식조리)
경희대학교 호텔관광대학 졸업
그랜드 워커힐호텔 제과부 근무
제과 · 제빵기능사 및 기능장 실기시험 감독위원
2009년 교육부총리장관상 수상
2015년 교육부총리장관상 수상
한국관광대학교 호텔제과제빵과 학과장

정현복

한국관광대학교 호텔제과제빵과 전공심화
경동대학교 강의
FBI제과제빵학원 근무
강화시설관리 평생교육원 근무
한국산업인력관리공단 제과 · 제빵기능사 감독위원
대한민국 제과기능장
현) 김포평생학습센터 근무
　　아뜰리에수수 대표

조우철

경기대학교 일반대학원 관광학 박사
Millennium Hilton Seoul Hotel Bakery 근무
대한민국 제과기능장
현) 한국관광대학교 호텔제과제빵과 교수

저자와의
합의하에
인지첩부
생략

제과제빵기능사 필기

2021년 11월 10일 초판 1쇄 인쇄
2021년 11월 15일 초판 1쇄 발행

지은이 오동환·정현복·이재진·조우철
펴낸이 진욱상
펴낸곳 (주)백산출판사
교   정 박시내
본문디자인 신화정
표지디자인 오정은

등   록 2017년 5월 29일 제406-2017-000058호
주   소 경기도 파주시 회동길 370(백산빌딩 3층)
전   화 02-914-1621(代)
팩   스 031-955-9911
이메일 edit@ibaeksan.kr
홈페이지 www.ibaeksan.kr

ISBN 979-11-6567-415-1 13590
값 25,000원